GENERAL
EDUCATION

高等学校通识教育系列教材

数据库基础与应用

——Access案例教程（第2版）

马颖琦 主编

王　放　王　欢　张守志　王智慧 编著

U0378262

清华大学出版社
北京

内 容 简 介

为满足高校通识教育背景下对计算机公共课程的要求,使学生能快速、轻松和有效地掌握数据库方面的知识和技能,本书将基本理论与实际应用相结合,既深入浅出地讲授了数据库的基本理论和概念,更以Access数据库管理系统为平台,介绍数据库的创建、开发和使用。

本书以任务驱动为特点,以一个典型案例"教务系统数据库"贯穿全书,循环渐进、深入详尽地介绍了Access数据库管理系统的使用方法和功能特点,读者可以根据书中的大量例子进行操作和练习,从而快速轻松地掌握该软件。

全书共12章,主要内容包括数据库基础知识,初步认识Access和数据库基本操作,创建数据表、查询、窗体、报表和宏,数据库语言SQL,数据的导入导出,数据库安全与管理,以及应用案例"购物信息管理系统"的介绍。

本书配有演示案例中使用的所有素材文件和数据库答案文件,每章配有上机实验(或思考题)及实验所需的素材文件,以方便读者练习。第1~9章还总结了"本章重要知识点",增加了客观题,以方便读者复习。本书亦配有电子教案,适合作为高等院校各专业学生计算机文化基础课程的教材,也可作为计算机成人教育、各类培训班和进修班的教材或主要参考书,同时也适合各类工程技术人员和计算机爱好者阅读和参考。

图书在版编目(CIP)数据

数据库基础与应用:Access案例教程/马颖琦主编.--2版.--北京:清华大学出版社,2016(2023.7重印)
高等学校通识教育系列教材
ISBN 978-7-302-43717-8

Ⅰ.①数… Ⅱ.①马… Ⅲ.①关系数据库系统-高等学校-教材 Ⅳ.①TP311.138

中国版本图书馆CIP数据核字(2016)第084820号

责任编辑:刘向威
封面设计:文 静
责任校对:胡伟民
责任印制:丛怀宇

出版发行:清华大学出版社
    网 址:http://www.tup.com.cn,http://www.wqbook.com
    地 址:北京清华大学学研大厦A座 邮 编:100084
    社 总 机:010-83470000 邮 购:010-62786544
    投稿与读者服务:010-62776969,c-service@tup.tsinghua.edu.cn
    质量反馈:010-62772015,zhiliang@tup.tsinghua.edu.cn
    课件下载:http://www.tup.com.cn,010-83470236
印 装 者:三河市龙大印装有限公司
经 销:全国新华书店
开 本:185mm×260mm 印 张:24.25 字 数:606千字
版 次:2013年9月第1版 2016年7月第2版 印 次:2023年7月第6次印刷
印 数:3301~3600
定 价:59.00元

产品编号:069498-02

本书编委会名单

主编：施伯乐

编委：张向东　陈学青　马颖琦

　　　　　肖　川　李大学　王　放

　　　　　朱　洁　王　欢　张守志

序

20 世纪 80 年代之后,随着计算机的逐渐普及,计算机技术极大程度地改变了我们的生活面貌。进入 21 世纪,计算机技术方兴未艾,继续迅猛发展,新技术不断涌现。从触摸输入到语音识别,从智能手机到平板电脑,从网络购物到移动导航,人们的生活和工作方式不断地向着更便捷、更高效的方式转变。从视频计算到数据挖掘,从物联网到云计算,从博客、微博这样的网络新媒体,到微信、飞信等通信工具,这些新技术逐渐甚至更加深层次地改变着我们的生活。

现代社会要求更加高素质的人才,这其中也包括计算机基本素养。大学生要掌握迅速获取信息、鉴别比较信息、加工处理信息的能力,也应当具有使用电子办公软件、多媒体素材编辑处理、数据库存储检索信息、个人网页设计等基本技能。

十八大报告指出:"全面实施素质教育,深化教育领域综合改革,着力提高教育质量,培养学生创新精神。"我们要认真学习领会这一精神,摆脱单向灌输、逐条解释软件功能的教学方法。而是从学生的实际需要出发,与学生的生活学习实践相结合,以生动有趣的案例为引导,激发学生的学习兴趣,强调学生动脑思考、举一反三,着重培养学生自我学习提高的能力和创新的能力。

根据上述要求,结合国家和社会的需要,以提高学生计算机素养、创新能力为目标,以提高学生计算机应用技能为抓手,我们根据多年教学实践的经验,组织编写了这套"高校通识教育系列教材"。尽可能贴近学生的学习生活,系统概要地介绍相关理论知识,以丰富有趣的实例作为引导,不再孤立地逐个介绍软件功能,而是强调软件功能的综合运用。

这套丛书分为四本:《计算机办公自动化——Office 2010 案例教程》介绍了文字处理、电子表格、演示文稿三种办公软件;《多媒体技术应用——Adobe CS5 案例教程》介绍了多媒体技术、绘图软件、动画制作软件、音频视频编辑软件;《数据库基础与应用——Access 案例教程》介绍了数据库基础知识及 Access 软件;《计算机网络与网页制作——Dreamweaver CS5 案例教程》介绍了网络基础知识和网页设计软件。

这套丛书不仅可以作为高等院校计算机通识教育的教材,也可以作为计算机成人教育、各类培训班与进修班的教材或主要参考书,还可以作为社会相关人员的自学读物。

因为时间仓促和水平所限,书中难免发生谬误。在使用中如发现不妥之处,欢迎广大读者提出批评和建议。

复旦大学首席教授
施伯乐
2013 年 7 月

前　言

　　计算机技术的飞速发展和信息化社会的时代背景,常常要求人们能快速和轻松地掌握一些常用的计算机知识,能得心应手地使用常用的计算机软件。

　　本书一方面以简洁、通俗的语言阐述了数据库的基本理论和概念,通过大量例子说明了SQL 数据库语言的使用;另一方面,以创建一个常见的、典型的数据库系统为主线,从创建数据库开始,逐层展开、深入浅出地介绍了数据库中数据表的添加,查询、窗体、报表以及宏的创建方法;最后,列举了一个较为复杂、完整的数据库系统应用案例。

　　全书共 12 章,主要包括数据库基本知识和 Access 数据库管理系统两大部分,其中第 1章介绍数据库基础知识,第 2 章介绍 Access 的功能和工作界面等,第 3 章介绍数据库基本操作,第 4 章介绍数据表,第 5 章介绍查询,第 6 章介绍窗体,第 7 章介绍报表,第 8 章介绍宏,第 9 章介绍数据库语言 SQL,第 10 章介绍数据的导入导出,第 11 章介绍数据库安全与管理,第 12 章介绍应用案例。第 1～9 章还有相应的重要知识点和复习题。

　　本书由复旦大学计算机科学技术学院从事计算机基础教学工作的五位老师合作编写,其中,第 1 章和第 9 章由张守志执笔,第 2～5 章由王放执笔,第 6～8 章由马颖琦执笔,第10～12 章由王欢执笔;各章重要知识点和复习题分别由张守志(第 1 章和第 9 章)、王欢(第2～4 章)、马颖琦(第 5～7 章)和王智慧(第 8 章)负责撰写,全书由马颖琦统稿。

　　本书配有演示案例中使用的所有素材文件和数据库答案文件,每章配有上机实验(或思考题)及实验所需的素材文件,以方便读者练习和使用。

　　为适应多媒体教室的教学需要,我们制作了与教材配套的课件,凡使用本教材的院校均可免费获取,联系电子邮箱:yqma@fudan.edu.cn。

　　由于时间仓促、作者水平有限,书中难免存在一些疏漏,敬请读者不吝指正。

编　者

2016 年 3 月

目 录

第1章 数据库基础知识

1.1 数据管理技术的发展

数据管理技术经历了人工管理、文件系统和数据库管理等阶段。

1.1.1 人工管理

20世纪50年代中期以前,计算机主要用于科学计算。那时的计算机硬件方面,外存只有卡片、纸带及磁带,没有磁盘等直接存取的存储设备;软件方面,只有汇编语言,没有操作系统和高级语言,更没有管理数据的软件;数据处理的方式是批处理。这些决定了当时的数据管理只能依赖人工来进行。这个时期的数据管理的特点如下。

(1) 数据不进行保存。计算机主要用于科学计算,一个程序对应一组数据,在进行计算时,将原始数据随程序一起输入内存,运算处理后将结果数据输出,不需要长期保存数据。

(2) 没有专门的软件对数据进行管理。数据由程序自己管理,每个应用程序都要包括存储结构、存取方法、输入/输出方式等内容。

(3) 只有程序的概念,基本上没有文件(File)的概念。

(4) 数据面向程序,即一组数据对应一个程序。

1.1.2 文件系统

20世纪50年代末期至60年代中期,随着计算机技术进步,计算机的应用范围不断扩大,不仅用于科学计算,还用于信息管理。这时,外部存储器已有磁盘、磁鼓等直接存取存储设备;软件则出现了高级语言和操作系统。操作系统中的文件系统是专门管理外存的数据管理软件。数据处理的方式有批处理,还有联机实时处理。

这一阶段的数据管理的特点如下。

(1) 数据以文件形式可长期保存在外部存储器的磁盘上。用户可以反复对文件进行查询、修改和插入等操作。

(2) 文件系统提供了数据与程序之间的存取方法。应用程序与数据之间有了一定的独立性,即程序只需用文件名就可与数据打交道,不必关心数据的物理位置。操作系统的文件系统提供存取方法(读/写)。

(3) 文件组织已多样化,有索引文件、链接文件和直接存取文件等,但文件之间相互独立、缺乏联系。数据之间的联系要通过程序去构造。

(4) 数据面向应用。数据不再属于某个特定的程序,可以重复使用。

在文件系统阶段,当改变存储设备时,不必改变应用程序。但这只是初级的数据管理,还未能彻底体现用户观点下的数据逻辑结构独立于数据在外存的物理结构要求。在修改数据的物理结构时,仍然需要修改用户的应用程序,即应用程序具有"程序-数据依赖性"。有关物理表示的知识和访问技术将直接体现在应用程序的代码中。

文件系统显露出以下3个缺陷。

(1)数据冗余。由于文件之间缺乏联系,造成每个应用程序都有对应的文件,同样的数据可能在多个文件中重复存储。

(2)数据不一致。这往往是由数据冗余造成的,在进行更新操作时,稍不谨慎,就可能使同样的数据在不同的文件中不一样。

(3)数据联系弱。这是由于文件之间相互独立、缺乏联系造成的。

例1.1 某单位添置了一台计算机,各部门纷纷在计算机中建立了文件。例如建立了职工档案文件和职工保健文件。每一个职工的电话号码在两个文件中重复出现,这就是"数据冗余";如果要修改某职工的电话号码,就要修改两个文件中的数据,否则会引起同一数据在两个文件中不一样,产生上述问题的原因是两个文件中的数据没有联系。

如果在职工档案文件中存放电话号码值,而在另外的文件中不存放电话号码值,而存放档案文件中的职工号(它能起到标识职工的作用),这样就能消除文件系统中的三个缺陷。此时电话号码不重复存储,只存储在档案文件中,修改时只需修改档案文件中的电话号码,这样就不会产生不一致的现象。当需要职工的电话号码时,可通过职工号经连接从职工档案文件中获得。两个文件中的数据通过标识符,加强了联系。这种存储结构就是一种数据库存储方式。

1.1.3 数据库

20世纪60年代末期以来,计算机应用更加广泛,数据管理规模扩大,数据量急剧增长,磁盘技术取得重要进展,具有数百兆字节容量和快速存取的磁盘陆续进入市场,成本也不高,这就为数据库技术的产生提供了良好的物质条件。

数据库阶段的特点如下。

(1)用数据模型表示复杂的数据结构。数据模型不仅描述数据本身的特征,还要描述数据之间的联系。数据不再面向特定的某个或多个应用,而是面向整个应用系统。这样数据冗余明显减少,实现了数据共享。

(2)数据独立性好。数据的逻辑结构与物理结构之间的差别可以很大。用户以简单的逻辑结构操作数据而无须考虑数据的物理结构。数据库的结构分成用户的局部逻辑结构(一个应用程序涉及的数据及数据间联系的描述)、数据库的整体逻辑结构(系统全体数据及数据间联系的描述)和物理结构(数据及数据间联系在存储上的描述)三级。用户(应用程序或终端用户)的数据和外存中的数据之间的转换由数据库管理系统实现。

数据独立性是指应用程序与数据库的数据结构之间相互独立。在物理结构改变时,尽量不影响整体逻辑结构、用户的逻辑结构以及应用程序,这样就认为数据库达到了物理数据独立性。在整体逻辑结构改变时,尽量不影响用户的逻辑结构以及应用程序,这样就认为数据库达到了逻辑数据独立性。

(3)数据库系统为用户提供了方便的用户接口。用户可以使用查询语言或终端命令操作数据库,也可以用程序方式(如用COBOL、C一类高级语言和数据库语言联合编制的程序)操作数据库。

（4）数据库系统提供以下 4 方面的数据控制功能。

① 数据库的恢复：在数据库被破坏或数据不可靠时，系统有能力把数据库恢复到最近某个正确状态。

② 数据库的并发控制：对程序的并发操作加以控制，防止数据库被破坏，杜绝提供给用户不正确的数据。

③ 数据的完整性：保证数据库中的数据始终是正确的。

④ 数据安全性：保证数据的安全，防止数据丢失或被窃取、破坏。

（5）增加了系统的灵活性。对数据的操作不一定以记录为单位，可以以数据项为单位。

有关数据库的几个术语描述如下。

定义 1.1 数据库（DataBase，DB）。数据库是长期存储在计算机内、有组织的、统一管理的相关数据的集合。DB 能为各种用户共享，具有较小冗余度、数据间联系紧密而又有较高的数据独立性等特点。

定义 1.2 数据库管理系统（DataBase Management System，DBMS）。数据库管理系统是位于用户与操作系统之间的一层数据管理软件，它为用户或应用程序提供访问数据库的方法，包括数据库的建立、查询、更新及各种数据控制。

数据库管理系统基于某种数据模型，可以分为层次型、网状型、关系型和面向对象型等。

定义 1.3 数据库系统（DataBase System，DBS）。数据库系统是实现有组织地、动态地存储大量关联数据，方便多用户访问的计算机硬件、软件、数据资源及数据库管理员和用户组成的系统，即它是采用数据库技术的计算机系统。

定义 1.4 数据库技术。数据库技术是研究数据库的结构、存储、设计、管理和使用的一门软件学科。

1.1.4　XML 技术

XML 是一种描述型的标记语言，与 HTML 同为 SGML（标准通用标记语言）的一种应用。由于 XML 在可扩展性、可移植性和结构性等方面的突出优点，它的应用范围突破了 HTML 所达到的范围。XML 文件是数据的集合，它是自描述的、可交换的，能够以树状结构或图形结构描述数据。XML 提供了许多数据库所具备的工具：存储（XML 文档）、模式（DTD，XMLschema，RE1AXNG 等）、查询语言（XQuery，XPath，XQL，XML-QL，QUILT等）、编程接口（SAX，DOM，JDOM）等。

随着网络和 Internet 的发展，数据交换的能力已成为新的应用系统的一个重要要求。XML 的好处是数据的可交换性（portable），同时在数据应用方面还具有如下优点：

（1）XML 文件为纯文本文件，不受操作系统、软件平台的限制；

（2）XML 具有基于 Schema 自描述语义的功能，容易描述数据的语义，这种描述能被计算机理解和自动处理；

（3）XML 不仅可以描述结构化数据，还可有效地描述半结构化，甚至非结构化数据。

1.2　数 据 描 述

在数据处理中，数据描述将涉及不同的范畴。从事物的特性到计算机中的具体表示，数据描述经历了 3 个阶段：概念设计、逻辑设计和物理设计。

1.2.1 概念设计中的数据描述

数据库的概念设计是根据用户的需求设计数据库的概念结构,它以规范的方式,表达了对用户需求所涉及的事物的理解。这一阶段将用到如下 4 个术语。

(1) 实体(Entity):客观存在、可以相互区别的事物称为实体。实体可以是具体的对象,如一名男学生、一辆汽车等;也可以是抽象的对象,如一次借书、一场足球比赛等。

(2) 实体集(Entity Set):性质相同的同类实体的集合,称为实体集。例如所有的男学生、足球比赛的所有比赛等。

(3) 属性(Attribute):实体有很多特性,一个特性称为一个属性。每一个属性有一个值域,其类型可以是整数型、实数型、字符串型等。例如,学生有学号、姓名、年龄、性别等属性。

(4) 实体标识符(Identifier):能唯一标识实体的属性或属性集,称为实体标识符。有时也称为关键码(Key)或简称为键。例如,学生的学号可以作为学生实体的标识符。

1.2.2 逻辑设计中的数据描述

数据库的逻辑设计是指根据概念设计的结果设计数据库的逻辑结构,涉及表达方式和实现方法。逻辑设计有许多不同的实现方法,它们各自采用不同的术语。下面列举最常用的一套术语。

(1) 字段(Field):标记实体属性的命名单位称为字段或数据项。它是可以命名的最小信息单位。字段的命名往往和属性名相同。例如,学生有学号、姓名、年龄、性别等字段。

(2) 记录(Record):字段的有序集合称为记录。一般用一条记录描述一个实体,所以记录又可以定义为能完整地描述一个实体的字段集。例如,一个学生记录由字段集组成:(学号,姓名,年龄,性别)。

(3) 文件(File):同一类记录的集合称为文件。文件是用来描述实体集的。例如,所有的学生记录组成了一个学生文件。

(4) 关键码(Key):能唯一标识文件中每条记录的字段或字段集,称为记录的关键码(简称为键)。

概念设计和逻辑设计中所采用的术语的对应关系如表 1.1 所示。

表 1.1　术语的对应关系

概 念 设 计	逻 辑 设 计
实体	记录
属性	字段(或数据项)
实体集	文件
实体标识符	关键码

在数据库技术中,每个概念都有类型(Type)和值(Value)之分。例如,"学生"是一个实体类型,而具体的人"张三"、"李四"是实体值。记录也有记录类型和记录值之分。

类型是概念的内涵,而值是概念的外延。在不会引起误解时,不去仔细区分类型和值,可笼统地称为"记录"。

数据描述有两种形式：物理数据描述和逻辑数据描述。物理数据描述是指数据在存储设备上的存储方式的描述，物理数据是实际存放在存储设备上的数据。例如，物理联系、物理结构、物理文件、物理记录等术语，都是用来描述存储数据的细节。逻辑数据描述是指程序员或用户用以操作的数据形式的描述，是抽象的概念化数据。例如，逻辑联系、逻辑结构、逻辑文件、逻辑记录等术语，都是用户观点的数据描述。

在数据库系统中，逻辑数据与物理数据之间可以差别很大。数据管理软件的功能之一，就是要把逻辑数据转换成物理数据，或者把物理数据转换成逻辑数据。

1.2.3 物理设计中的数据描述

物理存储中的数据描述用到如下术语。

(1) 位(Bit,比特)：一个二进制位称为"位"。一位只能取 0 或 1 两个状态。

(2) 字节(Byte,B)：8 个比特组成一个字节，可以存放一个字符所对应的 ASCII 码。

(3) 字(Word)：若干个字节组成一个字。一个字所含的二进制位的位数称为字长。各种计算机的字长是不一样的，例如有 8 位、16 位、24 位、32 位等。

(4) 块(Block)：又称为物理块或物理记录。块是内存和外存交换信息的最小单位，每块的大小，通常为 210～214B。内、外存信息交换是由操作系统的文件系统管理的。

(5) 桶(Bucket)：外存的逻辑单位，一个桶可以包含一个物理块或多个在空间上不一定连续的物理块。

(6) 卷(Volume)：一个输入输出设备所能装载的全部有用信息，称为"卷"。例如，磁带机的一盘磁带就是一卷，磁盘的一个盘组也是一卷。

1.2.4 数据联系的描述

现实世界中，事物是相互联系的。这种联系必然要在数据库中有所反映，即实体并不是孤立静止存在的，实体与实体之间有联系。

定义 1.5 联系(Relationship)是实体之间的相互联系。与一个联系有关的实体集个数，称为联系的元数。

例如，联系有一元联系、二元联系、三元联系等。

简单的二元联系有以下 3 种类型。

(1) 一对一联系：如果实体集 E1 中每个实体至多和实体集 E2 中的一个实体有联系，反之亦然，那么实体集 E1 和 E2 的联系称为"一对一联系"，记为"1：1"。如飞机的座位与乘客之间是 1：1 联系。

(2) 一对多联系：如果实体集 E1 中每个实体可以与实体集 E2 中任意个(零个或多个)实体间有联系，而 E2 中每个实体至多和 E1 中一个实体有联系，那么称 E1 对 E2 的联系是"一对多联系"，记为"1：N"。如工厂里车间和工人之间是 1：N 联系。

(3) 多对多联系：如果实体集 E1 中每个实体可以与实体集 E2 中任意个(零个或多个)实体间有联系，反之亦然，那么称 E1 和 E2 的联系是"多对多联系"，记为"M：N"。如学校里学生和课程之间是 M：N 联系。

类似地也可定义其他多元联系或一元联系。

1.3 数 据 模 型

1.3.1 数据抽象的过程

模型(Model)是对现实世界的抽象。在数据库技术中,用数据模型(Data Model)的概念描述数据库的结构和语义,对现实世界的数据进行抽象。从现实世界的信息到数据库存储的数据以及用户使用的数据是一个逐步抽象的过程。根据数据抽象的级别定义了 4 种模型:概念数据模型、逻辑数据模型、外部数据模型、内部数据模型。一般在提及时省略"数据"两字。这 4 种模型的定义如下。

定义 1.6 表达用户需求观点的数据全局逻辑结构的模型称为"概念模型"。表达计算机实现观点的 DB 全局逻辑结构的模型称为"逻辑模型"。表达用户使用观点的 DB 局部逻辑结构的模型称为"外部模型"。表达 DB 物理结构的模型称为"内部模型"。

这 4 种模型之间的相互关系如图 1.1 所示。

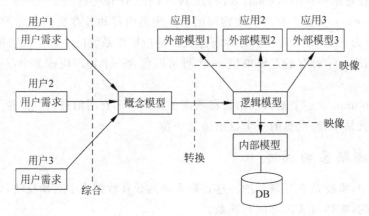

图 1.1 4 种模型之间的相互关系

数据抽象的过程,也就是数据库设计的过程,具体步骤如下。

第 1 步:根据用户需求,设计数据库的概念模型,这是一个"综合"的过程。

第 2 步:根据转换规则,把概念模型转换成数据库的逻辑模型,这是一个"转换"的过程。

第 3 步:根据用户的业务特点,设计不同的外部模型,给程序员使用。也就是应用程序使用的是数据库的外部模型。外部模型与逻辑模型之间的对应性称为映像。

第 4 步:数据库实现时,要根据逻辑模型设计其内部模型。内部模型与逻辑模型之间的对应性称为映像。

一般上述第 1 步称为 DB 的概念设计,第 2、3 步称为 DB 的逻辑设计,第 4 步称为 DB 的物理设计。

下面对这 4 种模型分别进行详细的解释。

1.3.2 概念模型

在这 4 种模型中,概念模型的抽象级别最高。其特点如下所述:

(1) 概念模型表达了数据的整体逻辑结构,它是系统用户对整个应用项目涉及的数据的全面描述。

（2）概念模型是从用户需求的观点出发，对数据建模。

（3）概念模型独立于硬件和软件。硬件独立意味着概念模型不依赖于硬件设备，软件独立意味着该模型不依赖于实现时的 DBMS 软件，因此硬件或软件的变化都不会影响 DB 的概念模型设计。

（4）概念模型是数据库设计人员与用户之间进行交流的工具。

实体联系模型（Entity Relationship Model，ER）是一种主要的概念模型。ER 模型直接从现实世界中抽象出实体类型及实体间联系，然后，用实体联系图（ER 图）表示数据模型。ER 图是直接表示概念模型的有力工具。

ER 图有以下 3 个基本成分。

（1）矩形框：用于表示实体类型（问题的对象）。

（2）菱形框：用于表示联系类型（实体间联系）。

（3）椭圆形框：用于表示实体类型和联系类型的属性。

相应的命名均记入各种框中。对于实体标识符的属性，在属性名下面画一条横线。实体与属性之间，联系与属性之间用直线连接；联系类型与其涉及的实体类型之间也以直线相连，用来表示它们之间的联系，并在直线端部标注联系的类型（$1:1$、$1:N$ 或 $M:N$）。

下面通过例子说明设计 E-R 图的过程。

例 1.2 设大学教务方面主要研究的对象有课程、教师、任课、学生和选修等。在 E-R 图中，把研究的对象分成实体和联系两大类。大学教务数据库的 E-R 图如图 1.2 所示。图中有以下一些成分。

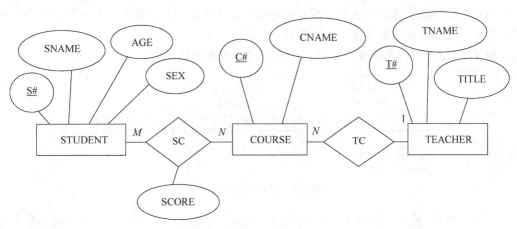

图 1.2　E-R 图实例

（1）3 个实体类型：学生 STUDENT、课程 COURSE 和教师 TEACHER。

（2）2 个联系类型：STUDENT 和 COURSE 之间存在着一个 $M:N$ 联系，TEACHER 和 COURSE 之间存在着一个 $1:N$ 联系，分别命名为 SC 和 TC。

（3）实体类型 STUDENT 的属性有学号 S♯、姓名 SNAME、年龄 AGE 和性别 SEX；实体类型 COURSE 的属性有课程号 C♯ 和课程名 CNAME；实体类型 TEACHER 的属性有教师工号 T♯、姓名 TNAME 和职称 TITLE。

联系类型 SC 的属性是某学生选修某课程的成绩 SCORE。联系类型 TC 没有属性。联系类型中的属性是实体发生联系时产生的属性,而不应该包括实体的属性或标识符。

(4)确定实体类型的键,在 ER 图中属于标识符的属性名下面画一条横线。

ER 模型有两个明显的优点:一是简单,容易理解,真实地反映用户的需求;二是与计算机无关,用户容易接受。因此 ER 模型已成为软件工程的一个重要设计方法。

ER 模型只能说明实体间语义的联系,不能说明详细的数据结构。在进行数据库设计时,遇到实际问题总是先设计一个 ER 模型,然后再把 ER 模型转换成计算机能实现的数据模型,如关系模型。

1.3.3 逻辑模型

在选定 DBMS 软件后,就要将概念模型按照选定的 DBMS 的特点转换成逻辑模型。

逻辑模型具有下列特点。

(1)逻辑模型表达了 DB 的整体逻辑结构,它是设计人员对整个应用项目数据库的全面描述。

(2)逻辑模型是从数据库实现的观点出发对数据建模。

(3)逻辑模型独立于硬件,依赖于软件(DBMS)。

(4)逻辑模型是数据库设计人员与应用程序员之间进行交流的工具。

逻辑模型主要有层次、网状、关系和对象模型共 4 种。下面分别介绍。

1. 层次模型

用树状(层次)结构表示实体类型及实体间联系的数据模型称为层次模型(Hierarchical Model)。树中每一个结点代表一个记录类型,树状结构表示实体型之间的联系。有且仅有一个结点,无父结点,此结点为树的根;其他结点有且仅有一个父结点。上一层记录类型和下一层记录类型之间的联系是 1:N 联系。

例 1.3 将图 1.2 所示的 ER 图转换成的层次模型如图 1.3 所示。

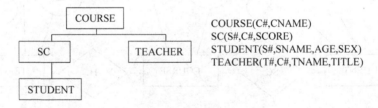

COURSE(C#,CNAME)
SC(S#,C#,SCORE)
STUDENT(S#,SNAME,AGE,SEX)
TEACHER(T#,C#,TNAME,TITLE)

图 1.3 层次模型的例子

这是一棵树,树中的结点是记录类型,上一层记录类型和下一层记录类型之间的联系是 1:N 联系。

这个模型表示,每门课程(COURSE)有若干(但这里应限定为 1)个教师(TEACHER)任课,有若干个学生(STUDENT)选修。

模型中,从 COURSE 值查询 TEACHER 或 STUDENT 值比较容易,但要从 TEACHER 或 STUDENT 值查询 COURSE 值就比较麻烦。

图 1.4 是这个模型的一个具体实例。

层次模型的特点是记录之间的联系通过指针来实现,查询效率较高。但层次模型有两个缺点:一是只能表示 1:N 的联系,尽管有许多辅助手段实现 M:N 的联系,但比较复

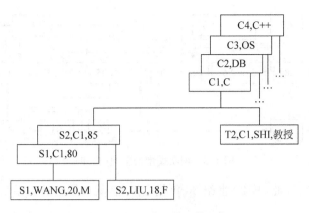

图 1.4　层次模型的具体实例

杂,不易掌握;二是由于层次顺序严格和复杂,引起数据的查询和更新操作很复杂,因此应用程序的编写也比较复杂。

1968 年,美国 IBM 公司推出的 IMS 系统是典型的层次模型系统,20 世纪 70 年代在商业上得到了广泛应用。

2. 网状模型

用有向图结构表示实体类型及实体间联系的数据结构模型称为网状模型(Network Model)。1969 年,CODASYL 组织提出 DBTG 报告中的数据模型是网状模型的主要代表。

有向图中的结点是记录类型,箭头表示从箭尾的记录类型到箭头的记录类型间联系是 $1:N$ 联系。

例 1.4　将图 1.2 所示的 ER 图转换成的网状模型如图 1.5 所示。

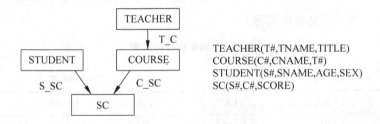

TEACHER(T#,TNAME,TITLE)
COURSE(C#,CNAME,T#)
STUDENT(S#,SNAME,AGE,SEX)
SC(S#,C#,SCORE)

图 1.5　网状模型例子

这是一个有向图。这张图中由 4 个结点和 3 条有向边组成。ER 图中的实体类型转换成记录类型。$M:N$ 联系用两个 $1:N$ 联系实现。例如 STUDENT 和 COURSE 间的 $M:N$ 联系用两个 $1:N$ 联系 S_SC 和 C_SC 实现,即 STUDENT 和 SC 间的 $1:N$ 联系,COURSE 和 SC 间的 $1:N$ 联系。而 TEACHER 和 COURSE 间的 $1:N$ 联系就用 $1:N$ 联系 T_C 实现。

这个模型的具体值(局部)如图 1.6 所示。图上只画出 COURSE、STUDENT 和 SC 的记录及其联系。假设 COURSE 有 4 门:C1、C2、C3 和 C4,STUDENT 有 4 个:S1、S2、S3 和 S4。图中用 C1、C2、C3、C4、S1、S2、S3、S4 等符号直接表示 COURSE 和 STUDENT 的记录,用"S1,C1,80"等符号表示 SC 的记录。记录之间的联系用指针表示。

网状模型的特点是记录之间的联系通过指针实现,$M:N$ 联系也容易实现(一个 $M:N$ 联系可拆成两个 $1:N$ 联系),查询效率也较高。层次模型和网状模型致命的缺点是数据结

数据库基础知识

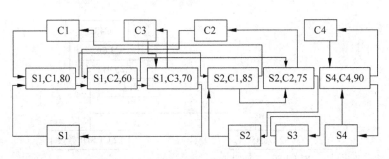

图 1.6　网状模型的实例(局部)

构复杂和编程复杂。因此,从 20 世纪 80 年代中期起,其市场已被关系系统的产品所取代。

3. 关系模型

关系模型(Relational Model)是 1970 年由 E. F. Codd 提出的,主要特征是用二维表格表达实体集。与前两种模型相比,数据结构简单,容易为初学者理解。关系模型是由若干个关系模式(Relational Schema)组成的集合。关系模式相当于前面提到的记录类型,它的实例称为关系(Relation),每个关系实际上是个二维表格(Table)。

例 1.5　将图 1.2 所示的 ER 图转换成的关系模型如图 1.7 所示。

TEACHER 模式	(T#,TNAME,TITLE)
COURSE 模式	(C#,CNAME,T#)
STUDENT 模式	(S#,SNAME,AGE,SEX)
SC 模式	(S#,C#,SCORE)

图 1.7　关系模型的例子

转换的方法是把 ER 图中的实体类型和 $M:N$ 的联系类型分别转换成关系模式即可。联系类型相应的关系模式属性由联系类型和与之联系的实体类型的键一起组合而成。而 $1:N$ 的联系类型不必转换成关系模式,只需在 N 端对应实体类型的关系模式里加入 1 端实体类型的键即可。表 1.2 是具体实例。

表 1.2　关系模型的实例

TEACHER 关系				COURSE 关系		
T#	TNAME	TITLE		C#	CNAME	T#
T1	DAI	讲师		C1	C	T2
T2	SHI	教授		C2	DB	T3
T3	LI	副教授		C3	OS	T3
T4	GU	讲师		C4	C++	T2

STUDENT 关系				SC 关系		
S#	SNAME	AGE	SEX	S#	C#	SCORE
S1	WANG	20	M	S1	C1	80
				S1	C2	60
S2	LIU	18	F	S1	C3	70
				S4	C4	90
S3	HU	17	M	S2	C1	85
S4	XIA	19	F	S2	C2	75

关系模型和层次、网状模型的最大差别是用关键码而不是用指针导航数据,其表格简单,用户易懂,用户只需用简单的查询语句就可以对数据库进行操作,并不涉及存储结构、访问技术等细节。

典型的关系模型产品有：Oracle、DB2、Sybase、SQL Server 等。

4. 对象模型

对象模型是把面向对象的概念(如对象、类等)应用到数据模型中,能完整地描述现实世界的数据结构,具有丰富的表达能力,但模型相对比较复杂;对象数据库尚未达到关系数据库的普及程度。

1.3.4　外部模型

在应用系统中,常常是根据业务的特点划分为若干个业务单位,每一个业务单位都有特定的约束和需求。在实际使用时,可以为不同的业务单位设计不同的外部模型。

例 1.6　如图 1.7 所示的关系模型由 TEACHER、COURSE、STUDENT、SC 等 4 个关系模式组成。在这个基础上,可以为学生应用子系统设计一个外部模型。外部模型中的模式称为"视图"(View)。这个视图如下：

学生视图 STUDENT_VIEW(S♯,SNAME,C♯,CNAME,SCORE,T♯,TNAME)

也可以为教师应用子系统设计一个外部视图,其视图如下：

教师视图 TEACHER_VIEW(T♯,TNAME,C♯,CNAME,S♯,SNAME,SCORE)

显然,视图只是一个定义,视图中的数据可以从逻辑模型的数据库得到。

外部模型具有如下的特点：

(1) 外部模型是逻辑模型的一个逻辑子集;

(2) 外部模型独立于硬件,依赖于软件;

(3) 外部模型反映了用户使用数据库的观点。

从整个系统考察,外部模型具有以下优点。

(1) 简化用户观点。外部模型是针对具体用户应用需要的数据而设计的,与用户无关的数据无需放入,这样用户可以简便地使用数据库。

(2) 有助于数据库的安全性保护。用户不能看的数据,不放入外部模型,这样提高了系统的安全性。

(3) 外部模型是对概念模型的支持。如果用户使用外部模型时很得心应手,那么说明当初根据用户需求综合成的概念模型是正确的、完善的。

1.3.5　内部模型

内部模型是数据库最底层的抽象,通常又称为物理模型,它描述数据在磁盘或磁带上的存储方式(文件结构)、存取设备(外存的空间分配)和存取方法(主索引和辅助索引)。内部模型与硬件和软件紧密相连,随着计算机软硬件性能的大幅度提高,并且目前占绝对优势的关系模型以逻辑级为目标,因此可以不必考虑内部级的具体实现,由系统自动实现。

1.3.6　数据库系统的体系结构

由数据抽象的过程就可看出数据库系统的三层模式和两级映像的体系结构。

1. 三层模式

前面提到在用户到数据库之间,数据库的数据结构有 3 个层次:外部模型、逻辑模型和内部模型。这 3 个层次要用到 DB 的数据定义语言(Data Definition Language,DDL)定义,定义以后的内容称为"模式"(Schema),即外模式、逻辑模式、内模式。这 3 种模式的定义如下。

定义 1.7 从用户到数据库之间,DB 的数据结构描述有以下 3 个层次:

(1) 外模式是用户与数据库系统的接口,用户用到的那部分数据的描述。外模式由若干个外部记录类型组成。

(2) 逻辑模式是数据库中全部数据的整体逻辑结构的描述。它由若干个逻辑记录类型组成,还包含记录间联系、数据的完整性等要求。

(3) 内模式是数据库在物理存储方面的描述,定义所有内部记录类型、索引和文件的组织方式以及数据控制方面的细节。

三层模式具有以下特点。

(1) 用户使用 DB 的数据操纵语言(Data Manipulation Language,DML)语句对数据库进行操作,实际上是对外模式的外部记录进行操作。

有了外模式后,程序员不必关心逻辑模式,只与外模式发生联系,按照外模式的结构存储和操纵数据。实际上,外模式是逻辑模式的一个子集。

(2) 逻辑模式不必涉及到存储结构、访问技术等细节。数据按外模式的描述提供给用户,按内模式的描绘存储在磁盘中,而逻辑模式提供了连接这两种模式的相对稳定的中间观点,并使得两级中的任何一级的改变都不受另一级的牵制。

(3) 内模式并不涉及物理设备的约束。比内模式更接近物理存储和访问的那些软件机制是操作系统的一部分(即文件系统),例如从磁盘读数据或写数据到磁盘上的操作等。

2. 两级映像

由于三层模式的数据结构可能不一致,即记录类型、字段类型的命名和组成可能不一样,因此需要三层模式之间的映像来说明外部记录、逻辑记录、内部记录之间的对应性。

定义 1.8 三层模式之间存在着两级映像:

(1) 外模式/逻辑模式映像存在于外模式和逻辑模式之间,用于定义外模式和逻辑模式之间的对应性。这个映像一般是放在外模式中描述的。

(2) 逻辑模式/内模式映像存在于逻辑模式和内模式之间,用于定义逻辑模式和内模式之间的对应性。这个映像一般是放在内模式中描述的。

1.3.7 数据独立性

数据独立性(Data Independence)是指应用程序与数据库的数据结构之间是相互独立的。在修改数据结构时,尽可能不修改应用程序,则称系统达到了数据独立性目标。

数据独立性分成物理数据独立性和逻辑数据独立性两个级别。

1. 物理数据独立性

物理独立性是指用户的应用程序与存储在磁盘上的数据库中数据是相互独立的。即数据在磁盘上怎样存储由 DBMS 管理,用户程序不需要了解,应用程序要处理的只是数据的逻辑结构,这样当数据的物理存储改变了,应用程序不用改变。

2. 逻辑数据独立性

逻辑独立性是指用户的应用程序与数据库的逻辑结构是相互独立的,即当数据的逻辑结构改变时,用户程序也可以不变。如果数据库的逻辑模式要修改,如增加记录类型或增加数据项,那么只要对外模式/逻辑模式映像进行相应的修改,可以使外模式和应用程序尽可能保持不变。

1.4 数据库管理系统和数据库系统

1.4.1 数据库管理系统

1. DBMS 的工作模式

数据库管理系统(DBMS)是专门用于建立和管理数据库的一套软件,介于应用程序和操作系统之间。DBMS 不仅具有最基本的数据管理功能,包括定义、查询、更新及各种操作,还能保证数据的完整性、安全性,提供多用户的并发控制,当数据库出现故障时对系统进行恢复。DBMS 的工作示意图如图 1.8 所示。

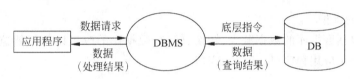

图 1.8 DBMS 的工作方式

DBMS 的工作模式如下:

(1) 接受应用程序的数据请求和处理请求;

(2) 将用户的数据请求(高级指令)转换成复杂的机器代码(底层指令);

(3) 实现对数据库的操作;

(4) 从对数据库的操作中接收查询结果;

(5) 对查询结果进行处理(格式转换);

(6) 将处理结果返回给用户。

用户对数据库进行操作,是由 DBMS 把操作从应用程序带到外部级、概念级,再导向内部级,进而通过 OS 操纵存储器中的数据。同时,DBMS 为应用程序在内存开辟一个 DB 的系统缓冲区,用于数据的传输和格式的转换,而三级结构定义存放在数据字典中,DBMS 的主要目标是使数据作为一种可管理的资源来处理。

2. DBMS 的主要功能

DBMS 的主要功能有以下 5 个方面。

1) 数据库的定义功能

DBMS 提供 DDL 定义数据库的三层结构、两级映像,定义数据的完整性约束、保密限制等约束。因此,在 DBMS 中应包括 DDL 的编译程序。

2) 数据库的操纵功能

DBMS 提供 DML 实现对数据的操作。基本的数据操作有两类:检索(查询)和更新(包括插入、删除、更新)。因此,在 DBMS 中应包括 DML 的编译程序或解释程序。

依照语言的级别,DML 又可分为过程性 DML 和非过程性 DML 两种。

通常查询语言是指 DML 中的检索语句部分。

3)数据库的保护功能

数据库中的数据是信息社会的战略资源,对数据的保护是至关重要的事情。DBMS 对数据的保护通过 4 个方面的功能实现,因而在 DBMS 中应包括这 4 个子系统。

(1)数据库的恢复。在数据库被破坏或数据不正确时,系统有能力把数据库恢复到正确的状态。

(2)数据库的并发控制。在多个用户同时对同一个数据进行操作时,系统应有能力加以控制,防止破坏 DB 中的数据。

(3)数据完整性控制。保证数据库中数据及语义的正确性和有效性,防止任何对数据造成错误的操作。

(4)数据安全性操作。防止未经授权的用户存取数据库中的数据,以免数据的泄露、更改或破坏。

DBMS 的其他保护功能还有系统缓冲区的管理以及数据存储的某些自适应调节机制等。

4)数据库的维护功能

这一部分包括数据库的数据载入、转换、转储,数据库的改组以及性能监控等功能。这些功能分别由各个应用程序(Utilities)完成。

5)数据字典

数据库系统中存放三层结构定义的数据库称为数据字典(Data Dictionary,DD)。对数据库的操作都要通过 DD 才能实现。DD 中还存放数据库运行时的统计信息,例如记录个数、访问次数等。管理 DD 的子系统称为"DD 系统"。

上面是一般的 DBMS 所具备的功能,通常在大、中型计算机上实现的 DBMS 功能较强、较全,在微型计算机上实现的 DBMS 功能较弱。

还应指出,应用程序并不属于 DBMS 范围。应用程序是用主语言和 DML 编写的。程序中的 DML 语句由 DBMS 执行,而其余部分仍由主语言编译程序完成。

1.4.2 数据库系统

1. 数据库系统的组成

数据库系统通常由数据库、硬件、软件和数据管理员组成。

1)数据库

数据库是指长期存储在计算机内的、有组织、可共享的数据的集合。数据库中的数据按一定的数学模型组织、描述和存储,具有较小的冗余,较高的数据独立性和易扩展性,并可为各种用户共享。

2)硬件

构成计算机系统的各种物理设备,包括中央处理器、内存、外存、输入/输出设备等硬件设备。

3)软件

这一部分包括操作系统、各种宿主语言、数据库管理系统及应用程序。数据库管理系统

(DBMS)是数据库系统的核心软件。

4）数据库管理员

要想成功地运转数据库，就要在数据处理部门配备管理人员——数据库管理员（DataBase Administrator，DBA）。DBA 必须具有以下素质：熟悉企业全部数据的性质和用途；对所有用户的需求有充分的了解；对系统的性能非常熟悉；兼有系统分析员和运筹学专家的品质和知识。DBA 的定义如下。

定义 1.9 DBA 是控制数据整体结构的一组人员，负责 DBS 的正常运行，承担创建、监控和维护数据库结构的责任。

DBA 的主要职责有以下 6 点。

（1）定义模式。

（2）定义内模式。

（3）与用户的联络。包括定义外模式、应用程序的设计、提供技术培训等专业服务。

（4）定义安全性规则，对用户访问数据库进行授权。

（5）定义完整性规则，监督数据库的运行。

（6）数据库的转储与恢复工作。

DBA 有两个很重要的工具：一个是一系列的实用程序，例如 DBMS 中的装配、重组、日志、恢复、统计分析等程序；另一类是 DD 系统，管理三级结构的定义，DBA 可以通过 DD 掌握整个系统的工作情况。

1.5 关系模型

1.5.1 基本术语

定义 1.10 用二维表格表示实体集，用关键码表示实体之间联系的数据模型称为关系模型（Relational Model）。

例如，图 1.9 是一个二维表格。对表格数学化，用字母表示表格的内容。在关系模型中，字段称为属性，字段值称为属性值，记录类型称为关系模式，记录称为元组（Tuple），元组的集合称为关系（Relation）或实例（Instance）。一般用大写字母 A，B，C，…，表示单个属性，用大写字母…，X，Y，Z 表示属性集，用小写字母表示属性值，元组为行（Row），属性为列（Column）。

A	B	C	D	E
a1	b1	c1	d1	e1
a2	b2	c2	d2	e2
a3	b3	c3	d3	e3
a4	b4	c4	d4	e4

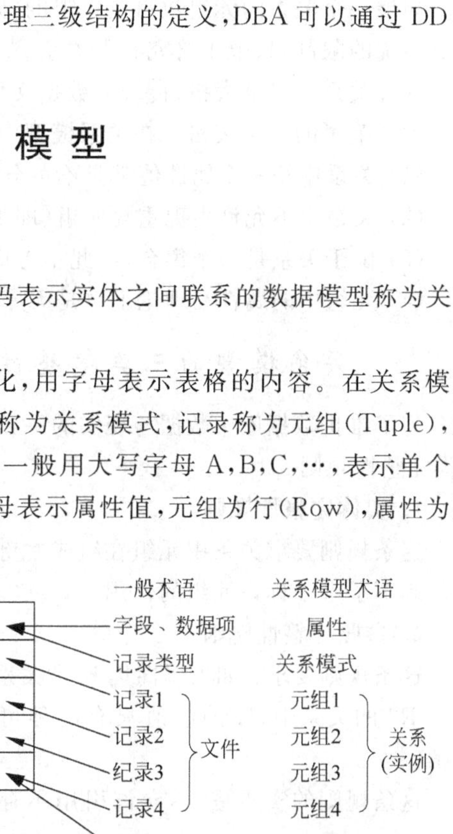

一般术语　　关系模型术语
字段、数据项　　属性
记录类型　　关系模式
记录1　　元组1
记录2　　元组2
纪录3　　元组3　　关系（实例）
记录4　　元组4
文件
字段值　　属性值

图 1.9　关系模型的术语

16

关键码(Key,键)由一个或多个属性组成。有下列几种键。

(1)超键(Super Key):在关系中能唯一标识元组的属性或属性集的键称为关系模式的超键。

(2)候选键(Candidate Key):不含有多余属性的超键称为候选键。

(3)主键(Primary Key):用户选作元组标识的候选键称为主键。一般如不加说明,键是指主键。

如在学生表中,(学号,姓名)是模式的一个超键,但不是候选键,而(学号)是候选键,在实际应用中,如果选择(学号)作为删除或查找元组的标志,那么称(学号)是主键。

(4)外键(Foreign Key):如果模式 R 中属性 K 是其他模式的主键,那么 K 在模式 R 中称为外键。

关系中每一个属性都有一个取值范围,称为属性的值域。属性 A 的取值范围用 DOM(A)表示。每一个属性对应一个值域,不同的属性可对应于同一值域。

1.5.2 关系的定义和性质

定义 1.11 关系是一个属性数目相同的元组的集合。

集合中的元素是元组,每个元组的属性数目应该相同。

如果一个关系的元组数目是无限的,则称为无限关系,否则称为有限关系。由于计算机存储系统的限制,只限于研究有限关系。

尽管关系与二维表格、传统的数据文件有类似之处,但它们又有区别。严格地讲,关系是一种规范了的二维表格。在关系模型中,对关系作了下列规范性限制:

(1)关系中每一个属性值都是不可分解的;

(2)关系中不允许出现重复元组(即不允许出现相同的元组);

(3)由于关系是一个集合,因此不考虑元组间的顺序,没有行序;

(4)元组中的属性在理论上也是无序的,但使用时按习惯考虑列的顺序。

1.5.3 关系模型的三类完整性规则

为了维护数据库中数据与现实的一致性,关系数据库的数据与更新操作必须遵循下列 3 类完整性规则。

1. 实体完整性规则

这条规则要求关系中元组在组成主键的属性上不能有空值。如果出现空值,那么主键值就起不了唯一标识元组的作用。

2. 参照完整性规则

这条规则要求:如果属性集 K 是关系模式 R1 的主键,K 也是关系模式 R2 的外键,那么在 R2 的关系中,K 的取值只有两种可能,或者为空值,或者等于 R1 关系中的某个主键值。

这条规则的实质是"不允许引用不存在的实体"。这条规则在具体使用时,有 3 点可变通:

(1)外键和相应的主键可以不同名,只要定义在相同的值域上即可;

(2)R1 和 R2 也可以是同一个关系模式,此时表示了同一个关系中不同元组之间的联系；

（3）外键值是否允许空，视具体情况而定。

上述要求中，关系模式 R1 的关系为"参照关系"，关系模式 R2 的关系称为"依赖关系"。

例 1.7 例 1.5 所示关系模型中有 4 个关系模式：

```
TEACHER(T♯,TNAME,TITLE)
COURSE(C♯,CNAME,T♯)
STUDENT(S♯,SNAME,AGE,SEX)
SC(S♯,C♯,SCORE)
```

如教师工号 T♯ 在 TEACHER 中是主键，在 COURSE 中是外键，一般在主键的属性下面画一条直线，在外键的属性下面画一条波浪线。

3. 用户定义的完整性规则

在建立关系模式中，对属性定义了数据类型，即使这样可能还满足不了用户的需求。此时，用户可以针对具体的数据约束，设置完整性规则，由系统检验实施，使用统一的方法处理它们，不再由应用程序承担这项工作。例如，学生的年龄定义为两位整数，范围仍然太大，可以写如下规则把年龄限制在 15～40 岁之间：

```
CHECK(AGE BETWEEN 15 AND 40)
```

1.6 关系数据库的规范化设计

关系模式的好与坏用什么标准衡量？这个标准就是模式的范式（Normal Forms，NF）。范式的种类与数据依赖有着直接的联系，基于数据依赖的范式有 1NF、2NF、3NF、BCNF 等。

1NF 是关系模式的基础，2NF 已成为历史，一般不再提及；在数据库设计中最常用的 3NF 和 BCNF。下面从 1NF、2NF、3NF、BCNF 按顺序来介绍。

下面的描述中，$X \cup Y$ 简写为 XY。

1. 第一范式

定义 1.12 如果关系模式 R 的每个关系 r 的属性值都是不可分的原子值，那么称 R 是第一范式的模式。

满足 1NF 的关系称为规范化的关系，否则称为非规范化的关系。关系数据库研究的关系都是规范化的关系。例如关系模式 R(NAME,ADDRESS,PHONE)，如果一个人有两个电话号码（PHONE），那么关系中至少要出现两个元组，以便存储这两个号码。

2. 第二范式

即使关系模式是 1NF，但很可能具有不受欢迎的冗余和异常现象，因此需把关系模式作进一步的规范化。

如果关系模式中存在局部依赖，就不是一个好的模式，需要把关系模式分解，以排除局部依赖，使模式达到 2NF 的标准。在介绍第二范式之前，需要定义函数依赖（Functional Dependency，FD）。

定义 1.13 有关系模式 R(U)，X 和 Y 是属性集 U 的子集，函数依赖 FD 是形为 X→Y

的一个命题,只要 r 是 R 的当前关系,对 r 中任意两个元组 t 和 s,都有 t[X]＝s[X]蕴涵 t[Y]＝s[Y],那么称 FD X→Y 在关系模式 R(U)中成立。

这里 t[X]表示元组 t 在属性集 X 上对应的值。X→Y 读作"X 函数决定 Y",或"Y 函数依赖 X"。FD 是对关系模式 R 的一切可能的关系 r 定义的。对于当前关系 r 的任意两个元组,如果 X 上对应值相同,则要求 Y 上对应值也相同。

定义 1.14 对于 FD W→A,如果存在 X⊂W 有 X→A 成立,那么称 W→A 是局部依赖 (A 局部依赖于 W);否则称 W→A 是完全依赖。

定义 1.15 如果 A 是关系模式 R 的候选键的属性,那么称 A 是 R 的主属性;否则称 A 是 R 的非主属性。

定义 1.16 如果关系模式 R 是 1NF,且每个非主属性完全函数依赖于候选键,那么称 R 是第二范式(2NF)的模式。如果数据库模式中每个关系模式都是 2NF,则称数据库模式为 2NF 的数据库模式。

不满足 2NF 的关系模式中必定存在于非主属性对候选键的局部依赖。

例 1.8 设关系模式 R(S♯,C♯,SCORE,T♯,TITLE)的属性分别表示学生学号、选修课程的编号、成绩、任课教师工号和教师职称的意义。(S♯,C♯)是 R 的候选键。

R 上有两个 FD:(S♯,C♯)→(T♯,TITLE)和 C♯→(T♯,TITLE),因为第二个 FD 的存在使第一个 FD 是局部依赖,R 不是 2NF 模式。此时 R 的关系就会出现冗余和异常现象。如某一门课程有 100 个学生选修,那么在关系中就会存在 100 个元组,因而教师的工号和职称就会重复 100 次。

如果把 R 分解成 R1(C♯,T♯,TITLE)和 R2(S♯,C♯,SCORE)后,R1 和 R2 则都是 2NF 模式。

3. 第三范式

定义 1.17 如果 X→Y 是 R 的一个 FD,且 Y 不是 X 的子集,则称 X→Y 是 R 的非平凡的 FD。

定义 1.18 设 F 是关系模式 R 的 FD 集,如果 F 中的每一个非平凡的 FD X→Y,都有 X 是 R 的超键,或者 Y 的每个属性都是主属性,则称 R 是 3NF。如果数据库模式中每个关系模式都是 3NF,则称数据库模式为 3NF 的数据库模式。

例 1.9 在例 1.8 中,R2 是 2NF 模式,而且也是 3NF 模式。但 R1(C♯,T♯,TITLE)是 2NF 模式,却不一定是 3NF 模式。如果 R1 中存在函数依赖 C♯→T♯ 和 T♯→TITLE,那么 R 的候选键是 C♯,由于 T♯→TITLE 的存在使 R1 不是 3NF 模式。

如果把 R1 分解成 R11(T♯,TITLE)和 R12(C♯,T♯)后,C♯→TITLE 就不会出现在 R11 和 R12 中。这样 R11 和 R12 都是 3NF 模式。

算法 1.1 分解成 3NF 模式集的算法。

设关系模式 R(U),主键是 W,R 上还存在 FD X→Z,并且 Z 是非主属性,Z⊄X,X 不是候选键,这样 W→Z 就是一个传递依赖。此时应把 R 分解成两个模式:

R1(XZ),主键是 X;

R2(Y),其中 Y＝U−Z,主键仍是 W,外键是 X(参照 R1)。

利用外键和主键相匹配机制,R1 和 R2 通过连接可以重新得到 R。

如果 R1 和 R2 还不是 3NF,则重复上述过程,一直到数据库模式中每一个关系模式都是 3NF 为止。

4. BCNF

第三范式的修正形式是 Boyee — Codd 范式(BCNF),是由 Boyee 与 Codd 提出的。

定义 1.19 设 F 是关系模式 R 的 FD 集,如果 F 中的每一个非平凡的 FD X→Y,都有 X 是 R 的超键,则称 R 是 BCNF。如果数据库模式中每个关系模式都是 BCNF,则称数据库模式为 BCNF 的数据库模式。

换言之,在关系模式 R 中,如果每一个决定因素都包含候选键,则 R 是 BCNF。

例 1.10 设关系模式 R(B♯,BNAME,AUTHOR)的属性分别表示书号、书名和作者名。如果规定,每个书号只有一个书名,但不同书号可以有相同书名;每本书可以有多个作者合写,但每个作者参与编著的书名应该互不相同。这样的规定可以用下列两个 FD 表示:

B♯→BNAME 和(AUTHOR,BNAME)→B♯。

R 的候选键为(BNAME,AUTHOR)或(B♯,AUTHOR),因而模式 R 的属性都是主属性,R 是 3NF 模式。但从上述两个 FD 可知,由于第一个 FD 的原因使 R 不是 BCNF 模式。如一本书由多个作者编写时,其书名与书号间的联系在关系中将多次出现,带来冗余和操作异常现象。

如果把 R 分解成 R1(B♯,BNAME)和 R2(B♯,AUTHOR),能解决上述问题,且 R1 和 R2 都是 BCNF。但这个分解把(AUTHOR,BNAME)→B♯丢失了,数据语义将会引起新的矛盾。这就需要其他方法来约束了。

算法 1.2 分解成 BCNF 模式集的算法。

对于关系模式 R 的分解 ρ(初始时 ρ={R}),如果 ρ 中有一个关系模式 Ri 不是 BCNF,Ri 中存在一个非平凡的 FD X→Y,X 不是超键。此时把 Ri 分解成 XY 和 Ri-Y 两个模式。重复上述过程,一直到 ρ 中每一个模式都是 BCNF。

这个算法可能会丢失某些 FD。

1.7 数据库设计过程

数据库设计一般可划分为下面 7 个阶段:规划、需求分析、概念设计、逻辑设计、物理设计、实现、运行维护。

1. 规划阶段

对于数据库系统,特别是大型数据库系统或大型信息系统中的数据库群,规划阶段是十分必要的。规划的好坏直接影响到整个系统的成功与否,对应用单位的信息化进程将产生深远的影响。

规划阶段具体可分为以下 3 个步骤。

(1) 系统调查:对应用单位做全面的调查,发现其需要解决的主要问题。

(2) 可行性分析:从技术、经济、效益、法律等诸方面对建立数据库的可行性进行分析;然后写出可行性报告;组织专家讨论其可行性。

(3) 确定数据库系统的总目标,并对应用单位的工作流程进行优化和制定项目开发计划。在得到决策部门的批准后,就正式进入数据库系统的开发工作。

2. 需求分析阶段

这一阶段是计算机人员(系统分析员)和用户双方共同收集数据库所需的信息内容和用户处理的需求,并以需求说明书的形式确定下来,作为以后系统开发的指南和系统验证的依据。

需求分析的工作主要由下面 4 步组成。

1) 分析用户活动,产生业务流程图

了解用户的业务活动和职能,搞清其处理流程(即业务流程)。如果一个处理比较复杂,就要把处理分解成若干个子处理,使每个处理功能明确,界面清楚,分析之后画出用户的业务流程图。

2) 确定系统范围,产生系统关联图

这一步是确定系统的边界,在和用户经过充分讨论的基础上,确定计算机所能进行的数据处理的范围,确定哪些工作由人工完成,哪些工作由计算机系统完成,即确定人机界面。

3) 分析用户活动涉及的数据,产生数据流图

深入分析用户的业务处理,以数据流图的形式表示出数据的流向和对数据进行的加工。

数据流图(Data Flow Diagram,DFD)是从"数据"和"对数据的加工"两方面表达数据处理系统工作过程的一种图形表示法,是直观地、易被用户和软件人员双方都能理解的一种表达系统功能的描述方式。

4) 分析系统数据,产生数据字典

数据字典是对数据描述的集中管理,它的功能是存储和检索各种数据描述(称为元数据 Metadata)。对数据库设计来说,数据字典是进行详细的数据收集和数据分析所获得的主要成果。

3. 概念设计阶段

概念设计的目标是产生反映用户单位信息需求的数据库概念结构,即概念模型。概念模型独立于计算机硬件结构,且独立于支持数据库的 DBMS。

1) 概念设计的重要性

在需求分析和逻辑设计之间增加了概念设计阶段,设计人员仅从用户角度看待数据及处理需求和约束,产生一个反应用户观点的概念模型。将概念设计从设计过程中独立开来,可以使数据库设计各阶段的任务相对单一化,得以有效控制设计的复杂程度,便于组织管理。概念模型能充分反映现实世界中实体间的联系,又是各种基本数据模型的共同基础,也容易向现在普遍使用的关系模型转换。

2) 概念设计的主要步骤

概念设计的任务一般可分为 3 步来完成:进行数据抽象,设计局部概念模型;将局部概念模型综合成全局概念模型;评审。

4. 逻辑设计阶段

概念设计的结果是得到一个与 DBMS 无关的概念模型。而逻辑设计的目的是把概念设计阶段设计好的概念模型转换成与选用的具体机器上的 DBMS 所支持的数据模型相符

合的逻辑结构(包括数据库逻辑模型和外模型)。这些模型在功能上、完整性和一致性约束及数据库的可扩充性等方面均应满足用户的各种需求。对于逻辑设计而言,应首先选择DBMS,但往往数据库设计人员没有挑选的余地,都是在指定的 DBMS 上进行逻辑结构的设计。

逻辑设计主要把概念模型转换成 DBMS 能处理的逻辑模型。转换过程中要对模型进行评价和性能测试,以便获得较好的模式设计。逻辑设计的主要步骤有 5 步。

1) 把概念模型转换成逻辑模型

如果概念模型采用 ER 模型,逻辑模型采用关系模型,那么这一步就是把 ER 模型转换成关系模型,也就是把 ER 模型中的实体类型和联系模型转换成关系模式集。

2) 设计外模型

外模型是逻辑模型的逻辑子集。外模型是应用程序和数据库系统的接口,它能允许应用程序有效地访问数据库中的数据,而不破坏数据库的安全性。

3) 设计应用程序与数据库的接口

在设计完整的应用程序之前,对应用程序设计出数据存取功能的梗概,提供应用程序与数据库之间通信的逻辑接口。

4) 评价模型

这一步的工作就是对逻辑模型进行评价。评价数据库结构的方法通常有定量分析和性能测量。

5) 修正模型

修正模型的目的是为了使模型适应信息的不同表示。

5. 物理设计阶段

对于给定的基本数据模型选取一个最适合应用环境的物理结构的过程,称为物理设计。

数据库的物理结构主要指数据库的存储记录格式、存储记录安排和存取方法。显然,数据库的物理设计是完全依赖于给定的硬件环境和数据库产品的。

6. 数据库的实现

对数据库的物理设计初步评价完成后就可以开始建立数据库了。数据库实现主要包括以下工作:

(1) 用 DDL 定义数据库结构;

(2) 组织数据入库;

(3) 编制与调试应用程序;

(4) 数据库试运行。

7. 数据库的运行和维护

在数据库试运行结果符合设计目标后,数据库就可以真正投入运行了。数据库投入运行标志开发任务的基本完成和维护工作的开始,并不意味着设计过程终结。由于应用环境在不断变化,数据库运行过程中物理存储也会不断变化,因此对数据库设计进行评价、调整、修改等维护工作是一个长期的任务,也是设计工作的继续和提高。

在数据库运行阶段,数据库的经常性维护工作主要由 DBA 完成,它包括以下内容:

(1) 数据库的转储和恢复;

（2）数据库安全性、完整性控制；

（3）数据库性能的监督、分析和改进；

（4）数据库的重组织和重构造。

本章重要知识点

1. 数据管理技术经历了人工管理、文件系统和数据库管理等阶段。数据库系统是在文件系统基础上发展形成的，它克服了文件系统的三个缺陷：数据冗余、数据不一致和数据联系弱。

2. 在数据库范畴下，要准确使用术语。概念设计阶段的实体、实体集、属性和实体标识符等术语，逻辑设计阶段的字段、记录、文件和关键码等术语，物理设计阶段的位、字节、字和块等术语。要理解实体间 1∶1、1∶N 和 M∶N 三种联系的意义。

3. 从现实世界的信息到数据库存储的数据，这是一个逐步抽象的过程。它分成四个级别：概念模型、逻辑模型、外部模型和内部模型。概念模型是对现实世界的抽象，是一种高层的数据模型。逻辑模型是用某种 DBMS 软件对 DB 管理的数据的描述。外部模型是逻辑模型的子集，是用户使用的数据模型。内部模型是对逻辑模型的物理实现。

4. 概念模型的一个代表是实体联系模型。逻辑模型有层次、网状、关系和面向对象模型。关系模型是当今的主流。

5. 数据库的三层体系结构：三个模式（外模式、逻辑模式和内模式）和三个模式间的两个映射。数据库系统的数据独立性：逻辑数据独立性和物理数据独立性。

6. DBMS 是位于用户与操作系统 OS 之间的数据管理软件，它主要由查询处理器和存储管理器两大部分组成。数据库语言分成 DDL 和 DML 两类。

7. DBS 是包含 DB 和 DBMS 的计算机系统。DBA 是负责 DBS 的正常运行等责任的一组人员。

8. 关系模型中的术语：属性、元组、关系模式、超键、候选键、主键和外键。关系的定义以及关系模型必须遵守的三类完整性规则：实体完整性规则、参照完整性规则和用户定义的完整性规则。

9. 函数依赖的定义。关系数据库的规范化设计中的 1NF、2NF、3NF 和 BCNF。在应用时，一般要将数据库设计成 3NF 或 BCNF，甚至更高范式。

10. 数据库设计的七个阶段，每个阶段的任务。

习　　题

1. 名词解释。

DB　DBMS　DBS　1∶1 联系　　1∶N 联系　　M∶N 联系　数据模型　概念模型
逻辑模型　层次模型　网状模型　关系模型　外部模型　内部模型　外模式
逻辑模式　内模式　外模式/逻辑模式映像　逻辑模式/内模式映像　数据独立性
物理独立性　逻辑独立性　超键　候选键　外键　1NF　2NF　3NF　BCNF

2. 人工管理阶段的数据管理有哪些特点？

3. 文件系统阶段的数据管理有哪些特点？

4. 文件系统阶段的数据管理存在什么缺陷？试举例说明。

5. 数据库阶段的数据管理有哪些特色？

6. 数据抽象有哪几个步骤？

7. 简述关系模型 3 类完整性规则。

8. 简述数据库设计的过程。

第2章 | 认识 Access 2010

　　Access 2010 是一个功能强大的关系型数据库管理系统，是 Office 2010 办公系列软件的一个重要组成部分，主要用于数据库管理。

　　Access 2010 不仅继承和发扬了之前版本的功能强大、界面友好、易学易用的优点，而且它又发生了新的巨大变化。

　　本章将介绍 Access 2010 基本概念，熟悉 Access 2010 的新界面，了解功能区的组成及命令选取方法等。

2.1　走进 Access 2010

　　Access 2010 新增了许多功能，这些新增的功能，使得原来十分复杂的数据库管理、应用和开发工作变得更简单、更轻松和更方便；同时更加突出了数据共享、网络交流和安全可靠方面的功能。

2.1.1　Access 2010 的新增功能

　　Access 2010 新增的主要功能描述如下。

1. 专业的数据库模板

　　Access 2010 包括一套经过专业化设计的数据库模板，用户可以直接使用它们，也可以对其进行增强和调整，以完全按照所需的方式跟踪信息。打开 Access 2010，就可以看到"样本模板"。Access 2010 已经内置了很多款模板供用户选择，用户可根据需要选择合适的模板使用。

2. Backstage 视图

　　Access 2010 中新增的 Backstage 视图，使用户能够访问应用于整个数据库的所有命令，例如压缩、修复或打开新数据库。可以使用这些命令来调整、维护或共享数据库。启动 Access 2010 时，将看到 Microsoft Office Backstage 视图，命令排列在屏幕左侧的选项卡上，并且每个选项卡都包含一组相关命令或链接。可以从该视图获取有关当前数据库的信息，创建新数据库，打开现有数据库，或者查看来自 Office.com 的特色内容。

3. 改进的数据表视图

　　新增的数据显示功能可帮助用户更快地创建数据库对象，然后更轻松地分析数据。在 Access 2010 中，用户无须提前定义字段，只需单击"创建"选项卡上的"表"按钮，在出现的新数据表中输入数据，即可创建数据表和开始使用数据表。Access 2010 会自动确定适合每个字段的最佳数据类型。此外,还可以将 Microsoft Excel 表中的数据粘贴到新的数据表中,Access 2010 会自动创建所有字段并识别数据类型。

4. 新增的计算字段

Access 2010 中新增的计算字段数据类型,允许存储计算结果,可以实现原来需要在查询、控件、宏或 VBA 代码中进行的计算。可以创建一个字段,以显示根据同一数据表中的其他数据计算而来的值。可以使用表达式生成器来创建计算,以便用户可以受益于智能感知功能,并轻松地访问有关表达式值的帮助。

5. 合并与分割单元格

在 Access 2010 中引入的布局是可作为一个单元格移动和调整大小的控件组,允许更加灵活地在窗体和报表上放置控件。可以水平或垂直拆分或合并单元格,从而能够轻松地重排字段、列或行。

6. 条件格式功能

Access 2010 新增了设置条件格式的功能,能够实现一些与 Excel 中提供的相同的格式样式。

7. 新的宏生成器

Access 2010 提供一个新的宏生成器,使用宏生成器,可以更高效地工作,减少编码错误,并轻松地组合更复杂的逻辑以创建功能强大的应用程序。

8. SharePoint 网站

SharePoint 网站是一种协作工具。Access 2010 停止了对数据访问页的支持,大大增强了网络协同开发与共享功能。通过将 Access 2010 和 Microsoft Windows SharePoint Services3.0 结合使用,用户可以利用多种方法共享和管理数据。Windows SharePoint Services 是一个用来创建实现信息共享和文档协作的 Web 站点的引擎,从而有助于提高个人和团队的生产力。在 Microsoft Access 2010 中,可以生成 Web 数据库并将它们发布到 SharePoint 网站。SharePoint 访问者可以在 Web 浏览器中使用您的数据库应用程序,并使用 SharePoint 权限来确定哪些用户可以看到哪些内容。用户可以从使用模板开始,以便可以立即开始协作。很多其他增强功能支持这个新的 Web 发布功能,而且还提供了传统桌面数据库具有的好处。

9. 应用程序部件

Access 2010 新增了应用程序部件功能,它是一个模板,构成数据库的一部分。用户可以通过使用应用程序部件轻松地向现有数据库中添加功能。例如,如果向数据库中添加"任务"应用程序部件,用户将获得"任务"表、"任务"窗体以及用于将"任务"表与数据库中的其他表相关联的选项。

10. 增强的安全性

Access 2010 利用增强的安全功能及与 Windows SharePoint Services 的高度集成,可以更有效地管理数据,并能使信息跟踪应用程序比以往更加安全。

2.1.2 Access 2010 的启动与退出

启动 Access 2010 的方式与启动一般应用程序的方式相同,执行下列任意一种操作都可以启动 Access 2010:

（1）单击"开始"|"所有程序"|Microsoft Office|Microsoft Access 2010 命令；

（2）双击数据库文档文件；

（3）双击桌面上的快捷方式。

执行下列任意一种操作都可以退出 Access 2010：

（1）单击标题栏右端的 Access 2010 窗口"关闭"按钮 ▣ ；

（2）在菜单栏中选择"文件"|"退出"命令；

（3）单击标题栏左端的 Access 2010 窗口"控制菜单"按钮 ▣ ，在下拉菜单中选择"关闭"命令；

（4）按快捷键 Alt＋F4。

2.1.3 Access 2010 的工作界面

单击"开始"|"所有程序"|Microsoft Office|Microsoft Access 2010 命令，启动 Access 2010。Access 2010 的启动界面如图 2.1 所示。

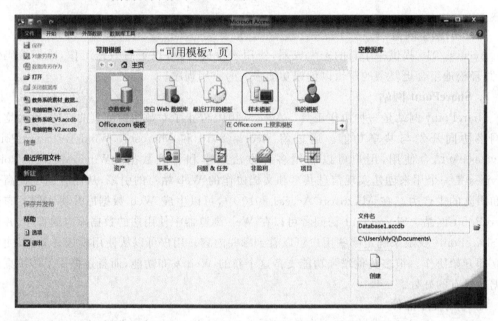

图 2.1 启动界面

Access 2010 的启动界面提供了创建数据库的导航。选择新建"空数据库"选项、新建"空白 Web 数据库"选项，或者选择某种模板之后进入工作界面，如图 2.2 所示。

Access 2010 主要界面元素包括如下几种。

1. 标题栏

标题栏位于 Access 2010 工作界面的最上端，用于显示当前打开的数据库文件名。

2. "可用模板"页

启动 Access 2010，在启动界面显示了"可用模板"。在 Backstage 视图的中间窗格中是各种数据库模板。选择"样本模板"选项，如图 2.1 所示，可以显示当前 Access 2010 系统中所有的样本模板。Access 2010 提供的每个模板都是一个完整的应用程序，具有预先建好的

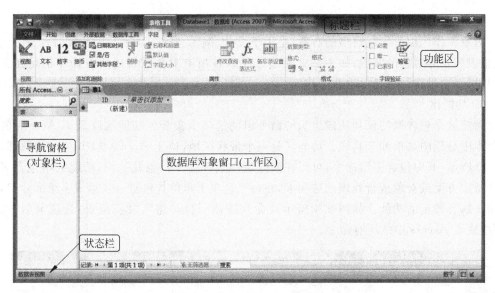

图 2.2　工作界面

数据表、窗体、报表、查询、宏和表关系等。可以通过模板建立数据库,立即利用数据库开始工作;也可以使用模板作为基础,对所建立的数据库进行修改,创建符合需求的数据库。

3. 导航窗格

导航窗格(又称对象栏)可帮助用户组织归类数据库对象,并且是打开或更改数据库对象设计的主要方式。导航窗格取代了 Access 2007 之前的 Access 版本中的数据库窗口。导航窗格位于窗口左侧,用以显示当前数据库中的各种数据库对象。导航窗格有两种状态,折叠状态和展开状态。单击导航窗格右上方的小箭头,可选择查看对象的方式,如图 2.3 所示。选择"所有 Access 对象"命令,显示数据库中所有对象。

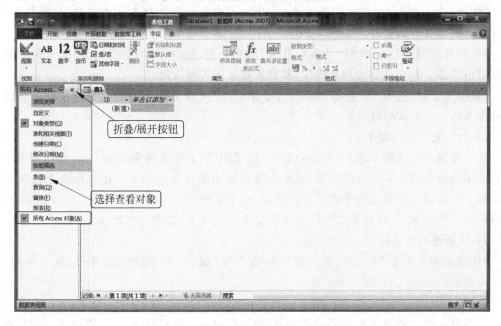

图 2.3　导航窗格

4. 对象工作区

对象工作区位于导航窗格的右侧,是用于设计、编辑、修改、显示及运行数据表、查询、窗体、报表和宏等对象的区域,如图2.2所示。Access所有对象进行的所有操作都是在工作区中进行的,操作结果显示也在工作区。

5. 功能区

功能区是包含按特征和功能组织的命令组的选项卡集合。功能区取代了Access的早期版本中分层的菜单和工具栏。功能区是一个带状区域,位于Access 2010窗口的顶部,如图2.2所示,其中包含多组命令,可以在该区域中选择命令。也就是说,功能区中包含多个围绕特定方案或对象进行处理的选项卡,在每个选项卡里的控件进一步组成多个命令组,每个命令执行特定的功能。如图2.4所示,"命令按钮"组成"组","组"组成"选项卡","选项卡"组成了Access中的所有命令。

图2.4 功能区

1) 命令选项卡

在Access 2010的功能区中有如下选项卡:"文件"、"开始"、"创建"、"外部数据"和"数据库工具",称为Access 2010的命令选项卡。在每个选项卡下,都有不同的操作工具,这样即可在需要命令的时候找到命令。

"开始"选项卡:包括"视图"等几个组,用来对数据表进行各种常用操作,例如,查找、筛选、文本设置等。

"创建"选项卡:包括"模板"等几个组,用户可以利用该选项卡下的工具,创建数据表、窗体和查询等各种数据库对象。

"外部数据"选项卡:包括"导入并链接"等几个组,用户可以利用该选项卡下的工具来实现对内外部数据交换的管理和操作,即导入和导出各种数据。

"数据库工具"选项卡:包括"宏"等几个组,用户可以利用该选项卡下的各种工具进行数据库VBA、表关系的设置等。

2) 上下文命令选项卡

除了常规命令选项卡之外,Access 2010还采用了"上下文命令选项卡"。可以根据用户正在使用的对象或正在执行的任务,进一步显示相关的命令选项卡。在常规命令选项卡下会显示一个或多个上下文命令选项卡。例如,如果正在"设计视图"中设计一个数据表,则在"表格工具"选项卡下,将显示"设计"的上下文命令选项卡,如图2.5所示。

3) 快速访问工具栏

"快速访问工具栏"提供了对最常用的命令如"保存"和"撤销"的即时、单击访问,如图2.6所示。

4) 库

库是显示样式或选项的预览的新控件,为用户提供一个可视的方式,以使用户能在做出

图 2.5 表格工具"上下文命令选项卡"

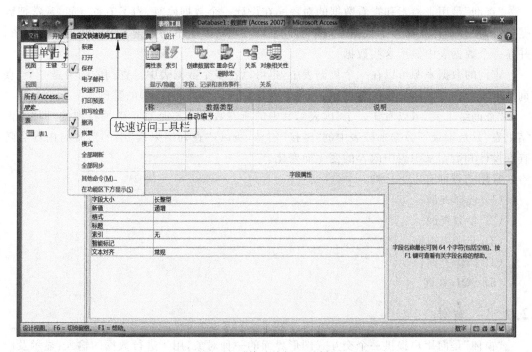

图 2.6 "快速访问工具栏"

选择前查看效果,实现格式的快速设置。

6. 状态栏

状态栏位于窗口底部,用于显示查找状态信息、属性提示、进度指示及操作提示等,如图 2.2 所示。

7. 帮助

在 Access 2010 工作界面,单击窗口右上角 按钮或按 F1 键,即可打开"帮助"窗口。善于使用"帮助"是学习 Access 的最佳方法。

2.2 Access 六大对象

Access 2010 数据库有 6 大对象:数据表、查询、窗体、报表、宏和模块。Access 数据库能完成的功能有很多,主要就是通过 Access 数据库的六大对象来完成,每一种对象将会对数据库实现不同的操作或管理。

2.2.1　表

"表"是数据库中用来存储信息的对象。数据表中存放着具有特定主题的数据信息,所有数据表及其相互之间的关系构成了数据库的核心,其他数据库对象都是以数据表对象为基础的。Access 的数据表以表格的形式出现,每一个数据表都有自己的表名和结构。

2.2.2　查询

"查询"是用来检索和查看数据的对象。在设计一个数据库时,为了节省空间,常常把数据分类,并分别存放在多个数据表内。通过查询可以将多个不同数据表中的数据检索出来,并在一个数据表中显示这些数据。

查询的数据来源可以在一个数据表中,也可以在多个数据表中。查询的结果是一个"查询结果表",它可以作为其他数据库对象(如窗体、报表、另一个查询)的基础。

"查询结果表"可以看作一个"虚表",其中的所有数据都不是真正单独存在的,即"查询结果表"只是记录了数据来源表中的"链接"信息,所以,"查询结果表"中的形式与内容会随查询设计和数据来源表中内容的变化而变化。

常用的查询有以下几种:

(1) 选择查询;

(2) 参数查询;

(3) 交叉表查询;

(4) 操作查询;

(5) SQL 查询。

2.2.3　窗体

"窗体"是向用户提供一个交互式图形界面的一种对象,用于进行数据的输入、显示及应用程序的执行控制。在窗体中可以运行宏和模块,以实现更加复杂的功能。

使用窗体能方便用户对数据表和查询中的数据进行管理与维护,例如添加、显示、修改、删除等操作。

2.2.4　报表

"报表"是用于打印输出的一种对象。报表中可对输出的数据进行格式化和各种计算,例如分类小计、合计等。

报表中的数据可以来自数据表,也可以来自查询。

2.2.5　宏

"宏"是由若干个操作组成的集合,用来简化一些经常性的操作。用户可以设计一个宏来控制一系列的操作,当执行这个宏时,宏系统依次执行这个宏中定义的每个操作。例如,打开一个窗体、执行一种查询、预览一个报表等,也可以运行另一个宏或者模块。

宏可以单独使用,也可以与窗体配合使用。用户可以在窗体上设置命令按钮,单击这个命令按钮时,执行一个指定的宏。

2.2.6　模块

"模块"是声明、语句和过程的集合。Access 2010 可以用 VBA 编程语言编写过程模块。使用模块对象，可以方便软件人员开发较为复杂的管理信息系统。

本章重要知识点

1. Access 的工作界面

Access 的工作界面主要包括标题栏、"可用模版"页、导航窗格、对象工作区、功能区、状态栏和帮助按钮。

2. Access 的六大对象

数据表、查询、窗体、报表、宏和模块是 Access 的六大对象。

习　　题

1. 下面启动和关闭数据库的说法中，错误的是(　　　)。
   A. 双击一个 Access 2010 数据库文件，能够启动 Access 2010 数据库
   B. 按快捷键 Alt＋F4 能关闭数据库
   C. 在菜单栏中选择"文件"菜单的"关闭"命令能关闭数据库
   D. 在菜单栏中选择"文件"菜单的"退出"命令能关闭数据库
2. 关于 Access 2010 的操作界面，下面说法错误的是(　　　)。
   A. 导航窗格可以折叠和展开
   B. 设计查询、窗体、报表等操作是在对象工作区中进行的
   C. 操作提示信息在状态栏中显示
   D. Access 2010 的功能区是下拉式菜单
3. (　　　)不是 Access 2010 数据库的对象。
   A. 表　　　　　　　　B. 表关系　　　　　　C. 查询　　　　　　D. 窗体

上 机 实 验

1. 熟悉 Access 2010 工作界面(Access 窗口)，熟悉主要界面元素。
2. Access 2010 中的数据库对象有哪几种？试述每一种对象的功能。

第3章 | 数据库的创建与操作

本章将介绍在 Access 2010 中创建数据库的几种方法,数据库的基本操作和管理以及查看数据库的属性等操作。

3.1 创建数据库

在 Access 2010 中,提供了多种方法创建数据库:既可以使用模板创建数据库,为所选择的数据库类型创建所需的数据表、窗体及报表等,这是创建数据库的最快、最简单的方式;也可以直接创建一个空数据库,然后再添加数据表、查询、报表等其他对象,这种方法显得更为灵活。

3.1.1 利用模板创建数据库

Access 2010 提供了 12 个数据库模板。使用数据库模板,用户只需进行一些简单操作,就可以创建一个包含了数据表、查询等对象的数据库系统。对模板稍作修改,即可创建自己所需的数据库了。

例 3.1 利用 Access 2010 中的模板,创建一个"学生"数据库。

(1) 启动并选择"样本模板":启动 Access 2010,在打开的"可用模板"窗格中,单击"样本模板"选项,如图 3.1(a)所示,从列出的 12 个模板中选择所需的样本模板"学生"。

(2) 输入文件名、选择保存位置:在"可用模板"窗格的右侧"文件名"栏中输入数据库文件名,如图 3.1(b)所示,单击其右边的 📂 按钮,在弹出的对话框中,选择保存的位置。

(3) 创建数据库:单击"创建"按钮 ,创建一个"学生"数据库,如图 3.1(b)所示。

(4) 切换到"数据表视图":如果数据库显示在"窗体视图"下,如图 3.1(c)所示,请选择"开始"选项卡,单击窗口左上角的"视图"按钮 ,在"视图"下拉菜单中,选择"数据表视图"命令,如图 3.1(d)所示,完成"学生"数据库的创建。

3.1.2 创建空白数据库

创建空白数据库就是建立一个数据库的外壳,其中没有任何对象和数据。创建空白数据库后,根据实际需要,添加所需要的数据表、窗体、查询、报表、宏和模块等对象,就可以灵活地创建出所需要的各种数据库。

例 3.2　使用"空数据库"按钮 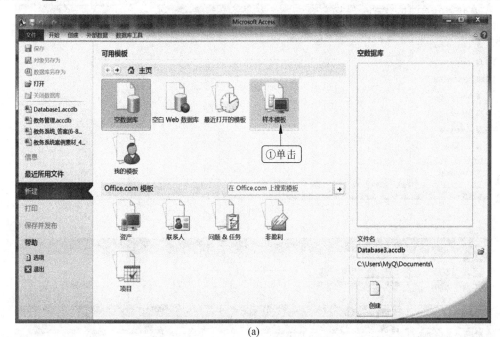，创建名为"教务系统"的数据库文件。

（1）创建数据库：启动 Access 2010，进入 Backstage 视图，在窗口左侧的导航窗格中，单击"新建"命令，或在"可用模板"窗格中，单击"空数据库"选项，如图 3.2(a)所示。

（2）输入文件名、选择保存位置：在"文件名"栏中，输入数据库文件名"教务系统.accdb"，单击右边的 按钮，在弹出的对话框中，选择数据库的保存位置"C:\数据库"，如图 3.2(a)所示。

(a)

(b)

图 3.1　利用模板创建数据库步骤

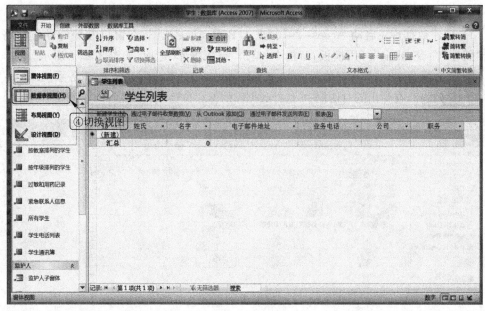

(c)

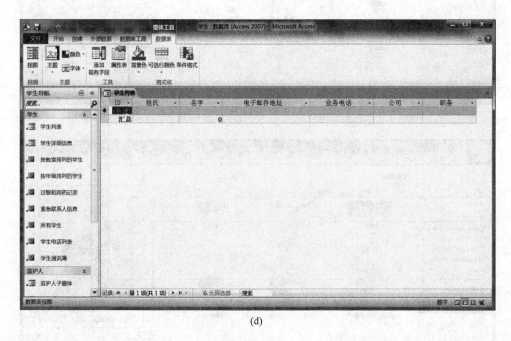

(d)

图 3.1 （续）

（3）完成数据库创建：单击"创建"按钮 ，系统自动生成一个数据库，并在工作区显示一个空白的数据表，如图 3.2(b)所示。

重要提示——"空数据库"：

创建好空数据库后，必须定义或建立组成该数据库的其他对象，例如数据表、查询和窗体等，否则，这样创建的数据库只是个没有内容的空数据库。

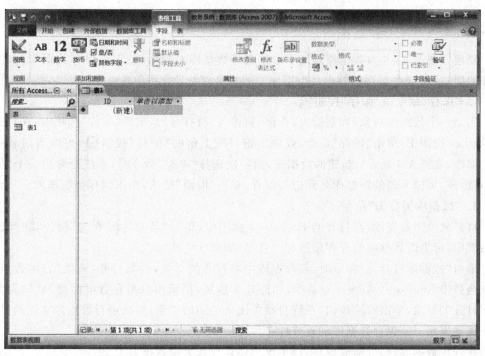

(a)

(b)

图 3.2　使用"空数据库"按钮创建数据库步骤

第
3
章

数据库的创建与操作

3.2 数据库的基本操作及管理

当数据库创建完成以后,就可以使用数据库了。可以对数据库进行打开、关闭、删除等各项基本的操作。另一方面,在数据库的使用过程中,为了保证数据库系统安全可靠地运行,在创建好数据库后必须考虑如何对数据库进行安全管理和保护。

3.2.1 打开数据库

要使用数据库,必须先打开数据库。打开数据库有以下几种方法。

1. 通过"打开"对话框打开数据库

(1) 启动 Access 2010,单击"文件"选项卡,在打开的 Backstage 视图中,单击"打开"命令,如图 3.3(a)所示。

(2) 在弹出的对话框中,选择要打开的数据库文件,单击"打开"按钮。

2. 快速打开

启动 Access 2010 后,在 Backstage 视图的左侧列出了最近打开的 4 个数据库文件,可单击直接打开,如图 3.3(b)所示;也可以单击"最近所用文件"命令,在右侧窗格中列出更多的最近使用过的数据库文件,选择需要的数据库打开。

3. 通过快捷键来打开数据库

按下 Ctrl+O 组合键,打开一个数据库。

3.2.2 保存数据库

创建好数据库,并为数据库添加了数据表等数据库对象后,就需要保存数据库,以保存添加的项目,Access 保存的特点是数据库中的每个对象是分别单独保存的。

1. "保存"命令或"保存"按钮 🖫

当某一个数据库对象(如数据表、查询、窗体等)被打开后,单击"文件"选项卡,在打开的 Backstage 视图中,单击"保存"命令,或单击窗口左上角的"保存"按钮 🖫,可按当前名称保存数据库,如图 3.4 所示;新建的数据库,第一次选择"保存"命令时,系统会弹出一个"另存为"对话框,可输入新的数据库名称进行保存,单击"取消"按钮,则不保存该数据库。

2. "数据库另存为"命令

打开某一个数据库,在打开的 Backstage 视图中,单击"数据库另存为"命令,在弹出的对话框中,可更改数据库的保存位置和文件名,如图 3.4 所示。

单击"数据库另存为"命令时,若数据库中有打开的对象,例如打开(未关闭)的数据表,系统会弹出 Microsoft Access 对话框,如图 3.4 所示,提示用户另存数据库前,必须先关闭所有打开的对象,单击"是"按钮,系统自动关闭未关闭的对象,然后进行数据库文件的另存。

重要提示——保存数据库的重要性:

在处理数据库时,应随时保存,以免出现错误导致大量数据丢失。

3.2.3 关闭数据库

当数据库不再使用时,应该及时关闭数据库。关闭数据库常用以下两种操作方法。

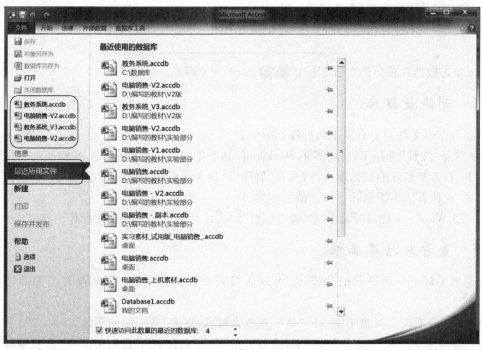

(a)

(b)

图 3.3　打开数据库的方法

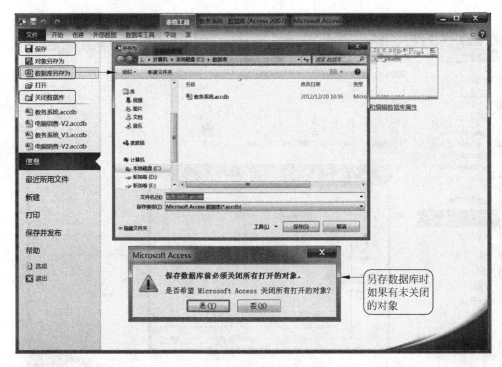

图 3.4　数据库的保存和关闭

（1）选择"关闭数据库"命令。

选择"文件"选项卡，在打开的 Backstage 视图中，单击"关闭数据库"命令，如图 3.4 所示。

（2）单击数据库窗口的"关闭"按钮 ![X] ，如图 3.4 所示。

3.2.4　删除数据库

删除数据库文件主要有以下两种操作方法：

（1）选择"文件"选项卡，在打开的 Backstage 视图中，单击"打开"命令，在弹出的"打开"对话框中，右击要删除的数据库文件，选择"删除"快捷菜单命令，如图 3.5 所示。

但是，这种方法不能删除已打开的数据库。

（2）用 Windows 资源管理器或"我的电脑"（或"计算机"）做删除文件操作。

3.2.5　查看数据库属性

如果想了解一个新打开的数据库，可以通过查看数据库的属性，查看其相关的详细信息。

例 3.3　查看配套光盘中本章的"教务系统素材_数据表"数据库的属性。

（1）选择命令：单击"文件"选项卡，在打开的 Backstage 视图右侧单击"查看和编辑数据库属性"命令，如图 3.6(a)所示。

（2）查看属性：在打开的对话框中，选择各个选项卡，查看数据库的相关信息，如图 3.6(b)和图 3.6(c)所示（以实际查看结果为准）。

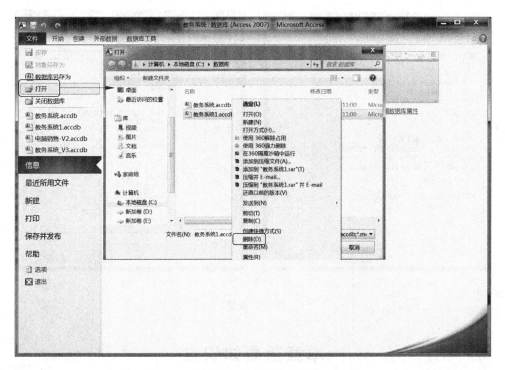

图 3.5　数据库的删除

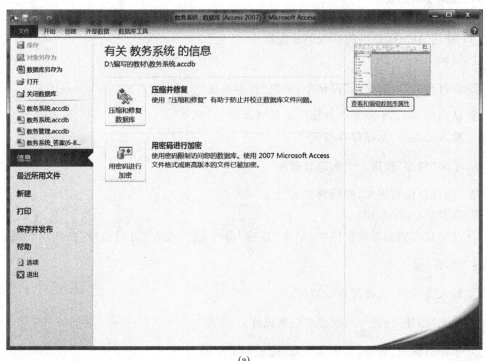

(a)

图 3.6　数据库属性

第3章

数据库的创建与操作

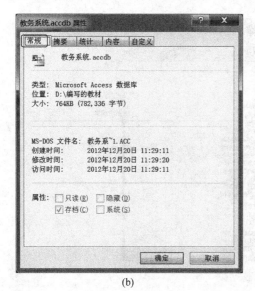
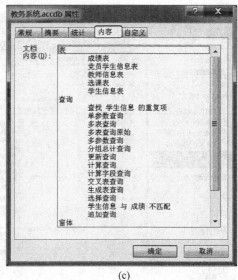

(b)   (c)

图 3.6 （续）

本章重要知识点

1. 数据库的创建

创建数据库有两种方式：

(1) 使用 Access 提供的模版创建数据库

① 启动 Access 2010；

② 在打开的"可用模板"窗格中，单击"样本模板"选项 ；

③ 从列出的 12 个模板中选择所需的样本模板；

④ 输入文件名、选择保存位置；

⑤ 单击"创建"按钮 ，创建数据库。

(2) 创建空白数据库，然后再添加对象

① 启动 Access 2010；

② 在窗口左侧的导航窗格中，单击"新建"命令 ，或在"可用模板"窗格中，单击"空数据库"选项 ；

③ 输入文件名、选择保存位置；

④ 单击"创建"按钮 ，创建空白数据库；

⑤ 添加数据表、查询、窗体等对象，完成数据库的创建。

2. 数据库的打开关闭操作

(1) 打开数据库的方法

① 通过"文件"选项卡的"打开"选项 ，使用打开对话框打开数据库；

② 单击在 Backstage 视图中列出的数据库文件,快速打开数据库;

③ 通过按下 Ctrl＋O 快捷键来打开数据库;

④ 在 Windows 文件资源管理器中,双击已经创建的数据库文件,打开数据库。

（2）关闭数据库的方法

① 选择"文件"选项卡的"关闭数据库"命令 关闭数据库 ,关闭数据库;

② 单击数据库窗口右上角的"关闭"按钮 X ,关闭数据库。

习　　题

使用（　　）的方法,可以创建 Access 数据库。

A. 表向导或表设计器

B. 设计视图或数据表视图

C. 模板数据库或先创建空数据库,再添加对象

D. 从外部导入数据或创建表关系

上 机 实 验

1. 新建空数据库及关闭数据库。

启动 Access 2010,建立一个名为"电脑销售"的空数据库,保存该数据库,最后关闭数据库并退出 Access 2010。

提示:

（1）启动 Access 2010,进入 Backstage 视图,在窗口左侧的导航窗格中,单击"新建"命令；输入文件名、选择保存位置；单击"创建"按钮 创建,系统自动生成一个数据库,并在工作区显示一个空白的数据表。

（2）打开数据库,单击"文件"选项卡,在打开的 Backstage 视图中,单击"保存"命令,或单击窗口左上角的"保存"按钮 ,可按当前名称保存数据库；新建的数据库,第一次选择"保存"命令时,系统会弹出一个"另存为"对话框,可输入新的数据库名称进行保存,单击"取消"按钮,则不保存该数据库。

（3）选择"文件"选项卡,在打开的 Backstage 视图中,单击"关闭数据库"命令,或单击数据库窗口的"关闭"按钮 X 。

2. 查看"电脑销售"数据库的相关属性。

提示:

（1）选择命令:单击"文件"选项卡,在打开的 Backstage 视图右侧单击"查看和编辑数据库属性"命令。

（2）查看属性:在打开的对话框中,选择各个选项卡,查看数据库的相关信息。

第4章 数据表的设计与创建

本章将介绍数据表的概念,在 Access 2010 中创建数据表的几种方法,构成数据表字段的数据类型,字段属性的设置,如何修改数据表的结构,如何为数据表建立索引以及如何建立数据表之间的表关系,数据表中数据的排序及筛选等操作。

数据表是 Access 2010 中最重要的概念之一,是数据库中最基本和最重要的对象。它是特定主题的数据集合,它将具有相同性质或相关联的数据存储在一起,以行和列的形式来记录数据;同时,它也是所有查询、窗体和报表等数据库对象的数据来源。只有创建了数据表以后,才能建立其他的数据库对象。数据表存储的数据,一般要经过各种数据库对象处理后,才能成为真正有用的信息。

4.1 设计数据表

数据表由若干行和若干列组成。在 Access 2010 中,数据表的栏目称为字段,数据表的一行称为一个记录。数据表设计的主要工作是设计数据表的结构,即数据表中的字段及字段属性,包括字段名、每个字段的数据类型、长度、索引和有效性规则等。

4.1.1 数据表的结构

定义数据表的结构就是定义二维表每列的字段名、字段的数据类型和字段属性等各项参数。

数据表结构的定义一般在数据表的"设计视图"中进行,如图 4.1(a)所示。

1. 字段名称

数据表中的列称为字段,它描述主题的某类特征。例如,"学生信息表"中的"学号"、"姓名"和"性别"等分别描述了学生的不同特征。

字段名称由 1~64 个字符组成。除句点(.)、感叹号(!)、方括号([ ])和左单引号(')等这些字符外,数字、字母、汉字、符号和空格(不能作为首字符)等都是合法的字符。在一个数据表中,字段的名称必须是唯一的,即不允许出现两个及以上完全相同的字段名称。

2. 字段值

数据表中的行和列相交处的数据称为字段值。

重要提示——数据表有如下 4 种视图形式。

(1) 设计视图:用于创建和修改数据表的结构。

(2) 数据表视图:用于浏览、编辑和修改数据表中的数据记录。

(3) 数据透视图视图:用于以图表的形式显示数据。

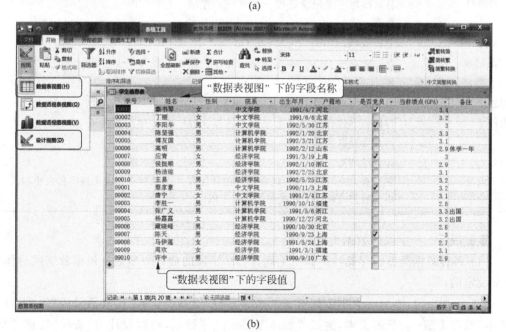

(a)

(b)

图 4.1 数据表的"设计视图"、"数据表视图"及其切换

（4）数据透视表视图：用于按照不同的方式组织和分析数据。

其中，"设计视图"和"数据表视图"是数据表最基本和最常用的视图形式，如图 4.1(a) 和图 4.1(b)所示，请注意区分这两种视图形式下数据表的异同；单击"开始"选项卡的"视图"按钮 ，打开"视图"下拉菜单，可以切换数据表的视图形式，如图 4.1(b)所示。

4.1.2 数据类型

在数据表中同一列数据必须具有相同的数据特征,称为字段的数据类型。不同数据类型的字段用来表达不同的信息,数据类型决定了数据存储的大小以及使用方式。在设计数据表时,必须首先定义数据表中字段的数据类型。表 4.1 列出了 Access 2010 中可以使用的数据类型。

表 4.1 Access 2010 中的数据类型

数 据 类 型	存 储 对 象	大 小
文本	字母、符号、汉字等文本数据,以及不用于计算的数字字符	最多为 255 个字符
备注	长文本数据	最多为 65 535 个字符
数字	可用于数学计算的数值数据	1、2、4、8 个字节,取决于数据存储形式(字节、整型、单精度型、双精度型等)
日期/时间	日期与时间值	8 个字节
货币	货币值或用于数学计算的金额数据	8 个字节
自动编号	自动给每一条记录分配一个唯一的递增数值	4 个字节
是/否	逻辑值(Yes/No、True/False、On/Off)	1 位
OLE 对象	存储来自于 Office 或其他应用程序的图形、文档或对象	最多为 1GB
超链接	以文本形式存储并用作超链接地址	最多 2048 个字符
附件	存储数字图像和任意类型的二进制文件的首选数据类型	2GB 压缩附件或 700KB 左右未压缩附件
计算	计算的结果	8 个字节
查询向导	创建查询字段,用于实现查阅其他数据表中的数据或从一个列表中选择一个值	与执行查阅的主键字段大小相同

重要提示——字段的数据类型:

(1) 各种数据类型的存储特性有所不同,因此,字段的数据类型是要根据数据的具体特性来设定的;

(2) 一般来说,不具有大小数值意义的数字字符,例如,"学号"、"电话号码"等,设计为"文本"数据类型;较长的文本,例如,"备注"、"简介"等数据,可以设计为"备注"数据类型;而照片等数据可以设计为"OLE 对象"或附件数据类型。

4.1.3 字段属性

确定了数据类型之后,还应设定字段属性,才能更准确地确定数据在数据表中的存储。不同的数据类型有不同的属性。

在数据表的"设计视图"中,窗口的上半部分可以用来设置"字段名称"、"数据类型"和字段"说明",下半部分可以用来设置上半部分选中的字段的"字段属性",如图 4.2 所示。

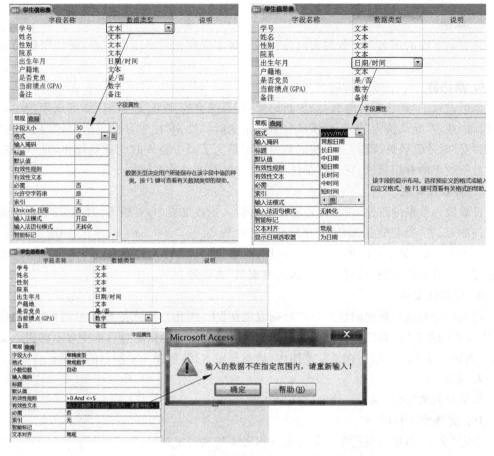

图 4.2　不同数据类型的字段属性

1. 字段大小

设置"文本"数据类型的字段大小(即长度),或"数字"数据类型字段的存储类型,例如"整型"和"单精度型"等。

2. 格式

选择或自定义各种数据的格式时,不同数据类型的字段,其格式设置不同;例如,"日期/时间"数据类型,可以有"长日期"和"短日期"等格式,如图 4.2 所示,切换到"数据表视图"可以看到这些格式的不同。

3. 小数位数

对"数字"数据类型或"货币"数据类型设置小数点位数,"文本"数据类型无"小数位数"设置。

4. 输入掩码

为数据定义格式,使输入的数据有统一的显示形式。可以为"文本"、"数字"、"货币"、"日期/时间"数据类型设置掩码。Access 2010 不仅提供了预定义输入掩码模板,而且,还允许用户自定义输入掩码,例如,如果自定义"固定电话"字段的输入掩码为"(000)—

00000000"格式,而输入电话号码是"02165642222",则在"数据表视图"中该字段值显示为"(021)－65642222"。

5. 标题

标题是字段的别名,在"数据表视图"中,它是字段列标题显示的内容,通常字段的标题为空。

6. 默认值

如果设置了"默认值",那么,添加新记录时,系统会自动将"默认值"加到该字段中。例如,设置"性别"默认值为"男",则添加一个新记录时,"性别"栏中自动出现"男"(只有当"性别"为"女"时才需要修改输入)。默认值的使用是为了减少输入时的重复操作,是一个提高输入数据效率的有用属性,它可以是任何符合字段要求的数据值。

7. 有效性规则

设置输入数据的条件,用来防止非法数据输入到数据表中,对输入的数据起着限定的作用。例如,设置"当前绩点(GPA)"字段的有效性规则为:">0 And <=5",如图 4.2 所示,在实际输入时,如果输入的值不在这个范围内,数据将无法输入(按 Esc 键退出输入状态)。对于复杂的有效性规则可以使用"表达式生成器"来设置。

8. 有效性文本

用来配合有效性规则的使用,在"数据表视图"下,当用户输入的数据不满足"有效性规则"中设置的条件时,系统会弹出错误对话框"有效性文本"能指定对话框中显示的提示文本信息,例如,"输入的数据不在指定范围内,请重新输入!",如图 4.2 所示的对话框。

9. 必需

如果设置为"是",则表示该字段必须有值。

10. 允许空字符串

指定"文本"数据类型的字段是否允许出现零长度的字符串。

11. 索引

确定该字段是否为索引字段。

12. Unicode 压缩

指定是否对该字段进行 Unicode 压缩。在 Access 2010 中,字段中的数据是使用 Unicode 字符编码表示的,即每个字符用两个字节表示。使用 Unicode 压缩,可以自动压缩字段中的数据,使得数据库尺寸最小化。

13. 输入法模式

指定当光标移到该字段时,是否启用汉字输入法。

14. 输入法语句模式

指定当光标移到该字段时,希望设置成哪种输入法语句模式。

15. 智能标记

为字段以及绑定到该字段的所有控件指定一个或多个智能标记。智能标记是这样一些组成部分,它们识别字段中的数据类型,并可以根据该类型执行操作。例如,在"电子邮件地址"字段中,智能标记可以创建一封新邮件或者将地址添加到联系人列表中。

4.2 创建数据表

完成了数据表的结构设计,就可以创建数据表了,Access 2010 提供了多种创建数据表的方法。

4.2.1 使用数据表模板创建数据表

对于一些常见和典型的应用,使用表模板方式创建数据表会更加方便快捷。

例 4.1 使用数据表模板创建一个"联系人"数据表。

(1)创建数据库:启动 Access 2010,新建一个名为"教学示例"的空数据库文件。

(2)创建数据表:在"创建"选项卡中,单击"模板"组的"应用程序部件"按钮 ,在弹出的下拉菜单中,选择"联系人"命令,如图 4.3 所示。

图 4.3 使用数据表模板创建数据表

(3)输入数据并保存数据表:自行设计几个"联系人"信息,输入到数据表中,单击窗口左上角的"保存"按钮 保存数据,单击数据表右上角的"关闭"按钮 ,关闭数据表。

4.2.2 使用字段模板创建数据表

通过 Access 2010 自带的字段模板创建数据表,是 Access 2010 提供的一种新的创建数据表的方法。模板中已经设计好了各种字段属性,可以直接使用。

例 4.2 使用字段模板,在上例"教学示例"数据库中,创建一个"学生信息表"。

(1)创建空白数据表:在"教学示例"数据库中,单击"创建"选项卡中"表格"组的"表"按钮 ,如图 4.4 所示。

数据表的设计与创建

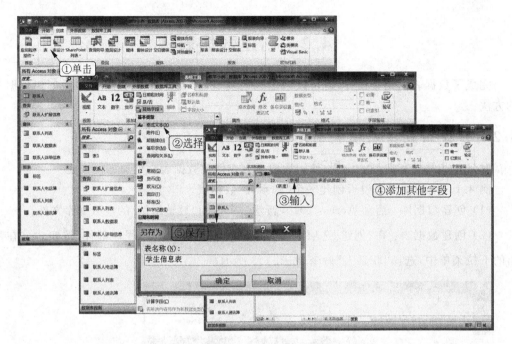

图 4.4 使用字段模板创建数据表

（2）选择数据类型：在"表格工具"的"字段"选项卡的"添加和删除"组中，单击"其他字段"边的下拉箭头 <img>其他字段▼</img>，选择"格式文本"命令，如图4.4所示。

（3）输入字段名称：在字段标题中输入字段名称"学号"（如果无法输入可以双击该字段放入光标插入点），如图4.4所示，单击下一个字段标题，在下拉菜单中选择需要的数据类型，添加其他字段，例如"姓名"，按表4.2(a)创建"学生信息表"。

（4）输入数据记录：按表4.2(b)在数据表中输入3条数据记录。

（5）保存数据表：单击窗口左上角"保存"按钮 <img></img>，在弹出的对话框中，输入"学生信息表"，单击"确定"按钮。

4.2.3 使用"表"按钮创建数据表

使用"表"按钮 <img></img> 创建数据表，是最常用的创建数据表的方法。

例 4.3 在"教学示例"数据库中自行设计和创建一个新的数据表。例如，根据自己的学业情况设计一个数据表，包含课程名称、成绩、任课老师、上课时间地点等信息。

在"创建"选项卡中，单击"表格"组中的"表"按钮 <img></img>，系统在数据库中插入一个名为"表1"的新数据表，如图4.5所示；单击"单击以添加"边的下拉箭头，在下拉菜单中选择需要的数据类型，输入字段名称，如图4.4所示；依次逐一添加字段，并输入数据，最后，保存数据表。

4.2.4 使用"表设计"按钮创建数据表

使用模板创建的数据表不一定完全符合要求，必须进行适当的修改，在更多的情况下，必须自己创建新数据表。使用"表设计"按钮 <img></img>，在数据表的"设计视图"中设计数据表，是

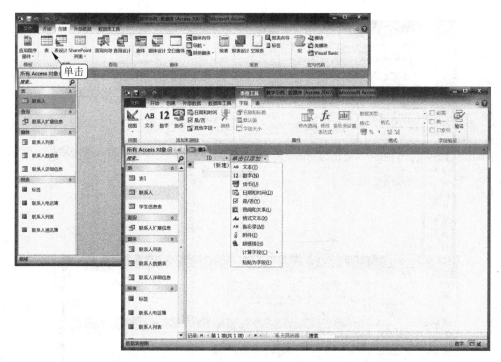

图 4.5　在现有的数据库中创建新的数据表

一种十分灵活的方法。使用这种方法设计数据表时,用户需要设置每个字段的各种属性,以定义数据表的结构,然后,切换到"数据表视图",输入各条数据记录,完成数据表的创建。

例 4.4　在"例 3.2"创建的空白数据库"教务系统"中,创建数据表"学生信息表",其结构和数据记录如表 4.2(a)和表 4.2(b)所示。

(1) 打开数据库:启动 Access 2010,打开"教务系统"数据库。

(2) 创建数据表:在"创建"选项卡中,单击"表格"组中的"表设计"按钮 ,创建一个数据表,并进入数据表的"设计视图",如图 4.6 所示。

(3) 设计表结构:按表 4.2(a)所示,输入字段名称、选择数据类型和设置字段属性。例如,在"字段名称"栏中输入字段的名称"学号",在"数据类型"下拉列表框中选择"文本",在"字段属性"窗口中设置字段的大小为"30",如图 4.6 所示。用同样的方法,输入其他字段名称,并设置相应的数据类型及字段大小。

(4) 保存数据表的结构:单击窗口左上角"保存"按钮 ,或选择"文件"菜单中的"保存"命令,在弹出的"另存为"对话框中,输入"学生信息表",单击"确定"按钮,如图 4.6 所示;在弹出的"尚未定义主键"提示对话框中,单击"否"按钮,暂时不设定主键。

(5) 切换到"数据表视图"输入数据记录:单击窗口左上角"视图"按钮 ,在打开的"视图"菜单中,选择"数据表视图",输入数据记录。

(6) 保存数据表,并将数据库另存为"My 教务系统":再次单击窗口左上角"保存"按钮 ,单击数据表的"关闭"按钮 ,保存并关闭数据表;选择"文件"菜单的"数据库另存为"命令,输入"My 教务系统",单击"保存"按钮。

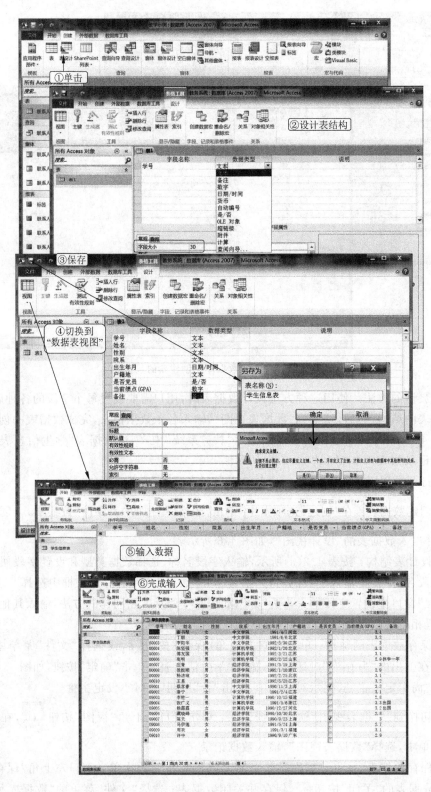

图 4.6　创建"学生信息表"

字 段 名	数 据 类 型	字 段 属 性
学号	文本	字段大小：30
姓名	文本	字段大小：255
性别	文本	字段大小：2
院系	文本	字段大小：255
出生年月	日期/时间	
户籍地	文本	字段大小：255
是否党员	是/否	
当前绩点（GPA）	数字	字段大小：单精度，格式：标准，小数位数：1
备注	备注	

表 4.2（b） "学生信息表"数据记录

学号	姓名	性别	院系	出生年月	户籍地	是否党员	当前绩点（GPA）	备注
00001	秦书琴	女	中文学院	1991/4/7	河北	TRUE	3.4	
00002	丁丽	女	中文学院	1991/6/6	北京	FALSE	3.2	
00003	李阳华	男	中文学院	1992/5/30	江苏	TRUE	3.0	
00004	陈坚强	男	计算机学院	1992/1/20	北京	FALSE	3.3	
00005	傅友国	男	计算机学院	1992/3/21	江苏	FALSE	3.1	
00006	高明	男	计算机学院	1992/2/12	山东	FALSE	2.9	休学一年
00007	应青	女	经济学院	1991/3/19	上海	TRUE	3.0	
00008	侯挺顺	男	经济学院	1992/1/10	浙江	FALSE	2.9	
00009	杨洁琼	女	经济学院	1992/2/25	北京	FALSE	3.1	
00010	王易	男	经济学院	1992/5/25	江苏	FALSE	3.0	
09001	蔡家豪	男	中文学院	1990/11/3	上海	TRUE	3.2	
09002	唐宁	女	中文学院	1991/2/4	江苏	FALSE	3.1	
09003	李胜一	男	计算机学院	1990/10/15	福建	FALSE	2.8	
09004	张广义	男	计算机学院	1991/5/6	浙江	FALSE	3.3	出国
09005	杨露露	女	计算机学院	1990/12/27	河北	FALSE	3.2	出国
09006	藏晓峰	男	经济学院	1990/10/30	北京	FALSE	2.8	
09007	陈天	男	经济学院	1990/9/23	上海	TRUE	3.0	
09008	马伊莲	女	经济学院	1991/5/24	上海	FALSE	2.7	
09009	周欢	女	经济学院	1991/3/1	福建	FALSE	3.1	
09010	许中	男	经济学院	1990/9/10	广东	FALSE	2.9	

4.2.5 通过导入创建数据表

在 Access 2010 中，可以通过导入的方法，利用存储在其他位置的信息来创建数据表。例如，可以导入 Excel 工作表、ODBC 数据库、其他 Access 2010 数据库、XML 文件以及其他类型文件，详见第 10 章。

导入是我们方便地获取数据表信息的重要手段，请参考第 10 章，自行练习：将配套光盘中本章的"教务系统素材_数据表"数据库的"教师信息表"、"成绩表"和"选课表"导入到

"My教务系统"中。

4.3 数 据 输 入

数据表的结构定义创建好后,就可以向数据表中输入数据,即记录。向数据表输入数据的方法主要有两种:一种是当数据表结构定义完成后,直接向空数据表输入数据;另一种是打开要输入数据的数据表,然后将数据添加到数据表中。

4.3.1 输入数据到空结构数据表中

当数据表结构定义完成后,单击窗口左上角"视图"按钮 ,在打开的"视图"菜单中,选择"数据表视图",切换到"数据表视图",输入数据记录,如图4.6所示的"④"和"⑤"。

4.3.2 添加数据到数据表中

在"表"对象栏中,双击一个数据表,打开它的"数据表视图",在数据表末尾空白的第一行中直接输入数据,添加记录到数据表中。

例4.5 打开例4.1中创建的"教学示例"数据库,打开创建的"联系人"数据表,在数据表末尾空白的第一行中输入数据(自行设计数据),如图4.3所示。

重要提示——"OLE对象"数据类型的数据输入:

如果数据表中存在"OLE对象"数据类型的字段,例如照片,其数据输入可以在"数据表视图"下,右击需要输入数据的单元格,选择"插入对象"快捷菜单命令,在弹出的对话框中,选中"由文件创建"选项,单击"浏览"按钮,找到图像文件(.bmp文件),插入到单元格中。

4.4 修改编辑数据表结构

在创建数据表之后,有时需要修改数据表的结构,例如,增加和删除字段,更改字段的属性和格式等。在Access 2010中,在数据表中增加和删除字段十分方便,可以在"设计视图"和"数据表视图"中完成。

下面以配套资料中本章的"教务系统素材_数据表.accdb"文件为例,介绍这些方法,请将光盘中的该文件复制到"C:\数据库"文件夹中进行操作,并可以更名为"教务系统.accdb"。

4.4.1 利用"设计视图"修改数据表结构

在"设计视图"下更改数据表结构的操作步骤如下。

(1)打开数据表:启动Access 2010,打开"教务系统"数据库,在"表"对象栏中,双击"学生信息表"。

(2)切换到"设计视图"进行修改:在"开始"选项卡下,单击"视图"按钮 ,选择"设计视图"命令，在数据表的"设计视图"下，添加字段，对"字段属性"进行修改和设置，也可以利用快捷菜单，如图 4.7(a)所示，插入字段和删除字段等。

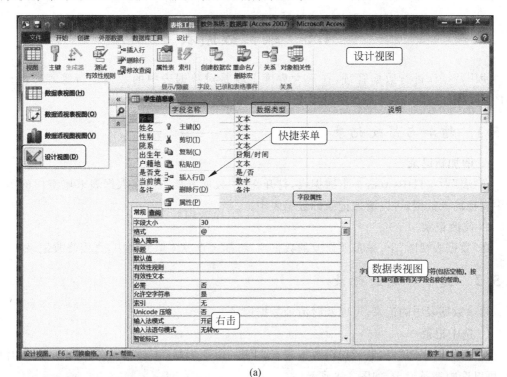

(a)

(b)

图 4.7　修改数据表的结构

4.4.2　利用"数据表视图"修改数据表结构

在"数据表视图"中添加和删除字段的操作，在 Access 2010 中是十分方便的。

（1）打开数据表：启动数据库后，在"表"对象栏中，双击"学生信息表"。

（2）添加或删除字段：右击某列字段名，选择"插入字段"快捷菜单命令，输入字段信息，添加新字段列；选择"删除字段"快捷菜单命令，删除该列，如图4.7(b)所示。

4.5 编辑数据表

使用数据库进行数据管理，在很大程度上就是对数据表中的数据进行管理。Access 2010中，对数据表的基本操作有浏览、增加、更新和删除记录等。

4.5.1 增加与修改记录

1. 增加新记录

在"表"对象栏中，双击一个数据表，打开它的"数据表视图"，在数据表末尾空白的第一行中直接输入数据，可以增加记录到数据表中。

2. 修改记录

在"数据表视图"下，单击要修改的数据项，将插入点放入单元格中，直接修改记录。

4.5.2 选中与删除记录

删除数据表中的记录，可以及时清理数据记录。

1. 选中记录

在"数据表视图"下，鼠标指向数据表最左侧的灰色区域，指针呈黑色向右箭头 ➡ 时单击，可以选中一条记录，如图4.8所示。

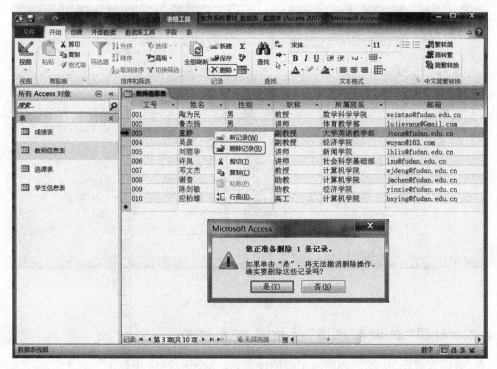

图4.8 选中与删除记录

2. 删除记录

单击"开始"选项卡"记录"组中的"删除"按钮 ✖删除，或右击选中的记录，选择"删除记录"快捷菜单命令，在弹出的对话框中，单击"是"按钮，删除选中的记录，如图 4.8 所示。

重要提示——删除的记录不可恢复：

用"删除"按钮 ✖删除 或命令删除的记录，是不能恢复的。单击窗口左上角的"撤销"按钮 ，不能撤销删除操作。

4.5.3 数据表的视图方式及其切换

Access 2010 提供了查看数据表的多种视图方式，主要有"数据表视图"、"设计视图"、"数据透视表视图"和"数据透视图视图"。每个视图形式显示不同的数据表内容，这里主要介绍"数据表视图"和"设计视图"两种视图方式。

1. 数据表视图

"数据表视图"是打开数据表时的默认视图，在此视图中可以查看所有的数据记录，可以进行编辑、添加、删除和查找数据等操作，如图 4.9(a)所示。

2. 设计视图

在"数据表视图"下，单击"开始"选项卡的"视图"按钮 ，在打开的"视图"下拉菜单中，选择"设计视图"按钮 ，切换到数据表的"设计视图"。在此视图中，可以对数据表的结构进行修改，例如，设置字段名称、数据类型和字段的各个属性，如图 4.9(b)所示。

(a)

图 4.9 "数据表视图"和"设计视图"

第4章

数据表的设计与创建

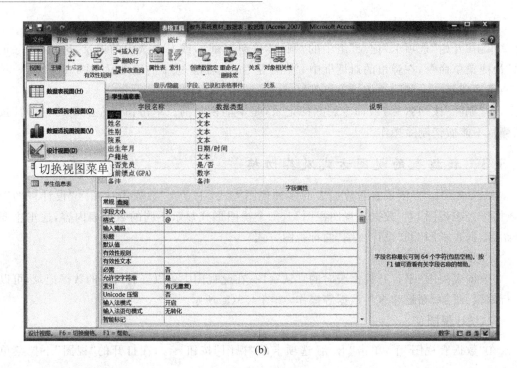

(b)

图 4.9 (续)

4.5.4 数据的查找与替换

当数据表中的数据很多时,如果要对某些数据进行修改,虽然可以通过手工的方式逐一搜索和修改记录,但当数据量非常庞大时,则需要很多的时间,还可能会产生遗漏。Access 2010 提供了很方便的方法来查找数据以及对大量数据的替换操作。

数据的查找和替换是利用"查找和替换"对话框进行的。

(1) 在"数据表视图"下打开数据表:在"表"对象栏中,双击数据表。

(2) 设置查找或替换:单击"开始"选项卡中的"查找"按钮 ,打开"查找和替换"对话框,如图 4.10 所示,设置查找和替换的"查找范围"、"匹配"字段和"搜索"方向等条件。

4.5.5 数据的排序与筛选

排序和筛选是两种比较常用的数据处理方法。

1. 数据排序

排序是根据当前数据表中的一个和多个字段值,对整个数据表中的所有记录重新按序排列并显示出来,以便于查看和浏览。

例 4.6 在"教务系统"数据库的"学生信息表"中,将记录按"院系"字段升序排列,当"院系"相同时,按"当前绩点(GPA)"字段升序排列,结果如图 4.11(a)所示。

(1) 打开数据表:在"表"对象中,双击"学生信息表"。

(2) 使两个排序字段相邻:鼠标指向"当前绩点(GPA)",指针呈黑色向下箭头 时单击,选中"当前绩点(GPA)"列;拖曳该列到"院系"列的右侧,如图 4.11(b)所示。

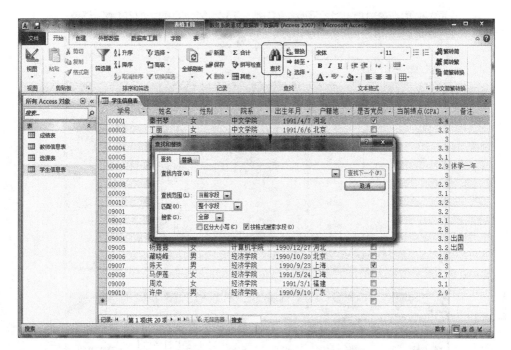

图 4.10 "查找和替换"对话框

（3）排序：鼠标指向"院系"指针呈黑色向下箭头 ⬇ 时单击，并向右拖曳，同时选中"院系"和"当前绩点（GPA）"两个字段列，在"开始"选项卡的"排序和筛选"组中，单击"升序"按钮 ⬆ 升序，实现记录的升序排列，如图 4.11(b)所示。

重要提示——多字段排序和取消排序描述如下。

（1）多字段排序：进行多字段排序时，如果需要排序的字段列不相邻，则需要调整字段列的位置，使排序字段相邻，且把第一排序字段列置于所有排序字段的最左侧。

（2）取消排序：在"开始"选项卡的"排序和筛选"组中，单击"取消排序"按钮 取消排序 ，可以取消排序。

2. 数据筛选

数据筛选的作用是在众多的记录中只显示那些满足某种条件的记录，而将其他记录隐藏起来。在 Access 2010 中，可以利用数据的筛选功能，过滤掉数据表中用户不关心的信息。可以通过不同方式来筛选数据。

1）按选定内容筛选

按选定内容筛选是一种简单的筛选方法，使用它可以筛选出与选定字段值相同的所有记录。

例如，打开"学生信息表"，将鼠标插入点放入"户籍地"下的"北京"单元格中，在"开始"选项卡的"筛选和排序"组中，单击"选择"按钮 选择▼ ，打开下拉菜单，选择"等于"北京""命令，即可得到筛选结果，如图 4.12 所示。

单击"户籍地"边的下拉箭头，选择"从'户籍地'清除筛选器"菜单命令，如图 4.12 所示，可以清除筛选结果，显示所有记录。

数据表的设计与创建

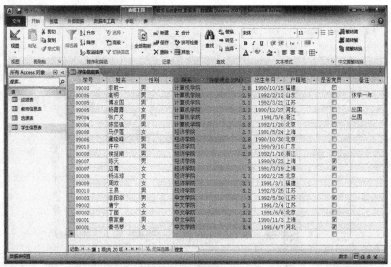

(a) 排序结果

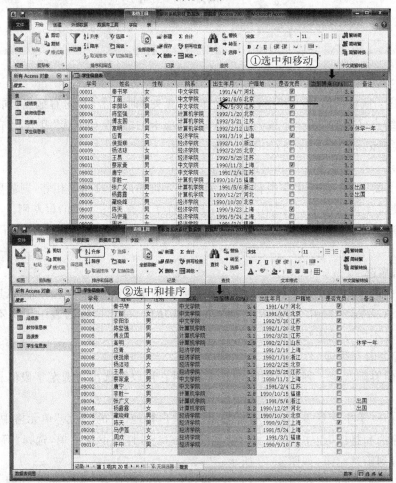

(b) 排序步骤

图 4.11　排序结果及操作步骤

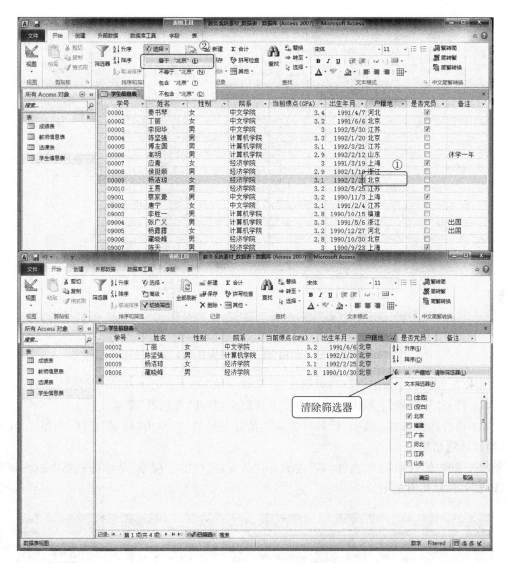

图 4.12　按内容筛选数据

2）使用"筛选器"

"筛选器"提供了一种灵活的方式,它把所选定的字段中所有不重复值以列表形式显示出来,如图 4.14 所示,用户可以逐个选择需要的筛选内容。除了"OLE 对象"和"附加"数据类型外,所有数据类型的字段都可以应用"筛选器"。具体的筛选列表取决于所选字段的数据类型和字段值。

　　例如,打开"学生信息表",单击"出生年月"边的下拉箭头(或单击"表格工具"的"排序和筛选"组中的"筛选器"按钮 ⛉),打开"筛选器"下拉菜单,如图 4.13 所示,列出了所有的日期,用户可以根据需要选中或取消某些日期。

　　如果对"文本"数据类型的字段应用"筛选器",则在打开的下拉菜单中,还提供了"文本筛选器"。

数据表的设计与创建

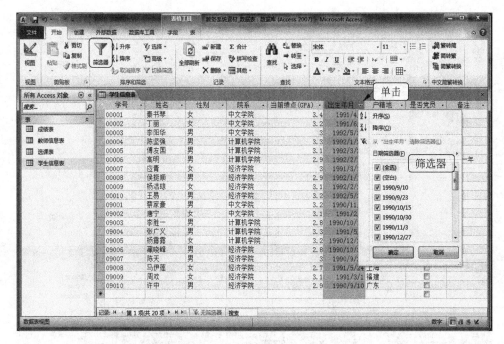

图 4.13 使用"筛选器"筛选日期字段

例 4.7 在"学生信息表"中,筛选出"计算机学院"的学生记录,然后,清除筛选结果。

(1)打开"筛选器":单击"院系"边的下拉箭头,打开"筛选器"菜单。

(2)选择筛选条件:选中"计算机学院",清除其他选项,单击"确定"按钮,如图 4.14 所示,得到筛选结果。

(3)清除"筛选器":单击"院系"边的下拉箭头,选择"从'院系'清除筛选器"命令,清除筛选结果,显示所有记录。

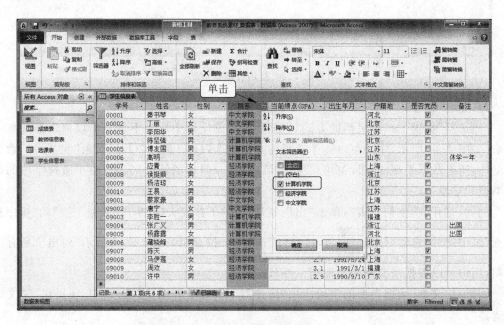

图 4.14 使用"筛选器"列表

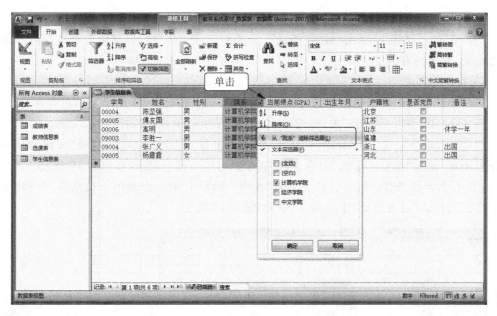

图 4.14　（续）

例 4.8　在"学生信息表"中，筛选出姓"陈"的所有学生记录，然后，清除筛选结果。

（1）打开"筛选器"：单击"姓名"边的下拉箭头，在"筛选器"菜单中，选择"文本筛选器"的"开头是"命令，如图 4.15 所示。

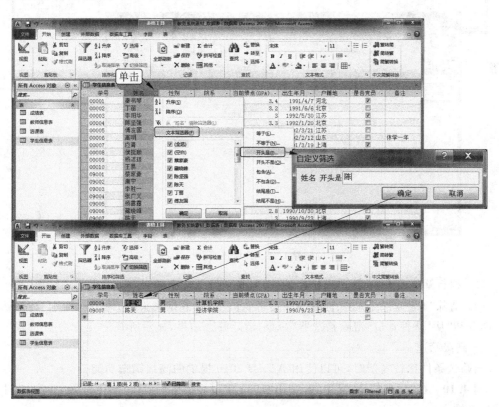

图 4.15　使用"文本筛选器"

第 4 章

数据表的设计与创建

(2) 输入筛选条件：在弹出的对话框中，输入"陈"，单击"确定"按钮，得到筛选结果。

(3) 清除"筛选器"：单击"姓名"边的下拉箭头，选择"从'姓名'清除筛选器"命令，清除筛选结果，显示所有记录。

3) 按窗体筛选

按窗体筛选是一种快速的筛选方法，而且可以同时对两个以上的字段值进行筛选。

例 4.9 在"学生信息表"中，筛选出"女党员"学生记录，然后清除筛选结果。

(1) 进入窗体筛选：在"开始"选项卡的"筛选和排序"组中，单击"高级"按钮 <img>，打开下拉菜单，单击"按窗体筛选"命令，数据表中只出现一行空记录，如图 4.16 所示。

(2) 设置筛选条件：单击空记录行的"性别"字段列，单击出现的下拉箭头，选择"女"；单击空记录行的"是否党员"字段列，选中，如图 4.16 所示。

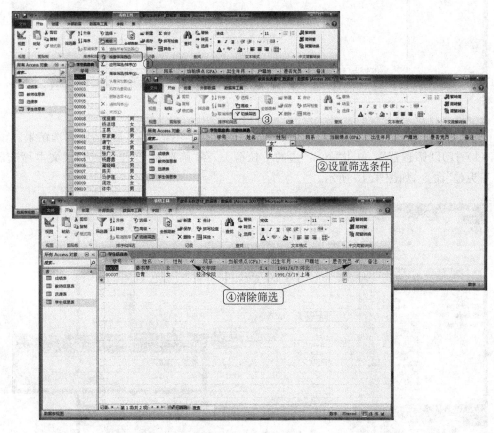

图 4.16　按窗体筛选

(3) 执行筛选：单击"筛选和排序"组中"切换筛选"按钮 <img>，得到筛选结果。

(4) 清除"筛选器"：单击"性别"和"是否党员"边的下拉箭头，选择"从'性别'清除筛选器"命令和"从'是否党员'清除筛选器"命令，清除筛选结果，显示所有记录。

4) 高级筛选

当筛选条件比较复杂时，可以使用 Access 2010 提供的高级筛选功能。

例 4.10 在"学生信息表"中，筛选出"1991 年以后出生的党员"学生记录，并按"出生年月"降序排列。

（1）打开筛选设计网格：在"开始"选项卡的"筛选和排序"组中，单击"高级"按钮 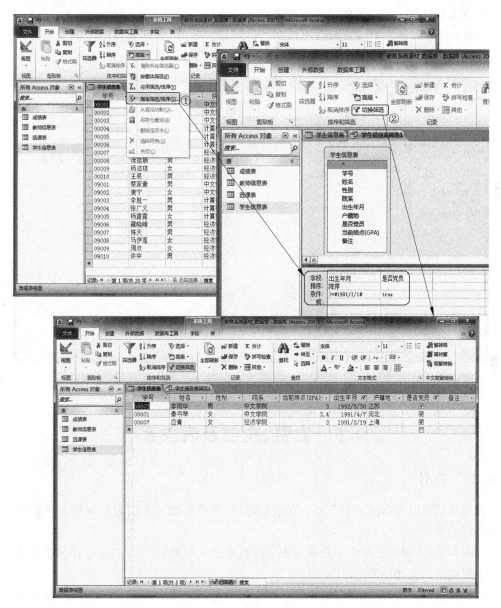 ，选择"高级筛选/排序"命令。

（2）设置筛选条件：如图 4.17 所示，在"字段"行中，选择"出生年月"字段，在"排序"行中，选择"降序"，在"条件"行中输入条件"＞＝♯1991/1/1♯"；再次在"字段"行中选择"是否党员"字段，输入条件"true"。

图 4.17　使用高级筛选/排序

（3）执行筛选：单击"筛选和排序"组中的"切换筛选"按钮 ，得到筛选结果，如图 4.17 所示。

重要提示——高级筛选：

第 4 章

数据表的设计与创建

在高级筛选中，还可以添加更多的字段列和设置更多的筛选条件。高级筛选实际上是创建了一个查询，通过查询实现各种复杂条件的筛选。

3．清除筛选

清除筛选操作是将筛选的结果清除掉，恢复到筛选前的状态（显示所有记录）。

在"开始"选项卡的"筛选和排序"组中，单击"高级"按钮 高级·，打开下拉菜单，选择"清除所有筛选器"命令，即可将所设置的筛选清除掉。

例如：要清除例 4.10 的筛选，可以在"开始"选项卡的"筛选和排序"组中，单击"高级"按钮 高级·，选择"清除所有筛选器"命令，如图 4.18 所示。

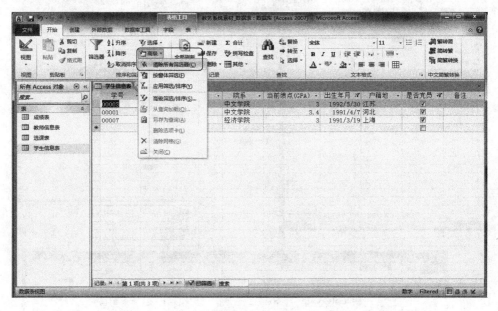

图 4.18　清除筛选

4.6　索引、主键及表关系

4.6.1　索引

数据表的索引与书的索引类似。在数据库中，创建数据表索引可以加快对记录进行查找和排序的速度。

Access 2010 可以对单个字段或多个字段创建记录的索引，多字段索引能将数据表中的第一个索引字段值相同的记录分开。

经常搜索的字段、进行排序的字段和在查询中连接到其他数据表中的字段，应考虑为创建索引的字段。

1．通过字段属性创建索引

例 4.11　在"教务系统"数据库中，设置"教师信息表"的"工号"字段为单字段索引。

（1）打开数据表"设计视图"：在"表"对象栏中，右击"教师信息表"，选择"设计视图"快捷菜单命令。

（2）创建索引：选择"工号"字段，设置字段属性的"索引"行为"有（无重复）"，如图 4.19 所示。

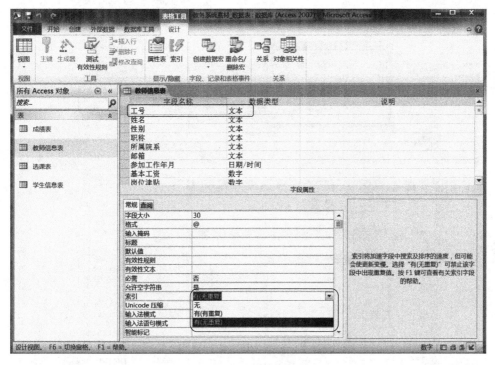

图 4.19　设置单字段索引

（3）保存数据表：单击"保存"按钮 ■，关闭数据表。

2．通过"索引"对话框创建索引

例 4.12　在"教务系统"数据库中，创建一个名为"sy1"的索引，包含"成绩表"的"学号"字段（升序）和"课程代码"字段（升序），切换到"数据表视图"，观察数据记录的排序情况，如图 4.20 所示，按"学号"从小到大排列，当"学号"相同时，按"课程代码"从小到大排列；再次打开索引，修改"课程代码"字段为"降序"，再观察"成绩表"中数据记录的排序变化，如图 4.20 所示。

（1）打开数据表"设计视图"：在"表"对象栏中，右击"成绩表"，选择"设计视图"快捷菜单命令。

（2）创建索引：在"表格工具"的"设计"选项卡中，单击"索引"按钮 ，打开"索引"对话框，输入索引名称"sy1"，选择"学号"字段、"升序"排序次序，选择"课程代码"字段、"升序"排序次序，如图 4.20（a）所示。

（3）保存并关闭索引：单击对话框的"关闭"按钮 X，单击数据表的"关闭"按钮 ×。

（4）观察修改前后数据表中记录的排序情况：在"表"对象栏中，双击"成绩表"，可以看到数据表中记录的排列次序，如图 4.20（a）所示。

（5）再次打开索引：切换到"设计视图"，单击"索引"按钮 ，在"索引"对话框中，修改"课程代码"为"降序"，保存并关闭索引，切换到"数据表视图"，观察排序的变化，如图 4.20（b）

数据表的设计与创建

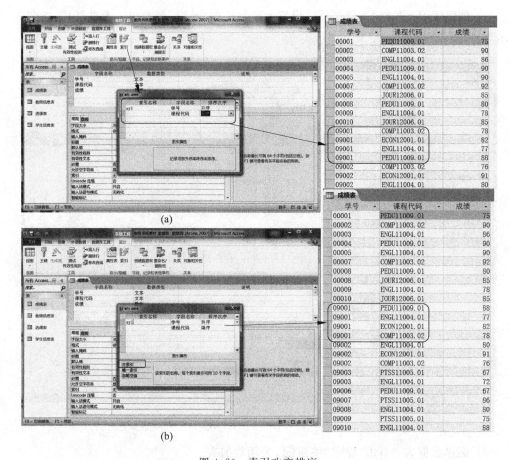

图 4.20　索引改变排序

所示。

　　重要提示——索引属性的含义、索引的特点描述如下。

　　(1) 主索引：选择"是"，则该字段将被设置为主键。

　　(2) 唯一索引：选择"是"，则该字段中的值是唯一的。

　　(3) 忽略空值：选择"是"，则该索引将排除值为空的记录。

　　(4) 索引能实现不相邻字段的排序，这是"排序"按钮无法做到的；请自行练习按"学号"升序、"成绩"降序排列数据记录。

　　3. 删除索引

　　1) 删除单字段索引

　　在表"设计视图"中，选择"索引"属性下拉列表中的"无"来实现。

　　2) 删除多字段索引

　　在"表格工具"的"设计"选项卡中，单击"索引"按钮 ，打开"索引"对话框，在"索引"窗口中单击行选定器选择索引，然后按 Delete 键删除选择的索引行。

4.6.2　主键

　　主键又称为主关键字，是数据表中的一个字段或字段集，它为 Access 2010 中的每一条记录提供了一个唯一的标识符。设定主键的目的,在于保证数据表中的记录能够被唯一地识别。它是为提高 Access 2010 在查询、窗体和报表中的快速查找能力而设计的。

如果所创建的数据表中包含具有唯一值的字段,可以将此字段指定为主键。如果数据表中的所有字段都不具有唯一值(即每个字段都可能出现重复值),则可以将两个或更多的字段指定为主键。

例如,"学生信息表"中,"学号"字段可以作为主键,它(无重复值)可以唯一地标识一条学生记录,如图 4.21(a)中的"学号"列所示。在"成绩表"中,"学号"和"课程代码"字段都不能单独作为主键(都有重复值),但可以将两个字段一起作为主键,这样便能唯一地标识一条记录,如图 4.21(b)所示。

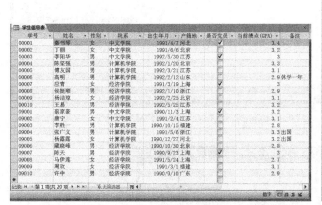
(a) "学号"(单字段)主键

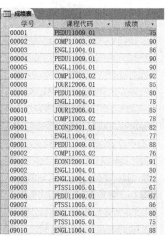
(b) "学号"和"课程代码"
(多字段)主键

图 4.21　单字段主键与多字段主键

例 4.13　在"教务系统"数据库中,将"学生信息表"中的"学号"字段设置为主键。

(1) 打开数据表:打开数据库,在"表"对象栏中,双击"学生信息表"。

(2) 切换到"设计视图":在"开始"选项卡中,单击"视图"按钮，选择"设计视图"命令。

(3) 设置"主键":选中"学号"字段,单击"表格工具"的"设计"选项卡中的"主键"按钮，如图 4.22 所示。

(4) 保存设置:单击窗口左上角的"保存"按钮，关闭数据表。

例 4.14　在"教务系统"数据库中,设置数据表"成绩表"中的"学号"和"课程代码"字段为主键。

(1) 打开数据表"设计视图":在"表"对象栏中,右击"成绩表",选择"设计视图"快捷菜单命令,如图 4.23 所示。

(2) 设置"主键":同时选中"学号"字段和"课程代码"字段,单击"表格工具"的"设计"选项卡中的"主键"按钮，如图 4.23 所示。

(3) 保存设置:单击窗口左上角的"保存"按钮，关闭数据表。

数据表的设计与创建

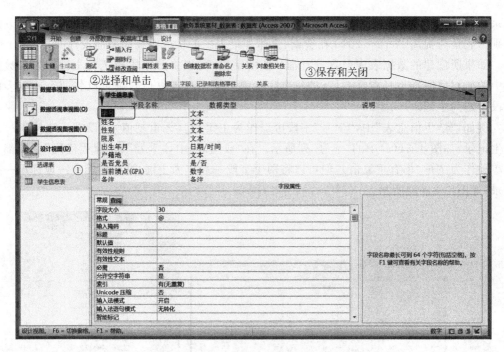

图 4.22　创建单字段主键

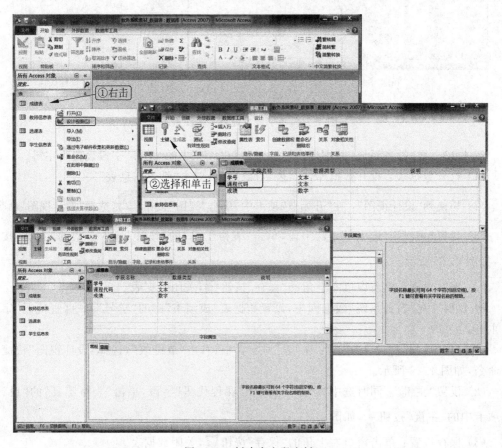

图 4.23　创建多字段主键

重要提示——主键的注意事项有如下几点。

（1）删除主键：操作步骤和创建主键步骤相同，在"设计视图"中，选择作为主键的字段，单击"主键"按钮 🔑，即可删除主键。

（2）删除主键前先删除表关系：如果要删除主键的数据表已经与其他数据表建立了表关系，则必须先删除表关系，才能删除主键（删除表关系的操作见 4.6.3 节），否则，系统会弹出警告消息框且不做删除操作。

（3）更改主键：可以删除现有的主键，再重新指定新的主键。

（4）系统自动创建的主键字段：如果数据表的各个字段中，没有适合做主键的字段，可以使用 Access 2010 自动创建的主键，并且为它指定"自动编号"的数据类型。

4.6.3　表关系

1. 3 种表关系

要设计一个良好的数据库，目标之一就是要消除数据冗余（重复数据）。在 Access 2010 等关系型数据库中要实现这个目标，可以将数据拆分为多个主题的数据表，尽量使每种记录只出现一次，然后，将不同数据表的数据组合在一起，成为用户所关注的数据。

为了把不同数据表的数据组合在一起，必须建立数据表之间的表关系。通过在建立了关系的数据表中设置公共字段，实现各个数据表中数据的引用，查询到更多的信息。

在 Access 2010 中，有以下 3 种类型的表关系。

1）一对一关系

在一对一关系中，A 数据表中的每一个记录仅能与 B 数据表中的一个记录匹配，并且 B 数据表中的每一记录仅能与 A 数据表中的一个记录匹配。此关系类型并不常用，因为多数与此方式相关的信息都可以存储在一个数据表中。

但在某些特定场合下，还是需要用到一对一关系，例如，把不太常用的字段放置于单独的数据表中，以减小数据表占用的空间，提高常用字段的检索和查询效率。

2）一对多关系

在一对多关系中，A 数据表中的一条记录能与 B 数据表中的多条记录匹配，但 B 数据表中的一条记录仅能与 A 数据表中的一条记录匹配。一对多关系是表关系中最常用的类型。

3）多对多关系

在多对多关系中，A 数据表中的一条记录能与 B 数据表中的多条记录匹配，并且 B 数据表中的一条记录也能与 A 数据表中的多条记录匹配。在 Access 2010 中，要建立多对多的关系，必须创建第三个数据表，将多对多表关系转换为两个一对多表关系后才能实现。

2. 创建表关系

创建数据表之间的表关系，首先要设置数据表的主键，然后通过主键字段创建表关系。

例 4.15　在"教务系统"数据库中，创建"学生信息表"和"成绩表"之间的表关系。

（1）设置"学生信息表"的主键：在例 4.13 中已经完成。

（2）添加数据表：在"数据库工具"选项卡中，单击"关系"组的"关系"按钮 📇，在弹出的"显示表"对话框中（如果未弹出对话框，请单击"关系工具"中的"显示表"按钮 📇），选中"成绩表"，Ctrl＋单击选中"学生信息表"，单击"添加"按钮，单击"关闭"按钮，将两个数据表添加到"关系"窗格中，如图 4.24 所示。

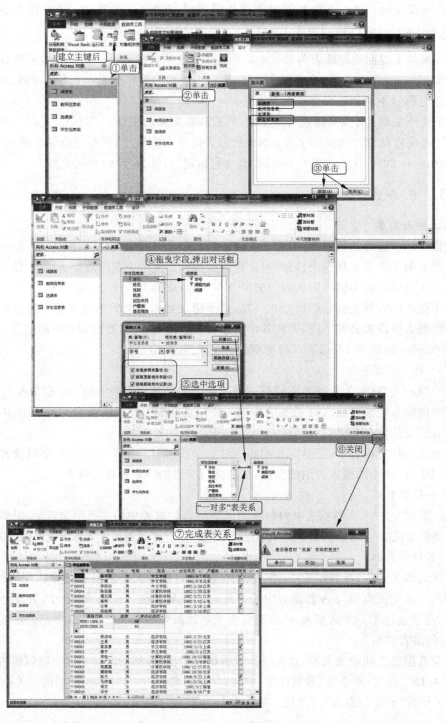

图 4.24　创建"一对多"表关系

（3）创建表关系：在打开的"关系"窗格中，将"学生信息表"中的"学号"字段拖曳到"成绩表"的"学号"字段上，在弹出的"编辑关系"对话框中，选中"实施参照完整性"、"级联更新相关字段"和"级联删除相关记录"3个复选框,如图4.24所示,当显示两个数据表的"关系类型"为"一对多"时,单击"创建"按钮,可以看到"关系"窗格中,两个数据表的"学号"字段之间出现了一条关系连接线并显示"一对多"的关系符号,如图4.24所示。

(4) 保存表关系:单击"关系"窗格的关闭按钮 ✕,在弹出的"是否保存"对话框中,单击"是"按钮,保存"一对多"表关系,如图4.24所示。

(5) 观察表关系对数据表影响:切换到"学生信息表"的"数据表视图",可以看到在数据表的左侧多出了"+"标记,单击该标记,可以以"子表"的形式显示每一个学生的成绩信息,如图4.24所示。

其中"编辑关系"对话框中3个选项的含义如下。

(1) 实施参照完整性:参照完整性是一个规则,Access 2010使用这个规则来确保相关数据表中记录之间关系的有效性,并且,不会意外地删除或更改相关数据。在两个数据表之间设置参照完整性后,如果在主表中没有相关的记录,就不能把记录添加到子表中;反之,在子表中存在与之相匹配的记录时,则在主表中不能删除该记录。

(2) 级联更新相关字段:当更新主数据表的主键时,Access 2010将自动更新参照主键的所有字段。

(3) 级联删除相关记录:当删除主数据表中的记录时,Access 2010自动删除参照该主键的所有记录。

重要提示——创建表关系的关键描述如下。

设置主表的主键:两个数据表建立一对多的关系后,"一"方的数据表称为主表,"多"方的数据表称为子表;创建表关系的关键在于正确地设置主表的主键。

3. 查看、编辑和删除表关系

对表关系的一系列操作都可以通过"关系工具"的"设计"选项卡的"工具"组和"关系"组中的按钮来实现,如图4.25所示。

1) 查看表关系

在"数据库工具"选项卡中,单击"关系"组的"关系"按钮 🖼️，打开"关系"窗格,可以查看表关系,如图4.25所示。

2) 编辑表关系

数据表的表关系建立后,可以编辑现有的关系,还可以删除不再需要的关系。

(1) 打开"关系"窗格,双击关系线,或右击关系线,选择"编辑关系"快捷菜单命令,打开"编辑关系"对话框。

(2) 在"编辑关系"对话框中,修改关系,单击"确定"按钮。

(3) 修改后保存。

3) 删除表关系

单击关系线,按Del键,或右击关系线,选择"删除"快捷菜单命令,如图4.25所示,删除表关系。

重要提示——删除和修改表关系须知:

要想删除和修改表关系,必须先关闭表关系中涉及的两个数据表,否则,将弹出对话框提示错误。

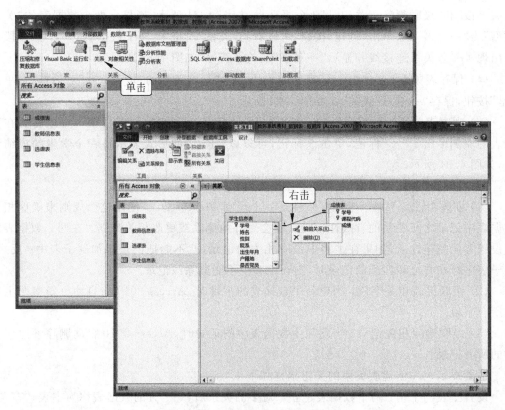

图 4.25 查看、编辑和删除表关系

本章重要知识点

1. 数据表

数据表的结构由字段名、字段的数据类型和字段属性等构成。

（1）字段名称：描述主题的某类特征。字段名称必须唯一，由 1～64 个字符组成。除句点（.）、感叹号（!）、方括号（[ ]）和左单引号（'）等这些字符外，数字、字母、汉字、符号和空格（不能作为首字符）等都是合法的字符。

（2）数据类型：字段的数据类型有文本、备注、数字、日期/时间、货币、自动编号、是/否、OLE 对象、超链接、附件、计算、查询向导等，字段的数据类型要根据数据的具体特性来设定。

（3）字段属性：不同的数据类型有不同的属性。字段的属性主要有字段大小、格式、小数位数（数据类型为"数字"或"货币"时）、输入掩码、标题、默认值、有效性规则、有效性文本、必填字段、允许空字符串、索引、Unicode 压缩、输入法模式、输入法语句模式、智能标记等。

2. 创建数据表

创建数据表有以下五种方式。

（1）使用数据表模板创建数据表

① 创建空数据库文件；

② 在"创建"选项卡中，单击"模板"组的"应用程序部件"按钮 ，然后选择模版；

③ 输入数据并保存数据表。

（2）使用字段模板创建数据表

① 单击"创建"选项卡的"表"按钮；

② 单击"其他字段"按钮边的下拉箭头，选择"格式文本"或其他数据类型；

③ 输入字段名称；

④ 输入数据并保存数据表。

（3）使用"表"按钮创建数据表

① 在"创建"选项卡中，单击"表格"组中的"表"按钮 ，在数据库中插入新数据表；

② 单击"单击以添加"边的下拉箭头，在下拉菜单中选择需要的数据类型；

③ 输入字段名称；

④ 输入数据并保存数据表。

（4）使用"表设计"按钮创建数据表

① 在"创建"选项卡中，单击"表格"组中的"表设计"按钮 ，创建一个数据表；

② 设计表结构；

③ 保存数据表的结构；

④ 切换到"数据表视图"输入数据记录；

⑤ 保存数据表。

（5）通过导入创建数据表

① 使用"外部数据"选项卡的"导入并链接"组的按钮，指定导入源文件类型；

② 选择源文件；

③ 按照向导步骤进行导入操作；

④ 完成导入数据表。

3. 修改编辑数据表结构

（1）利用"设计视图"修改数据表结构

① 启动数据库，双击打开数据表；

② 在"开始"选项卡下，单击"视图"按钮 ，切换到"设计视图"；

③ 添加字段；或者对字段类型、"字段属性"进行修改；或者删除字段；

④ 保存数据表。

（2）利用"数据表视图"修改数据表结构

① 启动数据库，双击打开数据表；

② 右击某列字段名，在快捷菜单中选择"插入字段"菜单命令，输入字段信息，添加新字段列；或者选择"删除字段"菜单命令，删除该字段；

③ 保存数据表。

4. 数据排序

数据排序是根据当前数据表中的一个或多个字段值，对整个数据表中的所有记录重新按序排列并显示出来,以便于查看和浏览。进行多字段排序时,如果需要排序的字段列不相邻,则需要调整字段列的位置,使排序字段相邻,且把第一排序字段列置于所有排序字段的最左侧。

5. 数据筛选

数据筛选的目的是在众多的记录中只显示那些满足某种条件的记录,将其他记录隐藏起来。筛选数据的方式有多种,有按选定内容筛选、用"筛选器"进行筛选、按窗体筛选以及高级筛选等。

6. 索引

创建索引能帮助加速对字段进行搜索和排序,使用 Access 的"索引"对话框,能实现对多个索引字段分别设置不同的升序或降序的功能。

7. 主键

主键是数据表中的一个字段或字段集,它为 Access 2010 中的每一条记录提供了一个唯一的标识符,主键的值不可重复,也不可为空。

8. 表关系

在关系型数据库中,要把不同数据表的数据组合在一起,必须建立数据库表之间的表关系,创建表关系的关键在于正确地设置表的主键。在 Access 中,有三种类型的表关系:一对一关系、一对多关系和多对多关系。

创建关系的步骤如下。

(1) 确认已经为数据表设置了主键;

(2) 在"数据库工具"选项卡中,单击"关系"组的"关系"按钮 ,向关系窗格添加数据表;

(3) 在打开的"关系"窗格中,将一张数据表中的关键字字段拖曳到另一张数据表相应的字段上,在弹出的"编辑关系"对话框中,选中"实施参照完整性"、"级联更新相关字段"和"级联删除相关记录"三个选项,单击"创建"按钮;

(4) 保存表关系。

习　　题

1. 以下做法中(　　),不能创建 Access 2010 数据表。

　　A. 通过建立表之间的关系创建数据表

　　B. 通过使用外部数据的"导入"功能创建数据表

　　C. 通过使用字段模版创建数据表

　　D. 使用表向导或者表设计器创建数据表

2. (　　)不是数据表的视图。

　　A. 设计视图和布局视图　　　　　　　　B. 设计视图和数据表视图

　　C. 数据表视图和数据透视表视图　　　　D. 数据表视图和数据透视图视图

3. 在创建 Access 数据表时,表的字段由(　　)组成。

　　A. 字段名称　　　　B. 数据类型　　　　C. 字段属性　　　　D. 以上全部

4. 下面关于表的字段名称的说法中,正确的是(   )。

    A. 字段名长度为 1～255 个字符   B. 字段名中数字可以开头

    C. 字段名中空格可以开头   D. 字段名中可以使用方括号

5. 如果要创建一个字段,该字段的内容只有 Yes 和 No 的值,应将该字段的数据类型设为(   )类型。

    A. 数字   B. 文本   C. 备注   D. 是/否

6. 如果要为学生信息表中的"出生年月"字段设置"1995 年以后出生"的有效性规则,应将"出生年月"字段的有效性规则设置为(   )。

    A. $>=$ #1995-1-1#   B. $>$"1995-1-1"

    C. $<$ #1995-1-1#   D. $>=$1995-1-1

7. 当为数据库表的某个字段设置了默认值,则(   )。

    A. 当没有为该字段输入值时,系统会为该字段提供默认值

    B. 当该字段的值不符合有效性规则时,显示默认值的内容

    C. 该字段的值不能超出默认值的范围

    D. 定义了该字段的显示格式

8. 当 Access 数据表的某字段类型是文本时,在该字段属性的"格式"栏中,使用了"@"符号,以下对该字段输入的描述中,正确的是(   )。

    A. 在该字段只能输入"@"字符

    B. 在该字段可输任何字符

    C. 在该字段只能输入数字

    D. 在该字段必须要有输入,但输入内容不限

9. 下面关于表的字段属性的有效性规则及有效性文本的说法中,错误的是(   )。

    A. 如果设置了有效性规则,则必须要同时设置有效性文本,否则规则无效

    B. 只设置了有效性文本而没有设置有效性规则,则有效性文本的提示信息不会出现

    C. 只设置了有效性规则而没有设置有效性文本,当违反了有效性规则时,显示系统预设的提示信息

    D. 可以既不设置有效性规则也不设置有效性文本

10. 将字段属性的输入掩码设置为:###-00000000 时,下面正确的输入是(   )。

    A. 021-########   B. ###-00000000

    C. 021-55661234   D. AAA-65642222

11. 如果要将文本型字段的输入值设置为只能输入长度为 10 的字母,则应将该字段的输入掩码设置为(   )。

    A. ##########   B. LLLLLLLLLL

    C. 9999999999   D. 0000000000

12. 可以为以下(   )类型的字段设置输入掩码。

    A. 文本、数字、是/否   B. 文本、数字、日期时间

    C. 文本、货币、是/否   D. 文本、货币、备注

数据表的设计与创建

13. 确定字段的类型后,可进一步设置字段属性,以下( )是设置字段属性的作用。
    A. 控制字段中的数据的外观　　　　　B. 防止在字段中输入不正确的数据
    C. 为字段指定默认值,加快输入速度　D. 以上全是

14. 在 Access 2010 中,对表的字段设置( )字段属性,能够加快排序操作。
    A. 输入掩码　　　B. 有效性规则　　　C. 格式　　　　　D. 索引

15. 针对字段修改的说法,以下( )是正确的。
    A. 当用户在数据表视图中移动字段后,在设计视图中的字段也相应移动位置
    B. 在设计视图和数据表视图中,都可以修改字段的属性
    C. 如果数据表中已经存放了数据,修改有数据的字段的数据类型或大小时,可能
       会造成数据丢失
    D. 只能在设计视图中修改字段名、插入和删除字段

16. 不能在数据表视图中进行的操作是( )。
    A. 更改数据表的行高和列宽　　　　　B. 隐藏和撤销隐藏字段
    C. 改变数据表的字体、字号　　　　　D. 修改字段属性

17. 下面关于外部数据导入和链接的说法,正确的是( )。
    A. 将外部数据导入到 Access 数据库后,对源数据进行更改,会影响导入的数据
    B. 将外部数据导入到 Access 数据库后,对导入的数据进行更改,会影响源数据
    C. 通过创建链接表来链接到数据源时,对源数据的更改,会影响到 Access 数据库
       的链接表
    D. 通过创建链接表来链接到数据源时,对 Access 数据库的链接表的更改,不会影
       响到源数据

18. 在 Access 数据库系统中,不能建立索引的数据类型是( )。
    A. 文本　　　　　B. 超链接　　　　　C. 备注　　　　　D. 时间/日期

19. 下面关于索引的说法中,错误的是( )。
    A. 将一个字段设置为主键时,则该字段就被设置为索引
    B. 在 Access 的索引对话框中,不能同时为一张表创建多个索引
    C. 索引能实现不相邻字段的排序
    D. 索引能实现对多个索引字段分别设置不同的升序或降序

20. 关于 Access 数据表的多字段排序,下面说法正确的是( )。
    A. 多个相邻的字段,可以按照不同的排序方式进行排序
    B. 多个相邻的字段,可以按照相同的排序方式进行排序
    C. 多个不相邻的字段,可以按照不同的排序方式进行排序
    D. 多个不相邻的字段,可以按照相同的排序方式进行排序

21. 不能在 Access 数据库表的设计视图中进行的操作是( )。
    A. 设置主键　　　B. 设置索引　　　C. 删除记录　　　D. 删除字段

22. 下面对删除 Access 数据表中记录的操作描述中,说法正确的是( )。
    A. 记录被删除后就不能被恢复
    B. Access 数据表中的记录被删除后,数据库不会变小,因此该记录可以恢复
    C. 记录被删除后能够恢复,该记录被恢复到第一条记录

D. 记录被删除后能够恢复,该记录被恢复到原来的位置

23. 为数据表指定主键的好处是(   )。

A. 为 Access 表创建主键,则该字段会自动成为主索引,这有助于改进数据库性能

B. 能确保每条记录的主键字段都有值

C. 能确保主键字段的值唯一

D. 以上都是

24. 在创建两个表之间关系时,虽然已经进行了字段间连线的拖曳,但是在关系连线上并没有出现 1∶1 或者 1∶∞ 的标记,有可能是(   )问题。

A. 相关的两张表都没有设置主键

B. 在"编辑关系"对话框中,没有勾选实施参照完整等选项

C. 建立关系的两个字段的数据类型不一致

D. 以上都是

25. 在学生管理数据库中,学生的基本信息与学生的课程成绩之间的关系为(   )。

A. 一对一关系   B. 一对多关系   C. 多对多关系   D. 不必创建关系

26. 对已经创建了表关系的数据表进行操作时,下面的说法中错误的是(   )。

A. 如果要修改关联字段的大小,必须要同时对关联字段进行修改

B. 要删除关联字段的主键前,必须先删除表关系

C. 关系表中的关联字段值不能修改

D. 删除表之前必须先删除与该表相关的关系

上 机 实 验

复制和打开配套光盘中本章的实验素材"电脑销售"数据库文件,完成以下实验内容。

1. 使用表设计创建数据表。

按表 4.3 和表 4.4 所示,在名为"电脑销售"的数据库中,建立名为"资料库"的表。

表 4.3 "资料库"表结构

字 段 名	数 据 类 型	字 段 大 小
电脑型号	文本	255
类别	文本	255
CPU	文本	255
内存_GB	数字	整型
硬盘_GB	数字	长整型
屏幕尺寸_英寸	数字	单精度型
独立显卡	是/否	
上市日期	日期/时间	
参考价格	货币	
产品照片	OLE 对象	
产品特点	备注	

表 4.4 "资料库"表记录内容

电脑型号	类别	CPU	内存_GB	硬盘	屏幕尺	独立显卡	上市日期	参考价格	产品照片	产品特点
戴尔XPS12	笔记本	Intel酷睿i5	4	128	12.5	☑	2012/11/1	¥10,000.00	Package	固态硬盘
戴尔成就270	台式电脑	Intel酷睿i5	4	500	21.5	☑	2012/8/1	¥5,499.00		
戴尔成就270S	台式电脑	Intel酷睿i5	4	1000	21.5	☑	2012/10/1	¥6,499.00		
戴尔灵越14R	笔记本	Intel酷睿i7	8	1000	14	☑	2012/5/1	¥6,999.00		家庭高清影院
戴尔灵越660S	台式电脑	Intel酷睿i3	2	500	20	☐	2012/9/1	¥3,899.00		
联想ErazerX700	台式电脑	Intel酷睿i7	16	2000	27	☑	2012/11/1	¥20,000.00		家庭豪华版
联想S300-ITH	笔记本	Intel酷睿i3	2	500	13.3	☐	2012/8/1	¥3,600.00		学生、家庭用
联想Y470P-IFI	笔记本	Intel酷睿i5	4	500	14	☑	2012/11/1	¥4,550.00		
联想Yoga13-IFI	笔记本	Intel酷睿i5	4	128	13.3	☑	2012/10/1	¥6,999.00		固态硬盘速度
联想新圆梦F618	台式电脑	AMD 速龙II	2	500	21.5	☐	2012/7/1	¥3,800.00		一般家用
联想扬天T4900D	台式电脑	Intel酷睿i3	2	500	20	☐	2012/8/1	¥3,700.00		
苹果iMac MC309CH/A	一体机	Intel酷睿i5	4	500	21.5	☑	2012/6/1	¥9,298.00	Package	
苹果iMac MC814CH/A	一体机	Intel酷睿i5	4	1000	27	☑	2012/6/1	¥15,500.00		
苹果MC976CH/A	笔记本	Intel酷睿i7	8	512	15.4	☑	2012/6/1	¥19,600.00	Package	固态硬盘
苹果MD102CH/A	笔记本	Intel酷睿i7	8	750	13.3	☑	2012/6/1	¥10,900.00		固态硬盘
苹果MD223CH/A	笔记本	Intel酷睿i5	4	64	11.6	☑	2012/6/1	¥6,500.00	Package	固态硬盘

提示：

(1) 打开"电脑销售"数据库,切换到"创建"选项卡,单击"表格"组中的"表设计"按钮,进入表的设计视图。按照表 4.4 的内容,在"字段名称"列中输入字段名称,在"数据类型"列中选择相应的数据类型,在常规属性窗口中设置字段的大小;保存表(不设主键)。

(2) 按照表 4.4 的内容,给"资料库"表输入记录内容。

(3) "产品照片"字段的值见配套光盘中本章实验素材的"图片"文件夹。在"数据表视图"下,右击需要输入数据的单元格,选择"插入对象"快捷菜单命令,在弹出的对话框中,选中"由文件创建"选项,单击"浏览"按钮,找到图像文件(.bmp 文件),插入到单元格中。

2. 通过导入来创建数据表。

将配套光盘中本章的实验素材"进货表.xlsx"、"销售表.xlsx"两个文件分别导入到"电脑销售"数据库中,作为该库中的表,并分别命名为"进货表"、"销售表"。

提示：

(1) 打开"电脑销售"数据库,切换到"外部数据"选项卡,在"导入并链接"组中,单击"Excel"命令按钮。

(2) 打开"获取外部数据"对话框。

(3) 打开"导入数据表向导"对话框(请参考第 10 章)。

3. 将导入的"销售表"、"进货表"两表中的"销售价格"和"进货价格"字段的格式修改为"货币"型,小数点保留 2 位,结果如图 4.26 所示。

销售编号	进货编号	销售数量	销售价格	销售日期	发票号码	是否预定	库存量
X001	J001	3	¥3,600.00	2012/8/11	009212300	☐	7
X002	J002	5	¥5,300.00	2012/8/16	009212301	☐	10
X003	J004	8	¥3,500.00	2012/9/12	009212302	☐	12
X004	J005	5	¥6,400.00	2012/9/30	007663220	☑	0
X005	J006	5	¥6,400.00	2012/10/5	007663221	☐	0
X006	J007	1	¥19,500.00	2012/10/5	007663222	☑	0
X007	J010	8	¥4,300.00	2012/11/12	009212303	☐	2
X008	J001	7	¥3,200.00	2012/11/12	009212304	☐	0
X009	J004	12	¥3,000.00	2012/11/17	009212305	☐	0
X010	J008	2	¥9,200.00	2012/11/29	007663223	☐	1
X011	J009	2	¥15,400.00	2012/11/30	007663224	☑	0
X012	J012	16	¥3,200.00	2012/12/4	009212306	☐	4
X013	J014	10	¥3,000.00	2012/12/4	009212306	☐	5
X014	J013	12	¥9,000.00	2012/12/5	009212307	☐	3

图 4.26 修改数据表结构

78

提示：

（1）打开"电脑销售"数据库中的"销售表"，选择"设计视图"按钮 ，切换到数据表的"设计视图"。

（2）利用"字段属性"修改。

（3）保存数据表。

4．创建排序。

将"资料库"表按"类别"字段进行降序排序，相同类别再按"电脑型号"降序排序，结果如图 4.27 所示。

类别	电脑型号	CPU	内有	硬盘	屏幕尺	独立显卡	上市日期	参考价格	产品照片	产品特点	单击以添加
一体机	苹果iMac MC814CH/A	Intel酷睿i5	4	1000	27	☑	2012/6/1	￥15,500.00			
一体机	苹果iMac MC309CH/A	Intel酷睿i5	4	500	21.5	☑	2012/6/1	￥9,298.00	Package		
台式电脑	联想扬天T4900D	Intel酷睿i3	2	500	20	☐	2012/8/1	￥3,700.00			
台式电脑	联想新圆梦F618	AMD 速龙II	2	500	21.5	☐	2012/7/1	￥3,800.00		一般家用	
台式电脑	联想ErazerX700	Intel酷睿i7	16	2000	27	☑	2012/11/1	￥20,000.00		家庭豪华版	
台式电脑	戴尔灵越660S	Intel酷睿i5	2	500	20	☑	2012/9/1	￥3,899.00			
台式电脑	戴尔成就270S	Intel酷睿i5	4	1000	21.5	☑	2012/10/1	￥6,499.00			
台式电脑	戴尔成就270	Intel酷睿i5	4	500	21.5	☑	2012/8/1	￥5,499.00	Package		
笔记本	苹果MD223CH/A	Intel酷睿i5	4	64	11.6	☑	2012/6/1	￥6,500.00		固态硬盘	
笔记本	苹果MD102CH/A	Intel酷睿i7	8	750	13.3	☑	2012/6/1	￥10,900.00		固态硬盘	
笔记本	苹果MC976CH/A	Intel酷睿i7	8	512	15.4	☑	2012/6/1	￥19,600.00	Package	固态硬盘	
笔记本	联想Yoga13-IFI	Intel酷睿i5	4	128	13.3	☑	2012/10/1	￥6,999.00		固态硬盘速度	
笔记本	联想Y470P-IFI	Intel酷睿i5	4	500	14	☑	2012/11/1	￥4,550.00			
笔记本	联想S300-ITH	Intel酷睿i3	2	500	13.3	☐	2012/8/1	￥3,600.00		学生、家庭用	
笔记本	戴尔灵越14R	Intel酷睿i7	8	1000	14	☑	2012/5/1	￥6,999.00		家庭高清影院	
笔记本	戴尔XPS12	Intel酷睿i5	4	128	12.5	☑	2012/11/1	￥10,000.00	Package	固态硬盘	

图 4.27　排序

提示：

（1）打开数据表：在"表"对象中，双击"资料库"。

（2）使两个排序字段相邻：鼠标指向"电脑型号"，指针呈黑色向下箭头↓时单击，选中"电脑型号"列；拖曳该列到"类别"列的右侧。

（3）排序：鼠标指向"类别"指针呈黑色向下箭头↓时单击，并向右拖曳，同时选中"类别"和"电脑型号"两个字段列，在"开始"选项卡的"排序和筛选"组中，单击"降序"按钮 降序，实现记录的降序排列。

5．取消上述排序，恢复原表。

提示：

在"开始"选项卡的"排序和筛选"组中，单击"取消排序"按钮 取消排序，可以取消排序。

6．通过"索引设计器"对话框创建索引。

对"资料库"表中"类别"、"参考价格"两字段创建索引，按"类别"升序排列，相同类别按"参考价格"降序排列，索引结果如图 4.28 所示。

提示：

（1）打开数据表"设计视图"：在"表"对象栏中，右击"资料库"，选择"设计视图"快捷菜单命令。

（2）创建索引：在"表格工具"的"设计"选项卡中，单击"索引"按钮 索引，打开"索引"对话框，输入索引名称（索引名自拟），选择"类别"字段、"升序"排序次序，选择"参考价格"字段、"降序"排序次序。

（3）保存并关闭索引：单击对话框"关闭"按钮 X ，单击数据表的"关闭"按钮 X 。

数据表的设计与创建

电脑型号	类别	CPU	内存_GB	硬盘	屏幕尺寸	独立显卡	上市日期	参考价格	产品照片	产品特点
苹果MC976CH/A	笔记本	Intel酷睿i7	8	512	15.4	☑	2012/6/1	¥19,600.00	Package	固态硬盘
苹果MD102CH/A	笔记本	Intel酷睿i7	8	750	13.3	☑	2012/6/1	¥10,900.00		固态硬盘
戴尔XPS12	笔记本	Intel酷睿i5	4	128	12.5	☑	2012/11/1	¥10,000.00	Package	固态硬盘
戴尔灵越14R	笔记本	Intel酷睿i7	8	1000	14	☑	2012/5/1	¥6,999.00		家庭高清影院
联想Yoga13-IFI	笔记本	Intel酷睿i5	4	128	13.3	☑	2012/10/1	¥6,999.00		固态硬盘速度
苹果MD223CH/A	笔记本	Intel酷睿i5	4	64	11.6	☑	2012/6/1	¥6,500.00	Package	固态硬盘
联想Y470P-IFI	笔记本	Intel酷睿i5	4	500	14	☑	2012/11/1	¥4,550.00		
联想S300-ITH	笔记本	Intel酷睿i3	2	500	13.3	☐	2012/8/1	¥3,600.00		学生、家庭用
联想ErazerX700	台式电脑	Intel酷睿i7	16	2000	27	☑	2012/11/1	¥20,000.00		家庭豪华版
戴尔成就270S	台式电脑	Intel酷睿i5	4	1000	21.5	☑	2012/10/1	¥6,499.00		
戴尔成就270	台式电脑	Intel酷睿i5	4	500	21.5	☐	2012/9/1	¥5,499.00		
戴尔灵越660S	台式电脑	Intel酷睿i3	2	500	20	☐	2012/9/1	¥3,899.00		
联想新圆梦F618	台式电脑	AMD 速龙II	2	500	21.5	☐	2012/7/1	¥3,800.00		一般家用
联想扬天T4900D	台式电脑	Intel酷睿i3	2	500	20	☐	2012/8/1	¥3,700.00		
苹果iMac MC814CH/A	一体机	Intel酷睿i5	4	1000	27	☑	2012/6/1	¥15,500.00		
苹果iMac MC309CH/A	一体机	Intel酷睿i5	4	500	21.5	☑	2012/6/1	¥9,298.00	Package	
						☐				

图 4.28　创建索引

7. 取消上述索引,恢复原表。

提示:

在"表格工具"的"设计"选项卡中,单击"索引"按钮 ,打开"索引"对话框,在"索引"窗口中单击行选定器选择索引,然后按 Delete 键删除选择的索引行。

8. 创建高级筛选。

对"资料库"表,筛选出 CPU 为"Intel 酷睿 i7"且上市日期在"2012/6/1"以后的记录,并按"上市日期"字段升序排列,筛选结果如图 4.29 所示。

电脑型号	类别	CPU	内存_GB	硬盘	屏幕尺	独立显卡	上市日期	参考价格	产品照片	产品特点
苹果MD102CH/A	笔记本	Intel酷睿i7	8	750	13.3	☑	2012/6/1	¥10,900.00		固态硬盘
苹果MC976CH/A	笔记本	Intel酷睿i7	8	512	15.4	☑	2012/6/1	¥19,600.00	Package	固态硬盘
联想ErazerX700	台式电脑	Intel酷睿i7	16	2000	27	☑	2012/11/1	¥20,000.00		家庭豪华版
						☐				

图 4.29　高级筛选

提示:

(1) 使用 Access 提供的高级筛选功能打开筛选设计网格:在"开始"选项卡的"筛选和排序"组中,单击"高级"按钮 ,选择"高级筛选/排序"命令。

(2) 设置筛选条件:如图 4.30 所示,在"字段"行中,选择"CPU"字段,在"条件"行中输入条件"Intel 酷睿 i7";再次在"字段"行中选择"上市日期"字段,输入条件">=#2012/6/1#",在"排序"行中,选择"升序"。

(3) 执行筛选:单击"筛选和排序"组中的"切换筛选"按钮 ,得到筛选结果。

9. 清除上述筛选,恢复原表。

提示:

在"开始"选项卡的"筛选和排序"组中,单击"高级"按钮 ,打开下拉菜单,选择"清除所有筛选器"命令,即可将所设置的筛选清除掉。

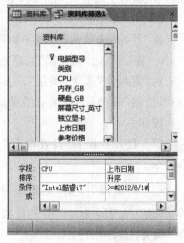

图 4.30　设置筛选条件

10. 创建表之间的关系。

对"电脑销售"数据库中"资料库"、"进货"和"销售"3 张数据表建立如图 4.31 所示的关系。

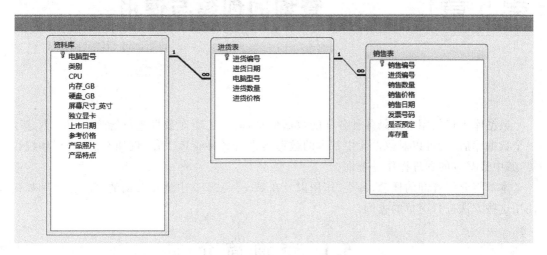

图 4.31   创建表关系

提示：

（1）分别设置"资料库"表中的"电脑类型"字段、"进货"表中的"进货编号"字段及"销售"表中的"销售编号"字段为主键。

（2）在"数据库工具"选项卡中，单击"关系"组的"关系"按钮 ，在弹出的"显示表"对话框中添加数据表。

（3）在打开的"关系"窗格中，创建关系。

11. 删除上述表关系。

提示：

单击关系线，按 Del 键，或右击关系线，选择"删除"快捷菜单命令，如图 4.25 所示，删除表关系。

12. 试举例一对多关系。

提示：

创建一个空数据库（库名自拟），库中创建 2 张数据表（数据内容自拟），使得两张表之间的关系为一对多。

第 4 章

数据表的设计与创建

第5章　查询的创建与使用

数据库不仅仅用来记录各种各样的数据信息,而且还要对数据进行管理。用户创建了一个数据库后,就可以对数据库中基本的数据表进行各种管理工作,例如汇总、分析和统计等,其中最基本的管理操作是查询。

本章将介绍查询的概念、种类、作用以及在 Access 2010 中创建查询的多种方法和如何使用这些方法进行简单的查询。

5.1　查　询　简　介

查询是 Access 数据库的一个重要对象,是数据库处理和分析数据的工具。查询是对数据源进行一系列的检索操作,在指定的一个或多个数据表中,根据给定的条件筛选所需要的数据信息,供用户查看、更改和分析使用。另外,在筛选数据的同时,可以对数据执行一定的统计、分类和计算功能,然后,按照用户的要求对数据结果进行排序输出。

为查询提供数据信息的数据表称为查询的数据源,查询的结果也可以作为其他查询、窗体、报表等数据库对象的数据源。

查询的结果是以数据表的形式显示数据的,因此查询也可以看作是一个"虚表",即"虚表"中的数据记录实际上是与数据表"链接"产生的,所以,"虚表"中的形式与内容会随查询的设计和数据表内容的变化而变化。

5.1.1　查询的功能

查询的主要功能有以下几种:

(1) 查看、搜索和分析数据;

(2) 实现记录的筛选、排序、汇总和计算;

(3) 用来生成新数据表;

(4) 用来作为报表和窗体的数据源;

(5) 对一个和多个数据表中获取的数据实现连接。

重要提示——查询与查找筛选的区别:

查找和筛选只是用手工方式完成一些比较简单的数据搜索工作,如果想要获取符合特定条件的数据集合,并对该集合做更进一步的汇总、分析和统计的话,必须使用查询功能来实现。

5.1.2 查询的类型

在 Access 中,根据对数据源操作方式和操作结果的不同,可以把查询分为以下 5 种。

1. 选择查询

选择查询是最常见和最基本的查询。它根据指定的查询条件,从一个或多个数据表中检索符合查询条件的数据记录,把它们显示出来;如果需要,还可以对记录进行分组,并做合计、计数、平均值及其他类型的汇总计算。

例如,图 5.1 所示的是一个选择查询的结果,它以"教务系统"数据库中"学生信息表"为数据源,查询和显示了"计算机学院"学生的"当前绩点(GPA)"等信息。

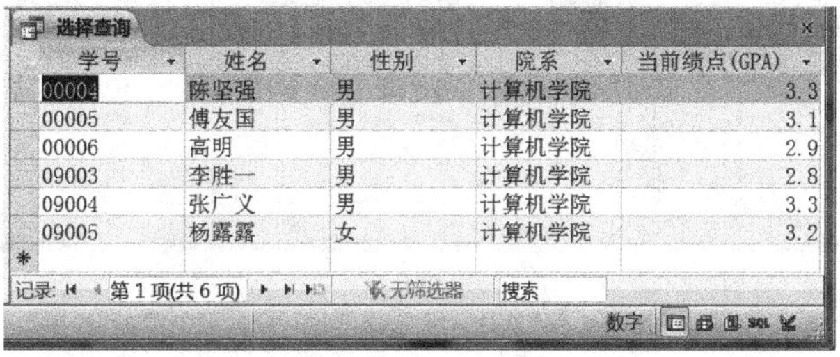

学号	姓名	性别	院系	当前绩点(GPA)
00004	陈坚强	男	计算机学院	3.3
00005	傅友国	男	计算机学院	3.1
00006	高明	男	计算机学院	2.9
09003	李胜一	男	计算机学院	2.8
09004	张广义	男	计算机学院	3.3
09005	杨露露	女	计算机学院	3.2

图 5.1 选择查询

2. 参数查询

参数查询是一种交互式查询,它利用对话框来提示用户输入查询参数,形成不同的检索条件进行检索。对于同一个参数查询,如果输入的参数不同,得到的查询结果自然也就不同。

所以,参数查询创建了一种动态查询,例如,输入两个日期,检索介于这两个日期之间的所有记录,输入的两个日期不同,得到的查询结果不同,形成动态的查询结果。

例如,图 5.2 所示的是一个以"院系"为查询参数的参数查询。运行查询时,在弹出的对话框中,可以输入不同的"院系",得到相应的动态查询结果。

3. 交叉表查询

交叉表查询可以在一个数据表的行、列以及行与列交叉的单元格位置上,显示数据源信息。它以另一种形式显示和组织数据表中的数据,如图 5.3 所示,行标题、列标题和交叉位置上的值,构成了交叉表查询的三个要素。

如图 5.3 所示的是以"学号"和"姓名"为行标题、"院系"为列标题、"当前绩点(GPA)"为值,建立的交叉表查询,试比较它与选择查询显示形式上的不同。

4. 操作查询

操作查询用于添加、更改或删除数据。操作查询的特点在于能用一次操作更改许多记录。它包括 4 种类型的查询:删除、更新、追加及生成表。

5. SQL 查询

SQL(Structured Query Language)是一种结构化查询语言,SQL 查询是使用 SQL 语句创建的查询。现有的支持关系模型的数据库系统都使用 SQL 语言,Access 也可以使用它进行数据查询和更新,详见第 9 章。

84

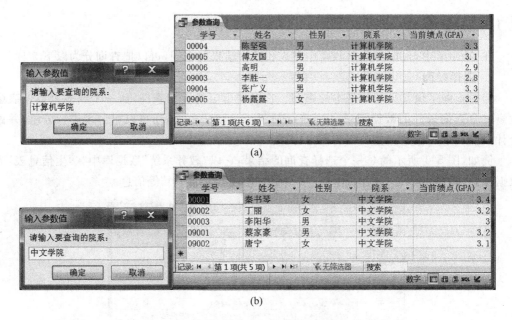

(a)

(b)

图 5.2 参数查询

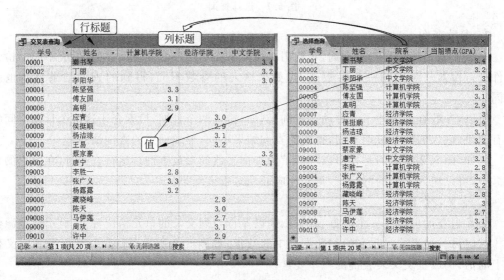

图 5.3 交叉表查询

重要提示——创建查询的主要方法描述如下。

创建查询主要有两种方法:使用查询向导和在查询"设计视图"中创建查询。

5.2 利用向导创建查询

利用"查询向导"可以快速地创建查询,操作比较简单。使用 Access 提供的"查询向导"可以创建 4 种不同类型的查询。下面以配套光盘中本章的"教务系统素材_查询"数据库为例,介绍这些方法。

将配套光盘中本章的“教务系统素材_查询.accdb”文件复制到“C:\数据库”文件夹中，完成查询操作后，更名为“教务系统_查询.accdb”。

5.2.1 简单选择查询

例 5.1 以“教务系统”数据库中的“学生信息表”为数据源，选择其中的部分信息，创建“学生信息表查询”，查询结果如图 5.4 所示。

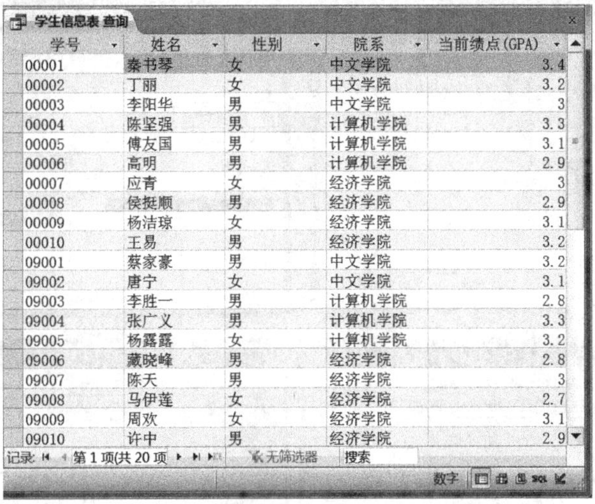

学号	姓名	性别	院系	当前绩点(GPA)
00001	秦书琴	女	中文学院	3.4
00002	丁丽	女	中文学院	3.2
00003	李阳华	男	中文学院	3
00004	陈坚强	男	计算机学院	3.3
00005	傅友国	男	计算机学院	3.1
00006	高明	男	计算机学院	2.9
00007	应青	女	经济学院	3
00008	侯挺顺	男	经济学院	2.9
00009	杨洁琼	女	经济学院	3.1
00010	王易	男	经济学院	3.2
09001	蔡家豪	男	中文学院	3.2
09002	唐宁	女	中文学院	3.1
09003	李胜一	男	计算机学院	2.8
09004	张广义	男	计算机学院	3.3
09005	杨露露	女	计算机学院	3.2
09006	藏晓峰	男	经济学院	2.8
09007	陈天	男	经济学院	3
09008	马伊莲	女	经济学院	2.7
09009	周欢	女	经济学院	3.1
09010	许中	男	经济学院	2.9

图 5.4 简单选择查询结果

(1) 打开查询向导：在“创建”选项卡的“查询”组中，单击“查询向导”按钮 查询向导，如图 5.5 所示，在弹出的“新建查询”对话框中，选择“简单查询向导”选项，单击“确定”按钮。

(2) 选择数据表和字段：在“简单查询向导”对话框中，选择“表/查询”为“表:学生信息表”，使用 > 按钮选择字段“学号”、“姓名”、“性别”、“院系”和“当前绩点(GPA)”，如图 5.5 所示，单击“下一步”按钮。

(3) 选择查询样式：选中“明细(选择每个记录的每个字段)”选项，单击“下一步”按钮。

(4) 输入查询标题：采用默认的查询标题“学生信息表查询”，单击“完成”按钮，系统自动生成“学生信息表查询”。

(5) 重命名查询：关闭查询，在“查询”对象栏中，右击创建的查询，选择“重命名”快捷菜单命令，将查询更名为“例 01 学生信息表_选择查询_向导”。

5.2.2 交叉表查询

例 5.2 以“教务系统”数据库中的“学生信息表”为数据源，选择其中的部分字段，创建“学生信息表_交叉表”查询，查询结果如图 5.6 所示。

(1) 打开查询向导：在“创建”选项卡的“查询”组中，单击“查询向导”按钮 查询向导，如图 5.7 所示，在弹出的“新建查询”对话框中，选择“交叉表查询向导”选项，单击“确定”按钮。

(2) 选择数据表：在“交叉表查询向导”对话框中，选择“表:学生信息表”，单击“下一步”按钮。

86

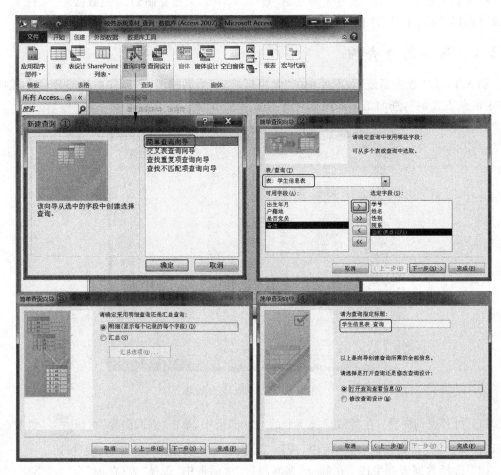

图 5.5 用向导创建选择查询操作步骤

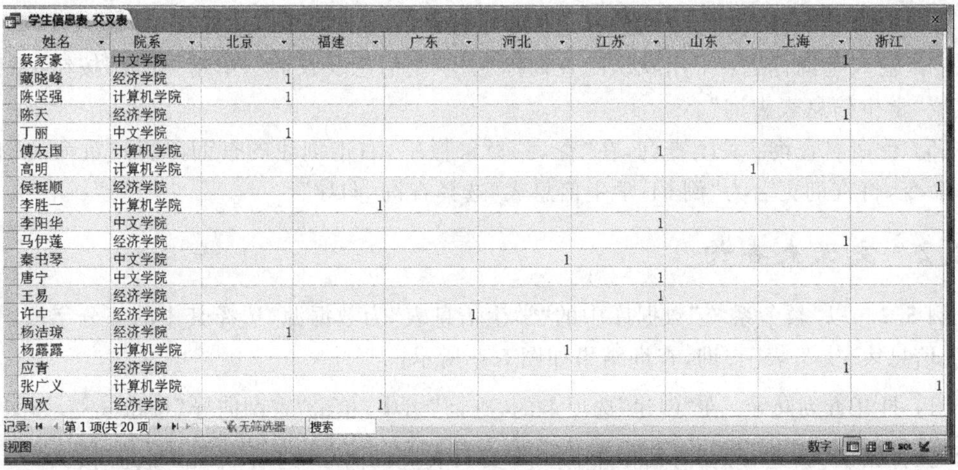

图 5.6 交叉表查询结果

（3）选择"行标题"字段：使用  按钮选择字段"姓名"和"院系"，单击"下一步"按钮。

（4）选择"列标题"字段：选择"户籍地"字段，单击"下一步"按钮。

（5）选择"值"字段：选择"学号"字段，Count 函数，取消选中"是，包括各行小计"选项（不选中），如图 5.7 所示，单击"下一步"按钮。

图 5.7　用向导创建交叉表查询操作步骤

（6）输入查询标题：采用默认的查询标题"学生信息表_交叉表"，单击"完成"按钮，系统自动生成"学生信息表_交叉表"查询。

查询的创建与使用

（7）重命名查询：关闭查询，在"查询"对象栏中，右击创建的查询，选择"重命名"快捷菜单命令，将查询更名为"例 02 学生信息表_交叉表_向导"。

5.2.3 查找重复项查询

当用户需要查找某些字段值相同的记录时，可以用查找重复项查询来查询相应的数据表。

例 5.3 以"教务系统"数据库中的"学生信息表"为数据源，创建查询为查找相同"性别"、"户籍地"和"院系"的学生"姓名"和"当前绩点(GPA)"，查询结果如图 5.8 所示。

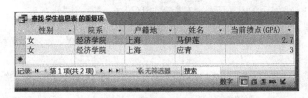

图 5.8 重复项查询结果

（1）打开查询向导：在"创建"选项卡的"查询"组中，单击"查询向导"按钮，如图 5.9 所示，在弹出的"新建查询"对话框中，选择"查找重复项查询向导"选项，单击"确定"按钮。

（2）选择数据表：在"查找重复项查询向导"对话框中，选择"表：学生信息表"，单击"下一步"按钮。

（3）选择"包含重复信息"的字段：选择"性别"、"院系"和"户籍地"字段，单击"下一步"按钮。

（4）选择其他要显示的字段：选择"姓名"和"当前绩点(GPA)"字段，单击"下一步"按钮。

（5）输入查询标题：采用默认的查询标题"查找学生信息表的重复项"，单击"完成"按钮，系统自动生成"查找学生信息表的重复项"查询，如图 5.9 所示。

（6）重命名查询：关闭查询，在"查询"对象栏中，右击创建的查询，选择"重命名"快捷菜单命令，将查询更名为"例 03 学生信息表_重复项查询_向导"。

5.2.4 查找不匹配项查询

与查找重复项查询相反，查找不匹配项查询主要用于查找两个数据表中某些字段值不相同的记录。

例 5.4 以"教务系统"数据库中的"学生信息表"和"成绩表"为数据源，创建查询：查找"学生信息表"中存在，但"成绩表"中没有出现的学生记录，并显示其对应的"姓名"、"性别"、"院系"、"当前绩点(GPA)"及"备注"信息，查询结果如图 5.10 所示。

（1）打开查询向导：在"创建"选项卡的"查询"组中，单击"查询向导"按钮，如图 5.11 所示，在弹出的"新建查询"对话框中，选择"查找不匹配项查询向导"选项，单击"确定"按钮。

（2）选择数据表：在"查找不匹配项查询向导"对话框中，选择"表：学生信息表"，单击"下一步"按钮。

（3）选择相关表：选择"表：成绩表"，单击"下一步"按钮。

（4）选择两张表的匹配(相同)字段：选择"学生信息表"和"成绩表"的"学号"字段，单

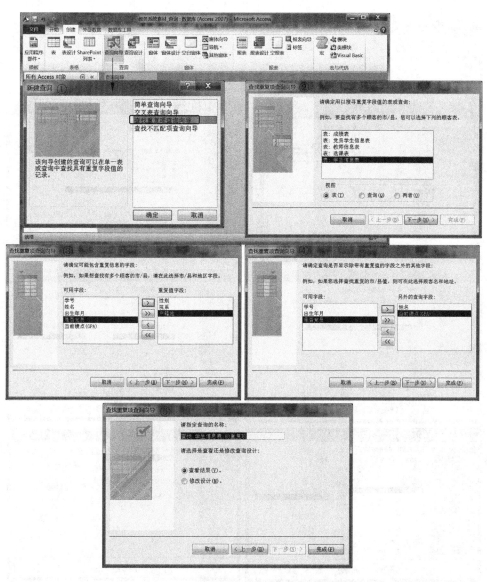

图 5.9 用向导创建重复项查询操作步骤

学号	姓名	性别	院系	当前绩点(GPA)	备注
00006	高明	男	计算机学院	2.9	休学一年
09004	张广义	男	计算机学院	3.3	出国
09005	杨露露	女	计算机学院	3.2	出国

图 5.10 不匹配查询结果

击"下一步"按钮。

（5）选择其他要显示的字段：选择"姓名"、"性别"、"院系"、"当前绩点（GPA）"及"备注"字段，单击"下一步"按钮。

查询的创建与使用

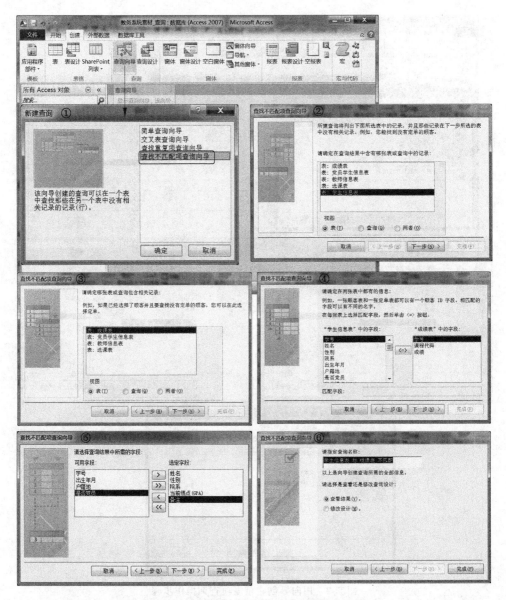

图 5.11　用向导创建不匹配项查询操作步骤

（6）输入查询标题：采用默认的查询标题"学生信息表与成绩表不匹配"，单击"完成"按钮，系统自动生成"学生信息表与成绩表不匹配"查询，如图 5.11 所示。

（7）重命名查询：关闭查询，在"查询"对象栏中，右击创建的查询，选择"重命名"快捷菜单命令，将查询更名为"例 04 学生信息表_成绩表_不匹配查询_向导"。

5.3　用设计视图创建查询

使用查询向导是一种最简单的创建查询的方法，但对于创建指定条件的查询、参数查询和复杂条件的查询，是无法直接利用查询向导创建的。

利用查询"设计视图",可以自定义查询的条件和查询表达式,从而创建灵活的、满足自己需求的查询,也可以利用查询"设计视图"来修改已经创建的查询,例如,使用查询向导创建查询后,在查询"设计视图"中根据需要做进一步的修改。

5.3.1 创建选择查询

例5.5 以"教务系统"数据库中的"学生信息表"为数据源,创建查询:查找1991年以后出生的或"当前绩点(GPA)"在3.0~3.5之间的学生记录,并按"当前绩点(GPA)"从大到小降序排列,查询结果如图5.12所示。

图5.12 选择查询结果

(1) 打开"查询设计视图"窗格:在"创建"选项卡下"查询"组中,单击"查询设计"按钮。

(2) 添加数据表:在弹出的"显示表"对话框中,选择"学生信息表",单击"添加"按钮,单击"关闭"按钮,如图5.13(a)所示。

(3) 创建查询步骤如下。

① 添加字段:双击或拖曳"学生信息表"字段列表中的"学号"、"姓名"、"性别"、"院系"、"出生年月"及"当前绩点(GPA)"字段,将它们添加到查询"设计网格"中,如图5.13所示。

② 输入查询条件:在"出生年月"字段列的"条件"行中,输入条件">=♯1991/1/1♯";在"当前绩点(GPA)"字段列的"或"行中,输入条件">=3.0 and <=3.5"。

③ 设置排序:在"当前绩点(GPA)"字段列的"排序"行中,选择"降序"。

(4) 运行查询:在"查询工具"选项卡的"结果"组中,单击"运行"按钮 运行查询(即切换到"查询视图")得到如图5.12所示的查询结果。

(5) 保存和命名查询:单击查询窗格右上角的"关闭"按钮×,关闭查询,在弹出的对话框中,单击"是"按钮,确认需要保存,输入查询名称"例05 学生信息表_选择查询"。

重要提示——创建选择查询的关键及选择查询的作用:

(1) 正确的查询条件设置是创建选择查询的关键(详见5.3.5节"设置查询条件")。

第5章 查询的创建与使用

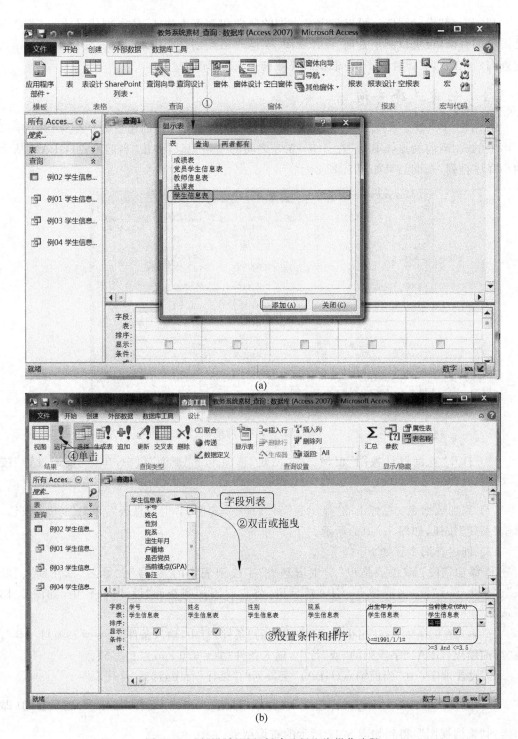

图 5.13   用"设计视图"创建选择查询操作步骤

（2）选择查询还可以利用数据表中的现有字段生成可计算字段或新的查询字段（详见5.3.6节"创建计算字段"）。

（3）选择查询还可以对数据记录进行合计、计数、求平均值等汇总计算（详见 5.3.7 节

"创建汇总字段")。

（4）选择查询还可以实现多个数据表的检索查询（详见5.3.8节"创建多表查询"）。

5.3.2　创建参数查询

参数查询可创建动态查询结果，它在运行时弹出对话框，提示用户输入参数，形成查询条件，得到相应的查询结果。

例5.6　以"教务系统"数据库中的"学生信息表"为数据源，创建查询：以"院系"为参数，查找指定"院系"的学生记录，查询结果如图5.14（a）和图5.14（b）所示。

(a)

(b)

图5.14　单参数查询的动态查询结果

（1）打开"查询设计视图"窗格：在"创建"选项卡下"查询"组中，单击"查询设计"按钮。

（2）添加数据表：在弹出的"显示表"对话框中，选择"学生信息表"，单击"添加"按钮，单击"关闭"按钮，如图5.15所示。

（3）创建查询步骤如下。

① 添加字段：双击或拖曳"学生信息表"字段列表中的"学号"、"姓名"、"性别"、"院系"、"当前绩点（GPA）"及"是否党员"字段，将它们添加到"设计网格"中，如图5.15所示。

② 输入查询条件：在"院系"字段列的"条件"行中，输入方括号和提示信息"［请输入院系名称：］"。

（4）运行查询：在"查询工具"选项卡的"结果"组中，单击"运行"按钮 运行查询，在弹出的对话框中，输入参数"中文学院"，单击"确定"按钮，得到如图5.14（a）所示的查询结果。

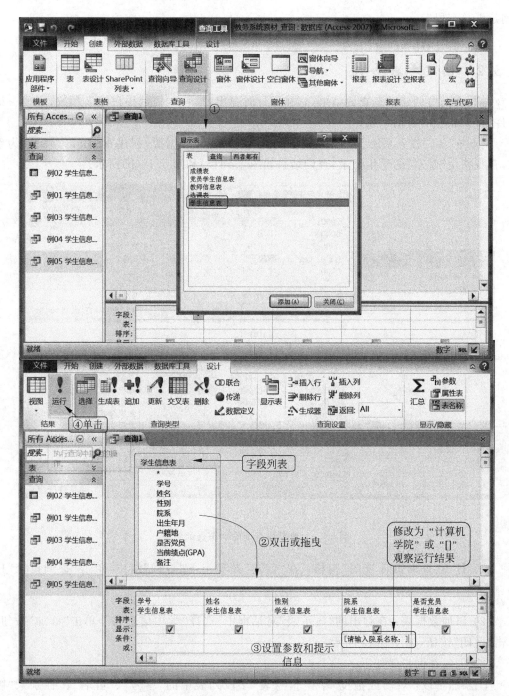

图 5.15 用"设计视图"创建参数查询操作步骤

(5) 保存和命名查询:单击窗口左上角的"保存"按钮![],在弹出的对话框中,输入查询名称"例 06 学生信息表_参数查询",然后,关闭查询。

(6) 再次运行参数查询:在"查询"对象栏中,双击该参数查询,输入其他"院系"名称,例如"计算机学院",观察不同的查询结果,如图 5.14(b)所示。

例 5.7 以"教务系统"数据库中的"学生信息表"为数据源,创建参数查询,能动态地查询某一段时间内出生的学生记录,例如,查询"1990 年"到"1991 年"两年间出生的学生记录,查询结果如图 5.16 所示。

图 5.16 多参数查询运行结果

(1) 参照例 5.6,打开"查询设计视图"窗格并添加数据表。

(2) 创建查询:按图 5.17 所示,在"出生年月"字段列的"条件"行中,输入多参数查询条件:">=[出生年月 1] And <=[出生年月 2]"。

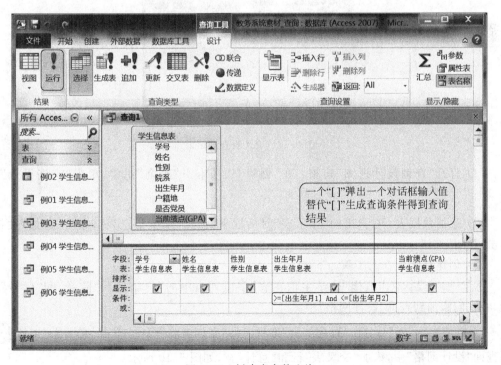

图 5.17 创建多参数查询

(3) 运行查询：得到如图 5.16 所示查询结果。

(4) 保存和再次运行：以“例 07 学生信息表_多参数查询”为名保存查询；关闭查询后，再次运行，输入不同的参数，观察动态查询结果。

重要提示——创建参数查询的关键及其修改和再运行：

(1) 在参数字段的“条件”行中输入方括号及提示信息“[提示信息：]”是创建参数查询的关键；如果把图 5.15 所示“条件”行的“[请输入院系名称：]”，改为“计算机学院”或“[]”，试比较查询结果的不同。

(2) “条件”行的方括号“[]”，会使查询在运行时弹出一个对话框，要求输入参数，并将输入的参数值替代方括号“[]”，生成查询条件进行查询；参照上例 5.7 进一步体会“条件”行方括号“[]”的作用。

(3) 修改参数查询：如果需要修改参数查询，可以在关闭参数查询后，右击“查询”对象栏中的参数查询，选择“设计视图”快捷菜单命令，打开查询“设计视图”进行修改。

(4) 再次运行参数查询：在需要多次运行参数查询，输入不同参数值，以得到不同的查询结果的情况下，应先关闭前一次查询结果，再重新运行查询。在“查询”对象栏中，双击已关闭的参数查询，或右击已关闭的参数查询，选择“打开”快捷菜单命令，都可以再次运行查询，输入不同参数值得到动态查询结果。

5.3.3 创建交叉表查询

例 5.8 以“教务系统”数据库中的“学生信息表”为数据源，创建交叉表查询：按“户籍地”和“院系”统计学生人数，查询结果如图 5.18 所示。

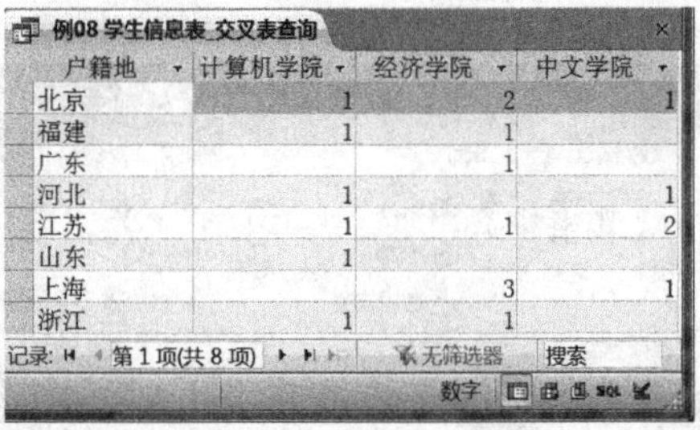

例08 学生信息表_交叉表查询

户籍地	计算机学院	经济学院	中文学院
北京	1	2	1
福建	1	1	
广东		1	
河北	1		1
江苏	1	1	2
山东	1		
上海		3	1
浙江	1	1	

记录：第 1 项(共 8 项) 无筛选器 搜索

数字

图 5.18 交叉表查询结果

(1) 打开“查询设计视图”窗格：在“创建”选项卡下“查询”组中，单击“查询设计”按钮 查询设计。

(2) 添加数据表：在弹出的“显示表”对话框中，选择“学生信息表”，单击“添加”按钮，单击“关闭”按钮。

(3) 创建交叉表查询步骤如下。

① 添加字段：双击或拖曳“学生信息表”字段列表中的“户籍地”、“院系”和“学号”字段，将它们添加到查询“设计网格”中。

② 添加“交叉表”行：在“查询工具”选项卡的“查询类型”组中，单击“交叉表”按钮 交叉表，在查询“设计网格”中，添加“交叉表”行和“总计”行，如图 5.19 所示。

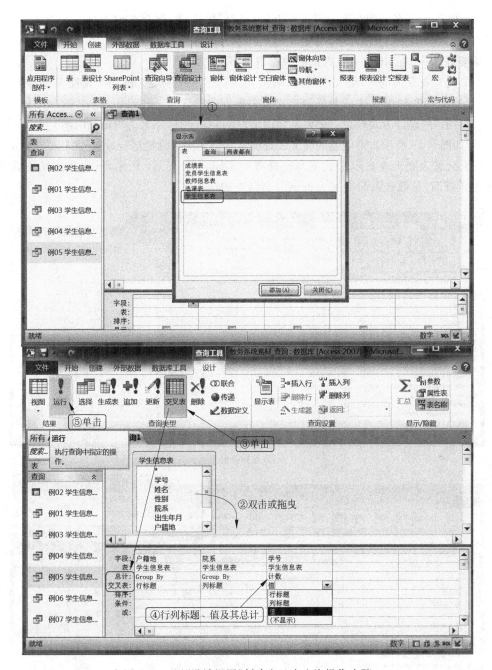

图 5.19　用"设计视图"创建交叉表查询操作步骤

③ 设置"交叉表"行：单击"户籍地"字段列的"交叉表"行，选择"行标题"；单击"院系"字段列的"交叉表"行，选择"列标题"；单击"学号"字段列的"交叉表"行，选择"值"，并选择"总计"行的总计方式为"计数"，如图 5.19 所示。

（4）运行查询：在"查询工具"选项卡的"结果"组中，单击"运行"按钮 运行查询（切换到"查询视图"），得到如图 5.18 所示的查询结果。

查询的创建与使用

(5) 保存和命名查询：单击窗口左上角"保存"按钮 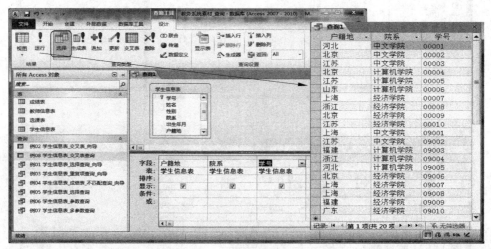，保存查询为"例 08 学生信息表_交叉表查询"。

重要提示——创建交叉表查询的关键有如下几点。

(1) 交叉表查询的"三要素"：交叉表的"行标题"、"列标题"和"值"是交叉表查询的三要素，正确地判断和设置这三者是创建交叉表查询的关键。

(2) "值"的总计方式设置：交叉表"值"字段的"总计"行如果为"Group By"(例 5.8 中为"计数"，如图 5.19 所示)，则创建的交叉表查询常常会无法正确地运行，这是尤其要注意的。

(3) 交叉表查询在显示形式上与选择查询不同，如图 5.20 所示，试比较选择相同字段创建选择查询、参数查询与交叉表查询的不同查询结果。

(a) 选择查询

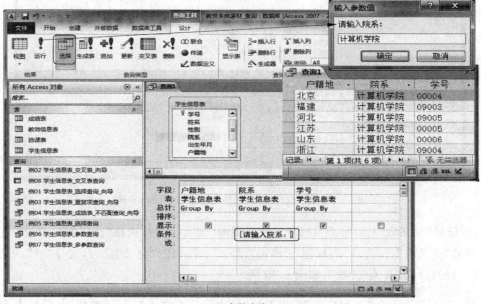

(b) 参数查询

图 5.20 三种查询的区别(使用相同字段)

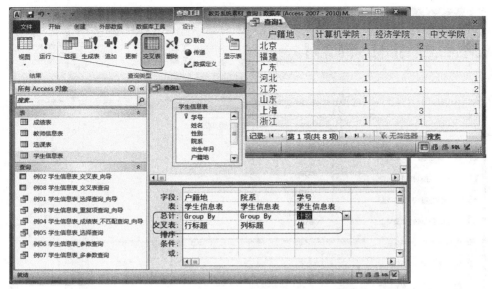

(c) 交叉表查询

图 5.20　（续）

5.3.4　查询设计视图

1. 基本结构

"查询设计视图"窗格主要由两部分构成：上半部分为"对象"窗格，下半部分为查询"设计网格"，如图 5.21 所示。

"对象"窗格中，通常可以添加和显示一个或多个字段列表，其中列出了作为查询数据源的数据表或查询的所有字段，如图 5.21 所示的"学生信息表"字段列表。

"设计网格"由若干行组成，如图 5.21 所示，包括"字段"行、"表"行、"排序"行、"显示"行、"条件"行和"或"行，还可以根据需要添加"总计"行和"交叉表"行等，用来设置和放置具体的查询条件。

1）"字段"行

"字段"行用于放置查询需要的字段、可计算字段及用户自定义的查询字段标题。

2）表行

"表"行用于放置查询的数据源名称（数据表或查询的名称）。

3）"排序"行

"排序"行用于设置查询结果按某个字段排序，有"降序"、"升序"和"不排序"3 种选择。在记录很多的情况下，对某列数据进行排序将方便数据的查询。如果不选择排序，则查询运行时按照数据表中原有的记录顺序排列。当按多字段排序时，出现在最左边的排序字段为第一关键字，出现在次左的排序字段为第二关键字，依次类推。

4）"显示"行

"显示"行用于决定该字段列是否在查询结果中显示。默认情况下所有字段列都将显示出来，如果不希望某个字段列被显示，但又需要该字段参与查询条件的设置或参与运算，则

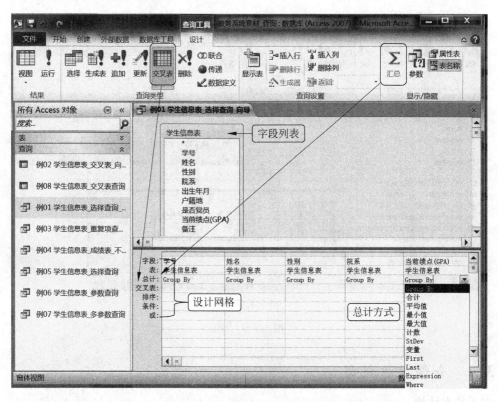

图 5.21　查询"设计视图"

可以不选中该选项。

5)"条件"行

"条件"行用于设置查询的条件,满足条件的记录才会在查询结果中被显示出来。

6)"或"行

"或"行用于设置查询条件中"或"关系的条件。

7)"空"行

"空"行用于放置更多的查询条件。

2. 常用操作

"查询设计视图"窗格中,经常用到的操作有如下几种。

(1) 添加数据源:单击"查询工具"选项卡的"显示表"按钮![显示表],打开"显示表"对话框,可以将数据源添加到"对象"窗格中。

(2) 隐藏数据源:在"对象"窗格中,右击已经添加的数据源,选择"删除表"快捷菜单命令,可以将数据源从"对象"窗格中删除,不显示。

(3) 添加字段列:在字段列表中,双击一个字段,或拖曳字段到"设计网格"的"字段"行,可以添加一个字段列。

(4) 选中字段列:鼠标指向字段列的顶部,指针呈黑色向下箭头↓时单击,该字段列被选中呈黑色。

(5) 移动字段列:拖曳选中的字段列,可以移动该字段列。

（6）删除字段列：右击选中的字段列，选择"剪切"快捷菜单命令，可以删除该字段列。

重要提示——查询"设计网格"行：

（1）创建不同类型的查询，查询"设计网格"所包含的行会有所不同，例如，包含计算和汇总字段的选择查询，查询"设计网格"中会出现"总计"行；交叉表查询，会出现"交叉表"行和"总计"行。

（2）添加"总计"行：单击"查询工具"的"汇总"按钮 $\sum\limits_{汇总}$，能在查询"设计网格"中添加"总计"行，如图 5.21 所示；"总计"行主要用于对数据表中的记录进行分组和汇总计算，汇总计算的方法即总计方式主要有合计、平均值、最大值、最小值和计数等。

（3）添加"交叉表"行：单击"查询工具"的"设计"选项卡中"交叉表"按钮，能在查询"设计网格"中添加"交叉表"行和"总计"行，如图 5.21 所示，用于创建交叉表查询。

5.3.5　设置查询条件

查询条件是一个表达式，是一个由引用的字段名称、运算符和常量组成的字符串。运行查询时将查询条件与记录的字段值进行比较，把符合查询条件的所有记录显示在查询结果中。

表 5.1、表 5.2 和表 5.3 分别列出了不同数据类型的字段常用的查询条件。

表 5.1　文本型字段查询条件示例

字　段	条　件	说　明
院系	"计算机学院"	"院系"为"计算机学院"
院系	"计算机学院" Or "中文学院"	"院系"为"计算机学院"或者"中文学院"
院系	Not "计算机学院"	"院系"不为"计算机学院"（非"计算机学院"）
学号	In（"00007","09004","09008"）	"学号"为"00007"或"09004"或"09008"
姓名	Like "李 * "	"姓名"第一个字符为"李"（"李"姓）
学号	Like " * 1 * "	"学号"中包含"1"
学号	Like " * 10	"学号"以"10"结尾
学号	Like "0000?"	"学号"为"00001"～"00009"

表 5.2　数字型字段查询条件示例

字　段	条　件	说　明
当前绩点（GPA）	>＝2.9 And <＝3.2 或 Between 2.9 And 3.5	"当前绩点（GPA）"在 2.9～3.2 之间
当前绩点（GPA）	<2.9 Or >3.2	"当前绩点（GPA）"在 2.9 以下或 3.2 以上

表 5.3　日期/时间型字段查询条件示例

字　段	条　件	说　明
出生年月	>＝#1991/1/1#	1991 年及以后出生
出生年月	Year（[出生年月]）=1992	1992 出生
出生年月	Between #1991/1/1# And #1992/12/31# 或>＝#1991/1/1# And <＝#1992/12/31#	1991—1992 年之间（含） 出生

101

第 5 章

重要提示——通配符：

(1) Like 条件中"*"、"?"是通配符。其中，星号"*"代表 0 到多个任意字符，问号"?"代表 1 个任意字符。

(2) 注意"Like"李*""不能写成"="李*""。

重要提示——查询条件的格式描述如下。

(1) 在查询条件表达式中，除了汉字之外所有字符均应为西文字符；

(2) 查询"设计网格"中"与"和"或"的表达：同一行上的多个查询条件为"与"的关系，不同行上的多个查询条件为"或"的关系。

5.3.6 创建计算字段

查询可以利用数据源中现有的字段，生成和创建计算字段。例如，利用"教师信息表"中的"基本工资"和"岗位津贴"字段，在查询中创建"教师收入"字段，其字段值可以通过公式："基本工资"+"岗位津贴"计算得到。

例 5.9 以"教务系统"数据库中的"教师信息表"为数据源，创建查询：计算"教师收入"("基本工资"与"岗位津贴"之和)，并设置"教师收入"为货币格式，查询结果如图 5.22 所示。

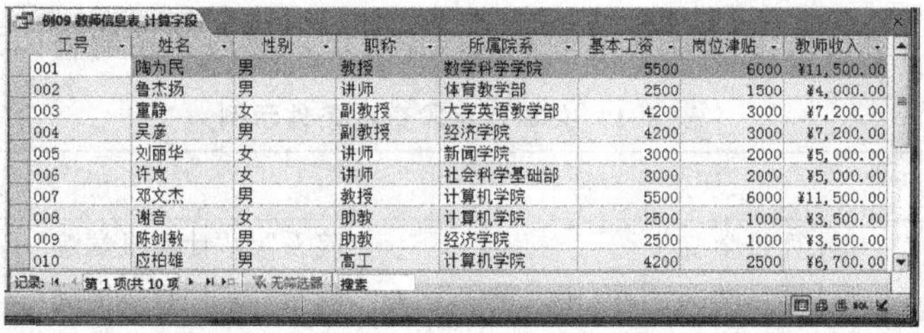

工号	姓名	性别	职称	所属院系	基本工资	岗位津贴	教师收入
001	陶为民	男	教授	数学科学学院	5500	6000	¥11,500.00
002	鲁杰扬	男	讲师	体育教学部	2500	1500	¥4,000.00
003	童静	女	副教授	大学英语教学部	4200	3000	¥7,200.00
004	吴彦	男	副教授	经济学院	4200	3000	¥7,200.00
005	刘丽华	女	讲师	新闻学院	3000	2000	¥5,000.00
006	许岚	女	讲师	社会科学基础部	3000	2000	¥5,000.00
007	邓文杰	男	教授	计算机学院	5500	6000	¥11,500.00
008	谢音	女	助教	计算机学院	2500	1000	¥3,500.00
009	陈剑敏	男	助教	经济学院	2500	1000	¥3,500.00
010	应柏雄	男	高工	计算机学院	4200	2500	¥6,700.00

图 5.22 在查询中创建计算字段

(1) 打开"查询设计视图"窗格：在"创建"选项卡下"查询"组中，单击"查询设计"按钮 查询设计。

(2) 创建查询：如图 5.23 所示，创建和设置查询，包括在"字段"行输入："教师收入：[基本工资]+[岗位津贴]"，注意输入的内容除了汉字都为西文字符。

(3) 设置数据格式：在"教师收入"字段右击，选择"属性"快捷菜单命令，在"属性表"窗格的"格式"属性栏中，选择"货币"，如图 5.23 所示。

(4) 运行和保存查询：在"查询工具"选项卡的"结果"组中，单击"运行"按钮 运行 运行查询，或切换到"查询视图"，得到如图 5.22 所示的查询结果；单击窗口左上角"保存"按钮，保存查询为"例 09 教师信息表_计算字段"。

重要提示——在查询中创建新字段注意如下几点。

(1) 创建计算字段的关键：在"字段"行输入"字段标题:计算公式"，其中："字段标题"被作为查询结果中该列的标题，该列的记录值由公式计算得到，中间的":"应为西文字符，如图 5.24 所示。

(2) 查询结果中列标题的更改：可以在"字段"行的字段名前添加"字段标题:"，用"字段标题"作为查询结果的列标题，例如，将"字段"行的"所属院系"改为"院系:所属院系"，查

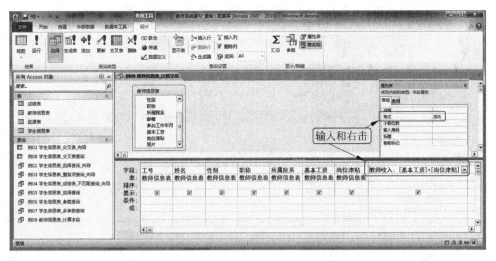

图 5.23　查询中创建计算字段操作步骤

询结果中该列的标题显示为"院系",如图 5.24 所示。

（3）查询结果中数据格式设置：在查询"设计视图"中，右击某个字段名，选择"属性"快捷菜单命令，在"属性表"窗格中，可以设置该字段列的数据格式，例如，选择"格式"属性为"货币"，如图 5.24 所示，或选择"格式"属性为"标准"并选择"小数点"为"2"，例如，例 5.10中将"平均绩点"设置为小数点后面保留两位的数据格式。

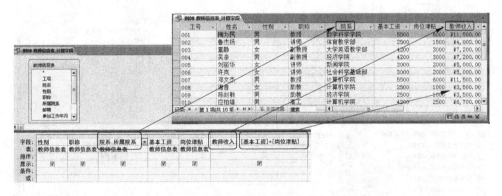

图 5.24　查询中的计算字段和自定义列标题

5.3.7　创建汇总字段

在查询中可以创建多种汇总字段，对记录值进行各种统计计算，例如合计、平均值、计数、最小值和最大值等总计方式，只要在查询"设计视图"中添加"总计"行，并选择该行的总计方式，便能实现这种汇总。

例 5.10　以"教务系统"数据库中的"学生信息表"为数据源，创建查询：按"院系"统计各学院学生"人数"、"平均绩点"和"最高绩点"，并设置"平均绩点"小数点后面保留两位，查询结果如图 5.25 所示。

图 5.25　汇总查询结果

（1）在查询"设计视图"创建查询：按图5.26(a)所示，添加字段。

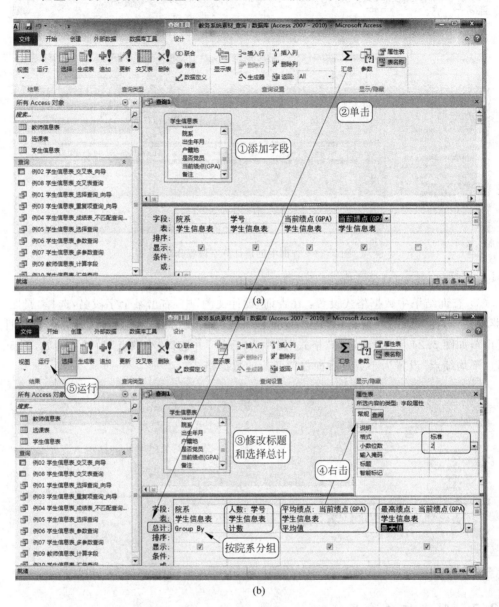

(a)

(b)

图5.26 创建汇总查询操作步骤

（2）创建汇总字段步骤如下。

① 添加"总计"行：单击"查询工具"选项卡的"汇总"按钮 $\sum$，如图5.26(a)所示。

② 修改字段标题：在"学号"字段列的"字段"行添加标题和冒号"人数："，修改该字段为"人数：学号"，如图5.26(b)所示。

③ 设置总计方式：在"学号"字段列的"总计"行中，选择"计数"。

④ 同样，分别修改两个"当前绩点（GPA)"的"字段"行和"总计"行为"平均绩点：当前绩点（GPA)"和"平均值"、"最高绩点：当前绩点（GPA)"和"最大值"，如图5.26(b)所示。

⑤ 设置小数点位数：右击"平均绩点：当前绩点（GPA）"，选择"属性表"快捷菜单命令，在"属性表"窗格中，选择"标准"格式和"2"位小数点（注意，如果只选择小数点位数而不设置"标准"格式，则可能无法显示小数点位数）。

（3）运行和保存查询：运行查询，以"例10 学生信息表_汇总查询"为名保存查询。

重要提示——分组汇总的含义及创建汇总查询的关键描述如下。

（1）分组的意义：一般汇总查询中至少有一个字段的总计方式为"Group By"，即分组，也就是按这个字段进行分组，该列字段值相同的记录为一组，然后，对同一组记录的其他字段进行求平均值、合计和计数等统计计算，例如，例5.10中以"院系"进行分组，"院系"相同的为一组，统计一组中"学号"的个数（"计数"）即学生"人数"、"当前绩点（GPA）"的"平均值"和"最大值"。

（2）创建汇总查询的关键在于：修改"字段"行添加字段标题和在"总计"行选择总计方式。如果不添加字段标题，只选择总计方式，则系统可能采用默认的列标题形式，如图5.27所示。

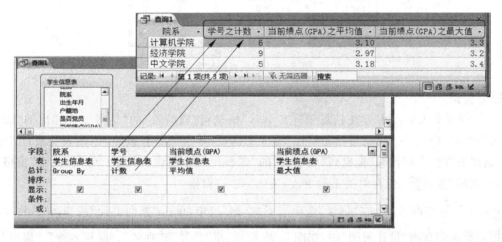

图 5.27 汇总查询中默认的列标题

5.3.8 创建多表查询

查询的数据源不但可以来自单个数据表，还可以来源于多个有关联关系的数据表，如果一个查询中包含多个数据表中的信息，这种查询被称为多表查询。

例5.11 以"教务系统"数据库中的"学生信息表"、"成绩表"和"选课表"为数据源，创建查询：显示学生各门课程的成绩和学分，查询结果如图5.28所示。

（1）创建一对多表关系步骤如下。

① 设置主键（如果主键已经设置，请忽略此步）：打开"学生信息表"的"设计视图"，选中"学号"字段，单击"主键"按钮 🔑；同样，设置"选课表"的"课程代码"为主键、"成绩表"的"学号"和"课程代码"为主键，如图5.29所示，然后，保存并关闭3个数据表。

② 打开"关系"窗格并添加数据表：在"数据库工具"选项卡中，单击"关系"按钮 🔗；在"显示表"对话框中（如果"显示表"对话框未弹出，请单击"关系工具"选项卡中的"显示表"按钮 🔲），用 Ctrl＋单击同时选中"学生信息表"、"成绩表"和"选课表"，单击"添加"按钮，单击

查询的创建与使用

图 5.28　多表查询结果

"关闭"按钮。

　　③ 创建表关系：将"学生信息表"的"学号"拖曳到"成绩表"的"学号"，在弹出的"编辑关系"对话框中，选中"实施参照完整性"等 3 个选项，单击"创建"按钮，创建表关系；同样，将"选课表"的"课程代码"拖曳到"成绩表"的"课程代码"，创建表关系；单击"关系"窗格右上角"关闭"按钮 ✕ ，保存对关系的更改，关闭"关系"窗格。

　　(2) 设置查询条件：在"创建"选项卡下"查询"组中，单击"查询设计"按钮 📊 ，将 3 个数据表添加到查询"设计视图"中，按图 5.29 所示，将"学号"、"姓名"、"课程名称"、"成绩"和"学分"添加到"字段"行。

　　(3) 运行和保存查询：运行查询，以"例 5.11 多表查询"为名保存查询。

　　重要提示——创建多表查询的关键：

　　(1) 创建多表查询的关键是创建一对多表关系，而创建一对多表关系的基础是设置主键；

　　(2) 正确的一对多表关系，不管是在"关系"窗格，还是在查询"设计视图"中，都应该有"1"和"∞"的标志，如图 5.29 所示。

5.3.9　查询综合举例

　　可以综合使用选择查询、参数查询、交叉表查询以及创建计算字段、汇总字段等技术，建立满足用户需求的各种查询。

　　例 5.12　在"教务系统"数据库中，创建查询：显示 09 级"中文学院"和"经济学院"女生"当前绩点(GPA)"的情况，如图 5.30 所示，以"例 12 综合查询_like 条件"为名保存查询。

　　重要提示——"或"条件的完整性和"Like"的使用：

　　(1) 当两个查询条件为"或"的关系，并且写在两行上时，两行上的条件要写完整，不能缺省相同的部分；如果第二行的查询条件只写"经济学院"，观察查询结果的变化；

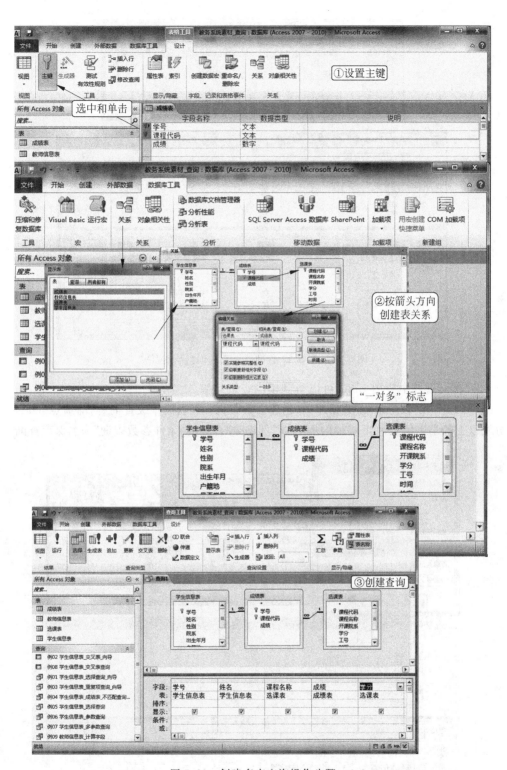

图 5.29　创建多表查询操作步骤

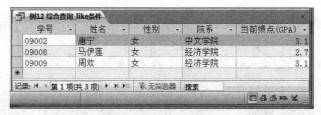

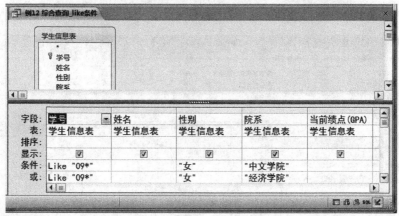

图 5.30　例 5.12 查询结果及查询"设计视图"

（2）查询条件中应用 Like，可以得到模糊查询结果。

例 5.13　在"教务系统"数据库中，创建参数查询：可以按年级查询"当前绩点（GPA）"在 3 分及以上的学生信息，如图 5.31 所示，以"例 13 综合查询_条件参数查询"为名保存查询。

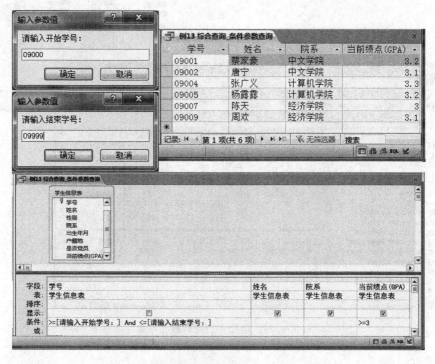

图 5.31　例 5.13 查询结果及查询"设计视图"

重要提示——参数查询中查询条件的设置：

与普通选择查询一样，在参数查询中，也可以增加查询条件。

例 5.14 在"教务系统"数据库中，创建交叉表查询：显示学生各课程的成绩和"平均成绩"（保留小数点两位），如图 5.32 所示，以"例 14 综合查询_交叉表中的汇总"为名保存查询。

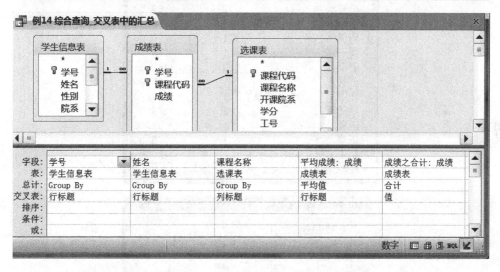

图 5.32 例 5.14 查询结果及查询"设计视图"

重要提示——交叉表查询中的汇总信息：

（1）交叉表中可以用"行标题"显示汇总信息；

（2）交叉表中的数据源也可来源于多个数据表。

例 5.15 在"教务系统"数据库中，创建汇总查询：统计学生选修的课程数和课程平均成绩（保留小数点两位），按"姓名"升序排列，如图 5.33(a)所示，以"例 15 综合查询_分组含义"为名保存查询。

重要提示——分组汇总的含义：

分组字段的记录值如果相同,则被认为是同一组,系统将同一组的记录合并成一条记录进行汇总计算,例如,"姓名"字段为分组字段("总计"行为 Group By)时,姓名相同的记录(如"蔡家豪")被合并成一条,然后,对合并记录的"成绩"字段计算"平均值"、对"学号"字段进行"计数"(计算记录条数),得到"课程数"。如图 5.33(b)所示,分析了分组查询结果的生成过程。

例 5.16 以"教务系统"数据库中的"成绩表"和"选课表"为数据源,创建查询：统计各门课程选课人数,查询结果如图 5.34 所示,以"例 16 综合查询_分组汇总"为名保存查询。

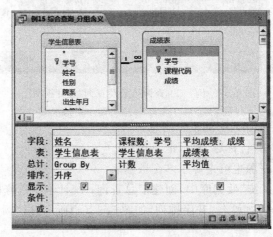

(a) 例5.15查询结果及查询"设计视图"

图 5.33　例 5.15 查询结果与分析

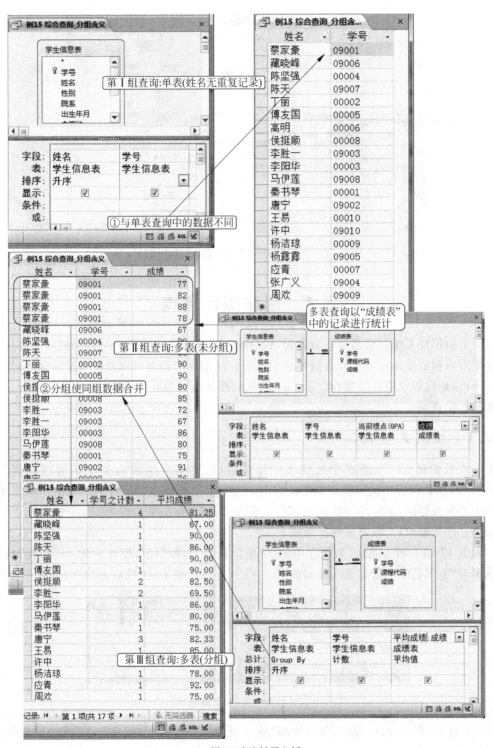

(b) 例5.15查询结果分析

图 5.33 （续）

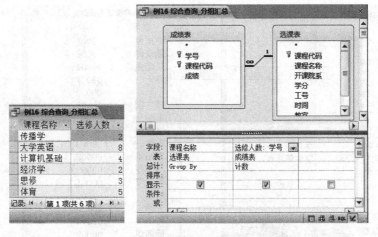

图 5.34　例 5.16 查询结果与查询"设计视图"

5.4　创建操作查询

一个数据库系统经常需要进行各种数据维护,操作查询不仅能进行数据的筛选查询,而且还能对数据表中的原始记录进行相应的修改。使用操作查询可以方便快速地完成对数据进行导出、删除以及更新等操作。Access 提供的操作查询有:生成表查询、更新查询、追加查询和删除查询。

5.4.1　生成表查询

生成表查询从一个或多个数据表中检索数据,将结果生成为一个新的数据表。在Access 中,从数据表中访问数据要比从查询中访问数据快得多,所以,当经常需要从多个数据表中提取数据时,最好的方法是使用生成表查询,将查询结果生成为一个新的数据表。以后需要这些数据时,可以直接打开数据表访问。

例 5.17　以"教务系统"数据库中的"学生信息表"为数据源,创建查询:运行查询时生成数据表"上海籍学生信息表",数据如图 5.35 所示,以"例 17 生成表查询"为名保存查询。

图 5.35　生成表查询生成的"上海籍学生信息表"

(1) 打开"查询设计视图"窗格,使用"显示表"对话框,将"学生信息表"添加到查询"设计视图"中。

(2) 添加字段,设置查询条件:将"学号"到"户籍地"6 个字段和"当前绩点(GPA)"字段添加到查询"设计网格"中,在"户籍地"字段列的"条件"行中输入"上海"。

（3）生成并保存查询：在"查询工具"选项卡的"查询类型"组中，单击"生成表"按钮
生成表，打开"生成表"对话框，输入表名"上海籍学生信息表"，选中"当前数据库"选项，单击
"确定"按钮，如图 5.36 所示。

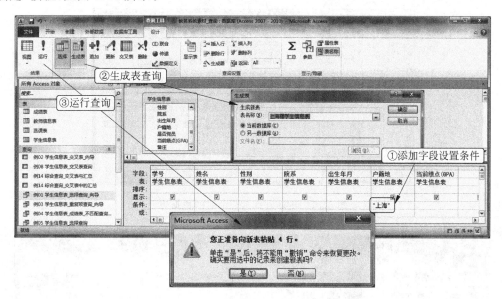

图 5.36　创建生成表查询操作步骤

（4）运行查询，生成数据表：单击"查询工具"选项卡的"运行"按钮 运行，运行查询，在弹
出的对话框中，单击"是"按钮，可以看到在"表"对象栏中生成了新的数据表"上海籍学生信
息表"；在"表"对象栏中，双击"上海籍学生信息表"，查看数据表，然后，关闭数据表。

（5）保存查询：单击"保存"按钮，以"例 17 生成表查询"为名保存查询。

5.4.2　更新查询

在对数据库进行数据维护时，经常需要批量更新数据。更新查询可以批量地修改一组
记录的值。

例 5.18　在"教务系统"数据库中创建更新查询：运行查询时更新"上海籍学生信息
表"，将"经济学院"学生的"当前绩点（GPA）"增加 5％，以"例 18 更新查询"为名保存查询，
图 5.37 是更新查询运行前后的数据情况。

（1）打开"查询设计视图"窗格，使用"显示表"对话框，将"上海籍学生信息表"添加到查
询"设计视图"中。

（2）添加"更新到"行：在"查询工具"选项卡的"查询类型"组中，单击"更新"按钮 更新。

（3）设置查询条件和更新值：将"院系"和"当前绩点（GPA）"字段添加到查询"设计网
格"中，在"院系"字段列的"条件"行中输入"经济学院"，在"当前绩点（GPA）"字段列的"更
新到"行中，输入"［当前绩点（GPA）］＊1.05"，如图 5.38 所示。

（4）运行查询，更新数据表：单击"查询工具"选项卡的"运行"按钮 运行，运行查询，在弹

出的对话框中,单击"是"按钮;在"表"对象栏中,双击"上海籍学生信息表",查看更新数据情况,然后,关闭数据表。

(5)保存查询:单击"保存"按钮 ![保存图标],以"例 18 更新查询"保存查询。

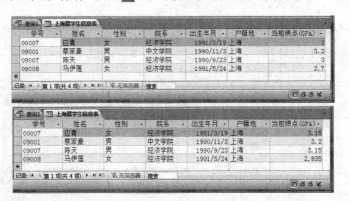

图 5.37　更新查询运行前后的数据表

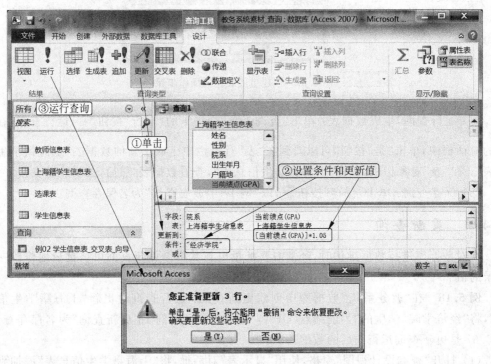

图 5.38　创建更新查询操作步骤

5.4.3　追加查询

追加查询可将一组记录从一个或多个数据源表中添加到另一个或多个目标数据表中。

例 5.19　在"教务系统"数据库中创建追加查询:运行查询时将"学生信息表"中"户籍地"为"江苏"和"浙江"的学生记录添加到"上海籍学生信息表",并将数据表更名为"江浙沪地区学生信息表",以"例 19 追加查询"为名保存查询。图 5.39 所示的是追加查询运行前后的数据情况。

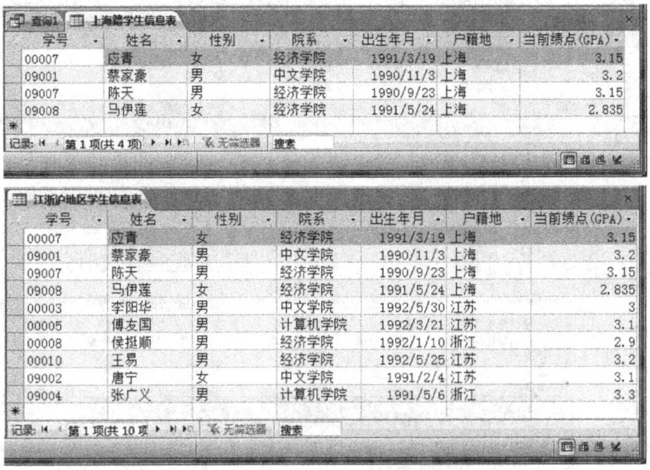

学号	姓名	性别	院系	出生年月	户籍地	当前绩点(GPA)
00007	应青	女	经济学院	1991/3/19	上海	3.15
09001	蔡家豪	男	中文学院	1990/11/3	上海	3.2
09007	陈天	男	经济学院	1990/9/23	上海	3.15
09008	马伊莲	女	经济学院	1991/5/24	上海	2.835

学号	姓名	性别	院系	出生年月	户籍地	当前绩点(GPA)
00007	应青	女	经济学院	1991/3/19	上海	3.15
09001	蔡家豪	男	中文学院	1990/11/3	上海	3.2
09007	陈天	男	经济学院	1990/9/23	上海	3.15
09008	马伊莲	女	经济学院	1991/5/24	上海	2.835
00003	李阳华	男	中文学院	1992/5/30	江苏	3
00005	傅友国	男	计算机学院	1992/3/21	江苏	3.1
00008	侯挺顺	男	经济学院	1992/1/10	浙江	2.9
00010	王易	男	经济学院	1992/5/25	江苏	3.2
09002	唐宁	女	中文学院	1991/2/4	江苏	3.1
09004	张广义	男	计算机学院	1991/5/6	浙江	3.3

图 5.39　追加查询运行前后的数据表

(1) 打开“查询设计视图”窗格，使用“显示表”对话框，将“学生信息表”添加到查询“设计视图”中。

(2) 添加字段，设置追加数据条件：将“学号”到“户籍地”6 个字段和“当前绩点(GPA)”字段添加到查询“设计网格”中，在“户籍地”字段列的“条件”行中输入“江苏 or 浙江”，如图 5.40 所示。

(3) 添加“追加到”行：单击“查询类型”组中的“追加”按钮，在弹出的对话框中，选择“上海籍学生信息表”，选中“当前数据库”选项，单击“确定”按钮，在“设计网格”中添加“追加到”行，如图 5.40 所示。

(4) 运行查询，追加数据：单击“查询工具”选项卡的“运行”按钮，运行查询，在弹出的对话框中，单击“是”按钮；在“表”对象栏中，双击“上海籍学生信息表”，查看追加数据情况，如图 5.39 所示；关闭数据表，在“表”对象栏中右击，选择“重命名”快捷菜单命令，将数据表更名为“江浙沪地区学生信息表”。

(5) 保存查询：单击“保存”按钮，以“例 19 追加查询”为名保存查询。

重要提示——追加数据源表与目标数据表：

(1) 在进行追加查询操作时，追加数据源表的结构必须与追加目标数据表的结构完全相同，否则将出现错误；

(2) 追加数据源表和追加目标数据表可以是位于同一数据库中，也可以不在同一数据库中。

5.4.4 删除查询

删除查询可以利用查询删除一组数据记录，且删除后的数据记录将无法恢复。

例 5.20　在“教务系统”数据库中，复制“江浙沪地区学生信息表”为“江浙沪优秀学生信息表”，以此数据表为数据源，创建删除查询：运行查询时删除“当前绩点(GPA)”小于“3.2”的数据记录，以“例 20 删除查询”为名保存查询。图 5.41 所示是查询运行前后的数据情况。

116

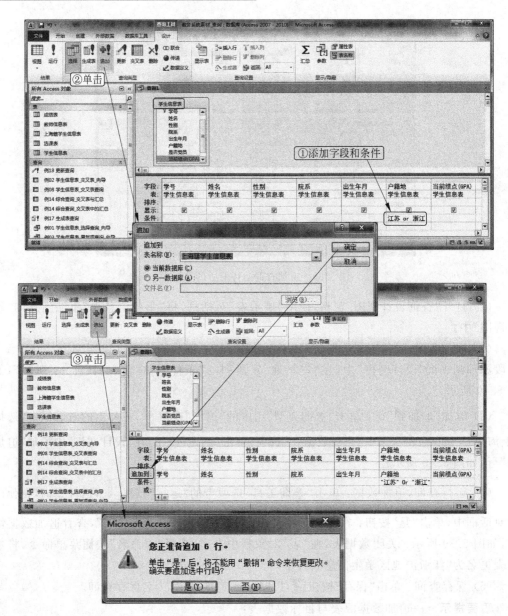

图 5.40　创建追加查询操作步骤

(1)复制数据表:在"表"对象栏中,使用"复制"、"粘贴"和"重命名"快捷菜单命令,将"江浙沪地区学生信息表"复制为"江浙沪优秀学生信息表"。

(2)添加数据表,添加字段:单击"创建"选项卡的"查询设计"按钮，打开查询"设计视图",将"江浙沪优秀学生信息表"及数据表中"当前绩点(GPA)"字段添加到查询"设计网格"中,如图 5.42 所示。

(3)添加"删除"行和删除条件:单击"查询工具"选项卡"查询类型"组中的"删除"按钮，在查询"设计网格"中添加"删除"行,在"当前绩点(GPA)"字段列的"条件"行中输入"<3.2",如图 5.42 所示。

图 5.41　删除查询运行前后的数据表

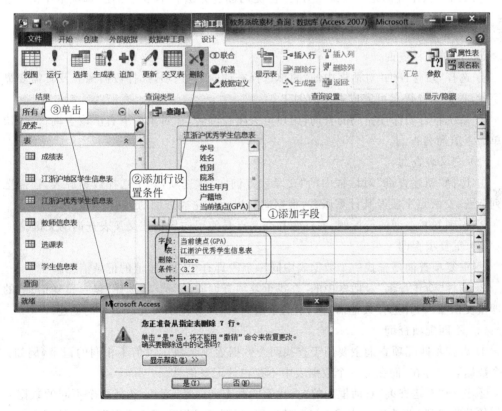

图 5.42　创建删除查询操作步骤

（4）运行查询，删除数据：单击"查询工具"选项卡的"运行"按钮 ，运行查询，在弹出的对话框中，单击"是"按钮；在"表"对象栏中，双击"江浙沪优秀学生信息表"，查看数据情况，如图 5.41 所示，然后关闭数据表。

（5）保存查询：单击"保存"按钮 ，以"例 20 删除查询"为名保存查询。

查询的创建与使用

重要提示——慎重运行删除查询:

(1) 使用删除查询删除的数据记录将无法恢复,应慎做运行删除查询的操作;

(2) 删除查询删除的数据记录可以在一个数据表内,也可以在多个数据表中,且利用创建一对多表关系时设置的"级联删除相关记录"和"实施参照完整性",可以一次删除多个数据表中相关联的所有数据记录。

本章重要知识点

1. 查询的功能

查询主要是根据给定的条件,对数据源进行检索和筛选操作,显示符合查询条件的记录内容,同时,也可以对数据进行一定的计算和统计汇总工作。

2. 利用向导创建查询

利用向导创建查询是一种最为方便、快捷的创建方法。单击"创建"选项卡中的"查询向导"按钮 ,在弹出的"新建查询"对话框中有四个选项,可以创建四种不同的查询。

(1) 简单选择查询

① 选择"新建查询"对话框中的"简单选择查询向导"选项,选择数据源表及其需要显示的字段,根据向导提示可完成查询的创建。

② 系统将自动保存完成的查询,用户可关闭查询后,在对象栏下右击该查询,使用快捷菜单命令重命名查询。

(2) 交叉表查询

① 选择"新建查询"对话框中的"交叉表查询向导"选项,除了选择数据源表,还需选择行列标题、交叉点字段及其计算函数,根据向导提示可完成查询的创建。

② 正确判断查询的行标题、列标题和交叉点是使用向导创建交叉表查询的关键。

(3) 重复项查询

① 重复项查询是查找一个数据表中同一字段具有相同字段值的记录信息。

② 选择"新建查询"对话框中的"查找重复项查询向导"选项,选择"包含重复信息"的字段即重复值字段,并选择其他需要显示的字段,根据向导提示可完成查询的创建。

(4) 不匹配项查询

① 查找不匹配项查询主要用于查找两个数据表中某些字段值不相同的记录,例如:在一个数据表中存在、而在另一个数据表中不存在的记录信息。

② 选择"新建查询"对话框中的"查找不匹配查询向导"选项,选择两个不同的数据表及它们的关联字段,并选择其他需要显示的字段,根据向导提示可完成查询的创建。

3. 创建选择查询

利用查询"设计视图"可以灵活地自定义查询条件,创建多种形式的查询,或方便地修改已经创建的查询。单击"创建"选项卡中的"查询设计"按钮 ,在弹出的"显示表"对话框中,选择数据源表添加到查询"设计视图"中,在查询"设计网格"的各行做如下设置。

(1) "字段"行:添加查询结果中需要显示或需要使用的字段;

（2）"条件"行：输入查询条件，不同字段多个"与"的条件应放在同一行、多个"或"的条件应放在不同行；

（3）"排序"行：选择排序方式，使查询结果有序地排列显示。

完成设置后运行查询，并保存查询。

4. 创建参数查询

参数查询运行时会弹出对话框，提示用户输入参数，以形成确定的查询条件，得到相应的查询结果，所以，参数查询是一种动态查询。

（1）单击"创建"选项卡中的"查询设计"按钮 ![查询设计]，在弹出的"显示表"对话框中，选择数据源表添加到查询"设计视图"中；

（2）与选择查询一样，添加需要的字段和输入查询条件；

（3）在参数字段的"条件"行，输入方括号和提示信息"[提示信息]"——这是创建参数查询的关键所在；

（4）运行查询，弹出对话框，输入参数，得到查询结果。

完成查询后，同样需要保存。

在对象栏下右击查询，选择"设计视图"快捷菜单命令，可以再次打开查询"设计视图"；双击查询能再次运行查询。

5. 创建交叉表查询

交叉表查询是数据表的另一种组织显示形式，"行标题"、"列标题"和"值"是交叉表查询的三要素，正确地判断和设置这三者是创建交叉表查询的关键。

（1）与选择查询一样，在查询"设计视图"中，添加需要的字段；

（2）单击"查询工具"的"交叉表"按钮 ![交叉表]，在查询"设计网格"中添加"交叉表"行和"总计"行；

（3）在"交叉表"行，选择设置作为"行标题"、"列标题"和"值"的字段，在"总计"行选择"值"字段的总计方式，例如："平均值"、"计数"和"合计"等。

一般来说，在交叉表查询的"设计视图"中，"值"的总计方式不能设置为 Group By，否则查询将无法正常运行。

6. 查询设计视图

（1）基本结构

查询"设计视图"窗格主要由上、下两部分组成。

① 上半部分"对象"窗格：显示数据源表及其全部字段。

② 下半部分"设计网格"：由"字段"行、"表"行、"排序"行、"显示"行、"条件"行和"或"行组成（默认状态下）。

（2）"设计网格"的变化

① 单击"查询工具"中的"交叉表"按钮 ![交叉表]，能添加"交叉表"行和"总计"行，用于创建交叉表查询。

② 单击"查询工具"中的"汇总"按钮 $\sum_{\text{汇总}}$("选择"按钮 $\boxed{\text{选择}}$ 有效时),能添加"总计"行,用于创建汇总字段查询,总计方式主要有:合计、平均值、最大值、最小值和计数等。

(3) 查询"设计视图"的常用操作

① 添加数据源表和隐藏数据源表:在"对象"窗格的空白处右击,使用快捷菜单命令。

② 选中字段列:鼠标指向字段列的顶部,指针呈黑色向下箭头 ⬇ 时单击,该字段列被选中呈黑色。

③ 移动选中的字段列:拖曳黑色的已选中列。

④ 删除选中的字段列:按 Del 键,或"剪切"快捷菜单命令。

7. 设置查询条件

在查询"设计视图"下,查询条件被放置在"条件"行和"或"行。

(1) 同一行表示"与"、不同行表示"或"。

如果查询条件包含不同字段的多个条件,而这些条件需要同时满足(即条件为"与"的关系),那么这些条件应放在同一行上,即都放在"条件"行;如果这些条件只需要满足其中之一(即条件为"或"的关系),则这些条件应放在"条件"行和"空"行等不同的行上。

(2) 查询条件中常用的关系符

大于">"、大于等于">="、等于"="、小于等于"<="和小于"<"等,也可以使用"and"、"or"和"between and"连接两个"与"和"或"的条件。

(3) 不同数据类型的字段常用的查询条件

① 数字型和日期型字段的查询条件通常为

- 某个数值范围或某一段时间,例如:">=2.9 and <=3.2"、">= #1991/1/1# and <= #1992/12/31#(也可以写成"between #1991/1/1# and #1992/12/31#)、"<2.9 or >3.2";

- 大于(或小于)某个数值或某个日期之后(或之前),例如:">=3000"、">= #1992/5/1#"。

② 文本型字段的条件可以包含通配符"*"和"?","*"代表 0 到多个任意字符,"?"代表 1 个任意字符,例如:"Like"李*""。

8. 创建计算字段

查询可以利用数据源中现有的字段并使用计算公式创建计算字段,创建方法为

(1) 在查询"设计视图"的"字段"行输入"计算字段标题:计算公式"。

(2) 例如:在"字段"行输入"教师收入:[基本工资]+[岗位津贴]",则在查询中创建了一个新的字段:字段标题为"教师收入"、其字段值为"基本工资"和"岗位津贴"字段值之和("基本工资"和"岗位津贴"为数据源表中已有字段)。

值得注意的是:

(1) 在"字段"行输入的"计算字段标题:计算公式"中,":"为西文字符。

(2) 在"计算公式"中可以使用"+"、"-"、"*"和"/"表示加法、减法、乘法和除法运算。

(3) 使用"属性表"可以设置字段属性,例如货币显示格式。

① 在查询"设计视图"下,选中一列右击,选择"属性"快捷菜单命令,打开"属性表";

② 设置该字段列的"格式"属性,例如:选择"货币"格式、"小数位数"(必须同时选择

"格式"为"标准"或"固定","小数位数"设置才能生效)和汉字年月日日期格式等。

9. 创建汇总字段

在查询中可以以某个字段为分类字段进行分类统计,字段值相同的作为一组,例如:以"院系"为分类字段,相同院系的作为一组,计算出每个院系的平均"基本工资",或计算出每个院系的"岗位津贴"之和(合计值)等。

与创建一般的选择查询相同,在查询"设计视图"下,将需要的字段添加到"字段"行后,创建汇总字段的方法如下。

(1) 添加"总计"行

单击"查询工具"选项卡的"汇总"按钮 $\sum_{汇总}$,在查询"设计网格"中添加"总计"行。

(2) 在"总计"行设置总计方式

分类字段为 Group By、其他字段按统计要求进行选择,例如:"合计"、"平均值"、"最大值"和"计数"等,例如:统计"人数"可以选择"计数"总计方式。

(3) 修改字段标题

查询的运行结果中,字段标题为:字段名之总计方式,例如:"学号之计数"、"当前绩点(GPA)之平均值",但如果需要字段标题为"人数"、"平均绩点",应在查询"设计视图"下修改"字段"行为"字段标题:字段名",例如"人数:学号"、"平均绩点:当前绩点(GPA)"等,其中,":"为西文字符。

10. 创建多表查询

如果查询的数据源包含多个有一对多表关系的数据表,即一个查询中包含多个数据表中的信息,这种查询称为多表查询。

创建多表查询必须先建立数据表之间的一对多表关系,其他操作与创建单表查询相同,表关系的创建步骤如下。

(1) 设置主键

(2) 设置一对多表关系

① 在"数据库工具"选项卡中,单击"关系"按钮 $\boxed{}_{关系}$;

② 在弹出的"显示表"对话框中,用 Ctrl+单击同时选中需要建立表关系的数据表,添加到"关系"窗格;

③ 将一个数据表的主键字段拖曳到另一个数据表的关联字段(该字段与主键字段实际上为同一字段但字段名不一定完全相同),在弹出的"编辑关系"对话框中,选中"实施参照完整性"、"级联更新相关字段"、"级联删除相关记录"三个选项,单击"创建"按钮。

值得注意的是:正确的一对多表关系,在"关系"窗格或在查询"设计视图"中,应该有"1"和"∞"标志。

11. 查询综合举例

综合查询是综合使用选择查询、参数查询、交叉表查询以及创建计算字段、汇总字段等多种查询形式创建的查询,例如:在参数查询中,添加多个查询条件;在交叉表查询中,创建汇总字段作为查询的行标题等。

习　题

1. 关于查询的功能,说法最正确的是(　　　)。

　　A. 查询可以实现对记录的筛选、汇总和计算

　　B. 查询可以实现对记录的筛选、排序、汇总和计算

　　C. 查询不能用来作为窗体和报表的数据源

　　D. 查询的数据源只能是一个数据表

2. 最常见和最基本的查询是(　　　)。

　　A. 选择查询　　　　　B. 参数查询　　　　　C. 交叉表查询　　　D. 以上均不是

3. 创建查询最常用和最灵活的方法是(　　　)。

　　A. 使用"创建"选项卡的"查询向导"按钮

　　B. 使用"创建"选项卡的"查询设计"按钮

　　C. 使用"创建"选项卡的"导航"按钮

　　D. 右击数据表,使用"设计视图"快捷菜单命令

4. 要打开查询向导,正确的操作是(　　　)

　　A. 右击数据表,选择"打开"快捷菜单命令

　　B. 双击数据表

　　C. 单击"开始"选项卡的"查询向导"按钮

　　D. 单击"创建"选项卡的"查询向导"按钮

5. 使用查询向导可以创建(　　　)查询。

　　A. 选择查询、参数查询和交叉表查询

　　B. 选择查询、计算字段和汇总字段查询

　　C. 简单选择查询、重复项查询和不匹配项查询

　　D. 简单选择查询、交叉表查询和计算字段查询

6. 关于查询的保存和重命名,说法正确的是(　　　)。

　　A. 系统不会自动保存使用查询向导创建的查询,应单击"保存"按钮 ⊟ 来保存查询

　　B. 使用查询向导或查询"设计视图"成功创建查询后,如果关闭该查询,系统都会弹
　　　出"是否保存"对话框,提示保存

　　C. 需要重命名查询时,可在对象栏下右击打开的查询,选择"重命名"快捷菜单命令

　　D. 需要重命名查询时,应先关闭查询,然后在对象栏下右击该查询,选择"重命名"
　　　快捷菜单命令

7. 使用查询向导创建重复项查询,除了在弹出的"新建查询"对话框中选择"查找重复
项查询向导"选项,还需要以下步骤(　　　)。

　　A. 选择数据源,例如某个数据表　　　　　B. 选择"包含重复信息"的字段

　　C. 选择其他需要显示的字段　　　　　　　D. A B C

8. 关于查找不匹配项查询,说法不正确的是(　　　)。

　　A. 查找不匹配项查询通常是指,查找在一个数据表中存在,而在另一个与其相关的
　　　数据表中不存在的记录

B. 创建查找不匹配项查询与创建简单选择查询一样，需要指定一个数据源表和需要显示的字段

C. 创建查找不匹配项查询需要指定两个数据源表以及两个表的匹配字段（关联字段）

D. 创建查找不匹配项查询与创建简单选择查询一样，可以选择需要显示的字段

9. 要打开查询"设计视图"，正确的操作是（　　　）

    A. 右击数据表，选择"打开"快捷菜单命令

    B. 单击"开始"选项卡的"查询设计"按钮

    C. 单击"创建"选项卡的"查询向导"按钮

    D. 右击对象栏下的某个查询，选择"设计视图"快捷菜单命令

10. 要将数据表添加到查询"设计视图"中作为查询的数据源，错误的操作是（　　　）。

    A. 单击"创建"选项卡的"查询设计"按钮，在弹出的"显示表"对话框中选定数据表，单击"添加"按钮

    B. 在查询"设计视图"的上半部分空白处右击，选择"显示表"快捷菜单命令，在弹出的"显示表"对话框中选定数据表，单击"添加"按钮

    C. 单击"查询工具"选项卡的"显示表"按钮，在弹出的"显示表"对话框中选定数据表，单击"添加"按钮

    D. 单击"查询工具"选项卡的"生成表"按钮，在弹出的对话框中完成数据表的添加

11. 要查询出生年月在 1991 年至 1992 年之间的记录（含），如果在查询"设计视图"出生年月字段的"条件"行中，输入（　　　）将得不到正确的查询结果。

    A. >=1991-1-1 And <=1992-12-31

    B. >= ♯1991-1-1 ♯ And<= ♯1992-12-31♯

    C. Between 1991 And 1992

    D. Between ♯1991/1/1♯ And ♯1992/12/31♯

12. 关于参数查询，说法正确的是（　　　）。

    A. 参数查询与其他查询不同，它其实不是一种真正意义上的查询，因为它不能得到一个固定的查询结果

    B. 参数查询是一种动态查询，它能在运行时弹出输入参数对话框，并根据用户输入的参数形成不同的查询条件，得到不同的查询结果

    C. 参数查询的主要特征是可以设置多个查询条件，而选择查询不能

    D. 在 Access 中，所有的查询都只能得到一种固定不变的查询结果

13. 要创建参数查询，可以在查询"设计视图"中参数字段的（　　　）。

    A. "条件"行中输入"［提示信息］"　　　　B. "条件"行中输入"（提示信息）"

    C. "条件"行中输入"♯提示信息♯"　　　　D. "或"行中输入""提示信息""

14. 操作（　　　）不是创建交叉表查询的关键步骤。

    A. 在查询"设计视图"中，单击查询工具栏的"交叉表"按钮，添加"总计"行和"交叉表"行

B. 在查询"设计视图"的"交叉表"行选择作为"行标题"、"列标题"和"值"的字段

C. 在查询"设计视图"的"总计"行选择"值"字段的总计方式,例如:"合计"、"计数"等

D. 在查询"设计视图"某个字段的"条件"行中输入"[提示信息]"

15. 在交叉表查询中,说法不正确的是(　　)。

A. 交叉表查询中,只能设置一个字段作为行标题

B. 交叉表查询中,只能设置一个字段作为列标题

C. 交叉表查询中,可以设置多个字段作为行标题

D. 交叉表查询中,作为"值"字段的总计方式不能为 Group By

16. 关于查询"设计视图",说法正确的是(　　)。

A. 查询"设计视图"的上半部分,主要用来显示查询数据源表的所有字段

B. 查询"设计视图"的下半部分为"设计网格",由若干行组成,包括"字段"行、"表"行、"排序"行、"显示"行、"条件"行和"或"行等

C. 单击"查询工具"选项卡的"汇总"按钮 $\sum_{汇总}$,可以在查询"设计网格"中添加"总计"行;单击"交叉表"按钮 $\boxed{}_{交叉表}$,可以添加"交叉表"行和"总计"行

D. 以上均对

17. 在查询"设计视图"中,可以使用(　　)使得查询结果按某个字段排序。

　　A. "排序"行　　　　B. "条件"行　　　　C. "总计"行　　　　D. "或"行

18. 在查询"设计视图"的"设计网格"中,要删除一个字段列,应选择(　　)操作。

A. 鼠标指向字段列的顶部,指针呈黑色向下箭头 ⬇ 时单击

B. 右击选中的字段列,选择"剪切"快捷菜单命令

C. 按键盘上的 Del 键

D. 先 A 再 B 或者 先 A 再 C

19. 要表达"计算机学院和经济学院的女生"的查询条件,应该在查询"设计视图"中(　　)。

A.

"字段"行:	姓名	性别	院系
"条件"行:		"女"	"计算机学院 And 经济学院"

B.

"字段"行:	姓名	性别	院系
"条件"行:		"女"	"计算机 or 经济学院"

C.

"字段"行:	姓名	性别	院系
"条件"行:		"女"	"计算机学院"
"或"行:			"经济学院"

D.

"字段"行:	姓名	性别	院系
"条件"行:		"女"	"计算机学院"
"或"行:		"女"	"经济学院"

20. 要查询所有上海籍"陈"姓同学的信息,并按性别升序排列和显示查询结果,查询"设计视图"应为(　　)。

<table>
<tr><td rowspan="3">A.</td><td>"字段"行：</td><td>姓名</td><td>性别</td><td>户籍地</td></tr>
<tr><td>"排序"行：</td><td></td><td>升序</td><td></td></tr>
<tr><td>"条件"行：</td><td>Like"陈 * "</td><td></td><td>"＝上海"</td></tr>
</table>

B.	"字段"行：	姓名	性别	户籍地
	"排序"行：		升序	
	"条件"行：	Like"陈"		"上海"

C.	"字段"行：	姓名	性别	户籍地
	"排序"行：		升序	
	"条件"行：	Like"陈 * "		"上海"

D.	"字段"行：	姓名	性别	户籍地
	"排序"行：		升序	
	"条件"行：	Like"陈?"		"上海"

21. 要查询所有 2000 年以前参加工作的教授和副教授信息,查询"设计视图"应为(　　)。

A.	"字段"行：	姓名	职称	参加工作年月
	"条件"行：		"教授" and "副教授"	<＝2000

B.	"字段"行：	姓名	职称	参加工作年月
	"条件"行：		"教授" or "副教授"	<＝♯2000-1-1♯

C.	"字段"行：	姓名	职称	参加工作年月
	"条件"行：		"教授"	<"2000-1-1"
	"或：行：		"副教授"	<"2000-1-1"

D.	"字段"行：	姓名	职称	参加工作年月
	"条件"行：		"教授" and "副教授"	<♯2000-1-1♯

22. 要在选择查询中创建一个"总收入"字段,其值为:基本工资＋100×工龄(假设基本工资和工龄为数据表中已有字段),则应在查询"设计视图"的"字段"行输入(　　)。

A. 总收入：［基本工资］＋100 * ［工龄］。

B. 总收入：［基本工资］＋100 * ［工龄］

C. 总收入＝［基本工资］＋100 * ［工龄］

D. 总收入：(基本工资)＋100 * (工龄)

23. 要在选择查询中创建一个"总评分"字段,将"当前绩点(GPA)"字段值换算成百分制后作为其字段值,则应在查询"设计视图"的"字段"行输入(　　)。

A. 总评分：当前绩点(GPA)÷5×100

B. 总评分：［当前绩点(GPA)］÷5×100

C. 总评分：［当前绩点(GPA)］/5 * 100

D. 总评分：(当前绩点［GPA］)/5 * 100

24. 关于包含汇总字段的查询,说法不正确的是(　　)。

A. 在查询"设计视图"中可以添加"总计"行,并使用该行设置总计方式,来实现汇总查询

B. 要创建汇总字段,必须单击查询"设计视图"的"查询工具"选项卡中"汇总"按钮 Σ 汇总 (或使该按钮有效:单击"查询工具"选项卡的"选择"按钮),以添加"总计"行

C. 汇总字段的总计方式,常用的有合计、平均值、最小值和最大值等,但汇总查询不能实现对记录个数进行计数统计

D. 汇总查询是一种包含汇总字段的选择查询

25. 要统计各院系的教师人数和岗位津贴总和,查询"设计视图"应为(　　)。

A.

"字段"行:	所属院系	工号	岗位津贴
"总计"行:	Group By	Group By	Group By

B.

"字段"行:	所属院系	工号	岗位津贴
"总计"行:	Group By	计数	Group By

C.

"字段"行:	所属院系	工号	岗位津贴总和
"总计"行:	Group By	计数	合计

D.

"字段"行:	所属院系	工号	岗位津贴总和:岗位津贴
"总计"行:	Group By	计数	合计

26. 关于汇总查询,说法不正确的是(　　)。

A. 如果某字段的"总计"行设置为 Group By,即总计方式为分组,就是按这个字段进行分组,该字段值相同的记录为一组,然后,对同一组记录的其他字段值进行求平均值、合计和计数等统计计算

B. 如果某些数值型字段的"总计"行被设置成 Group By,则很可能在查询结果中出现重复的记录,即一些应该被合并的记录没有合并

C. 汇总字段的标题是必须设置的

D. 汇总字段的标题,系统有默认的标题形式,但用户也可以根据需要进行修改

27. 要在选择查询中添加一个"平均基本工资"为标题的汇总字段,且保留两位小数,应在查询"设计视图"下使用操作(　　)。

A. 单击"查询工具"选项卡的"汇总"按钮 Σ 汇总 ,以添加"总计"行

B. 在"字段"行,选择"基本工资"字段,并修改为"平均基本工资:基本工资";选择该字段的"总计"行为"平均值"

C. 右击"平均基本工资:基本工资",选择"属性"快捷菜单命令,在"属性表"窗格中,选择"标准"格式和"2"位小数点

D. A B C

28. 关于多表查询和创建一对多表关系,说法不正确的是(　　)。

A. 要创建多表查询,只要将作为数据源的两个或多个数据表添加到查询"设计视图"中,数据表之间出现连线就建立了表关系,其他操作与单表查询相同

B. 创建表关系应在"关系"窗格中进行

C. 创建一对多表关系,至少需要设置其中一个表的主键,该表称为主表

D. 正确的一对多表关系，不管是在“关系”窗格，还是在查询“设计视图”中，都应在两表的连线上有“1”和“∞”的标志，只有连线是不正确的表关系

29. 关于创建正确的一对多表关系，说法正确的是(　　)。

A. 创建一对多表关系，可以在“关系”窗格或查询“设计视图”中进行

B. 单击“创建”选项卡中的“关系”按钮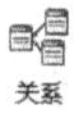

，可以打开“关系”窗格

C. 在“编辑关系”对话框中，应同时选中“实施参照完整性”、“级联更新相关字段”和“级联删除相关字段”三个选项

D. 在“编辑关系”对话框中，应根据需要选定上述一个或两个选项

30. 以性别为参数创建参数查询，统计计算机学院和经济学院的学生人数，查询“设计视图”正确的是(　　)。

A.

“字段”行：	性别	院系	学号
“条件”行：	"男" Or "女"	"计算机学院" or "经济学院"	

B.

“字段”行：	性别	院系	学号
“总计”行：	Group By	Group By	Group By
“条件”行：	{请输入性别：}	"计算机学院" or "经济学院"	

C.

“字段”行：	性别	院系	学号
“总计”行：	Group By	Group By	计数
“条件”行：	[请输入性别：]	"计算机学院" or "经济学院"	

D.

“字段”行：	性别	院系	学号
“总计”行：	Group By	Group By	计数
“条件”行：	[请输入性别：]	"计算机学院"	
“或”行：		"经济学院"	

上 机 实 验

复制和打开配套光盘中本章的实验素材“电脑销售”数据库文件，完成以下实验内容。

1. 创建查找重复项查询。

以“电脑销售”数据库中的“资料库”表为数据源，创建查询：查找相同“CPU”、“内存—GB”、“硬盘—GB”计算机的“电脑型号”、“独立显卡”和“参考价格”，查询结果如图 5.43 所示，并以“查找资料库的重复项查询”为名保存查询结果。

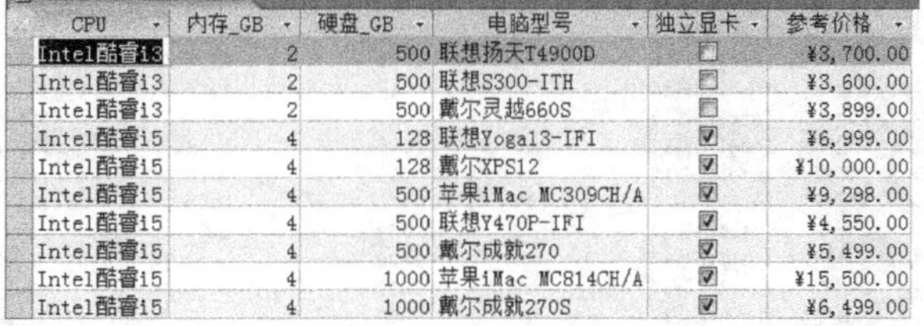

查找资料库的重复项查询

CPU	内存_GB	硬盘_GB	电脑型号	独立显卡	参考价格
Intel酷睿i3	2	500	联想扬天T4900D	☐	¥3,700.00
Intel酷睿i3	2	500	联想S300-ITH	☐	¥3,600.00
Intel酷睿i3	2	500	戴尔灵越660S	☐	¥3,899.00
Intel酷睿i5	4	128	联想Yoga13-IFI	☑	¥6,999.00
Intel酷睿i5	4	128	戴尔XPS12	☑	¥10,000.00
Intel酷睿i5	4	500	苹果iMac MC309CH/A	☑	¥9,298.00
Intel酷睿i5	4	500	联想Y470P-IFI	☑	¥4,550.00
Intel酷睿i5	4	500	戴尔成就270	☑	¥5,499.00
Intel酷睿i5	4	1000	苹果iMac MC814CH/A	☑	¥15,500.00
Intel酷睿i5	4	1000	戴尔成就270S	☑	¥6,499.00

图 5.43　查找重复项查询

提示：

（1）打开查询向导：打开"电脑销售"数据库，在"创建"选项卡的"查询"组中，利用查询向导按钮 ，在弹出的"新建查询"对话框中，选择"查找重复项查询向导"选项。

（2）选择数据表：在"查找重复项查询向导"对话框中，选择"表：资料库表"。

（3）选择"包含重复信息"的字段：选择"CPU"、"内存－GB"和"硬盘－GB"字段。

（4）选择其他要显示的字段：选择"电脑型号"、"独立显卡"和"参考价格"字段。

（5）输入查询标题：输入查询名"查找资料库的重复项查询"并保存查询。

2．创建查找不匹配查询。

以"电脑销售"数据库中的"资料库"和"进货表"表为数据源，创建查询：查找"资料库"表中存在，但在"进货表"表中没有出现的电脑信息记录，并显示其对应的"电脑型号"、"类别"、"CPU"、"内存－GB"、"硬盘－GB"、"独立显卡"、"上市日期"和"参考价格"信息，查询结果如图5.44所示，并以"资料库与进货表不匹配查询"为名保存查询结果。

图5.44　查找不匹配查询

提示：

（1）打开查询向导：在"创建"选项卡的"查询"组中，单击"查询向导"按钮 ，在弹出的"新建查询"对话框中，选择"查找不匹配查询向导"选项。

（2）选择数据表：在"查找不匹配查询向导"对话框中，选择"表：资料库"。

（3）选择相关表：选择"表：进货表"。

（4）选择两张表的匹配（相同）字段：选择"资料库"和"进货表"的"电脑型号"字段。

（5）选择其他要显示的字段：选择"电脑型号"、"类别"、"CPU"、"内存-GB"、"硬盘-GB"、"独立显卡"、"上市日期"和"参考价格"字段。

（6）输入查询标题：输入查询名"资料库与进货表不匹配查询"并保存查询。

3．利用"设计视图"创建选择查询。

以"电脑销售"数据库中的"资料库"表为数据源，创建查询：查找上市日期在"2012/9/1"以后的、且"参考价格"在9千元～1.6万元之间，或有"独立显卡"的电脑记录，并按"参考价格"从小到大升序排列，查询结果如图5.45所示，并以"资料库选择查询"为名保存查询结果。

图5.45　选择查询

提示：

（1）打开"查询设计视图"窗格：在"创建"选项卡下"查询"组中，单击"查询设计"按钮

（2）添加数据表：在弹出的"显示表"对话框中，选择"资料库"表。

（3）创建查询：添加字段、输入查询条件、设置排序如图5.46所示。

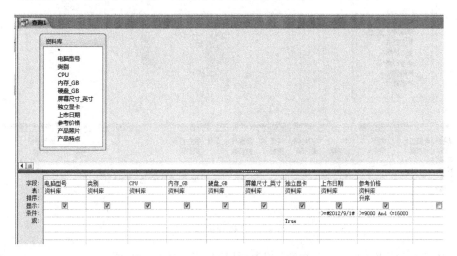

图5.46　选择查询的设计视图

（4）运行、保存查询表。

4. 利用"设计视图"创建参数查询。

（1）以"电脑销售"数据库中的"资料库"表为数据源，创建查询：以"独立显卡"为参数，查找有或无"独立显卡"的电脑记录，查询结果如图5.47所示（参数为无独立显卡），并以"资料库单参数查询"为名保存查询结果。

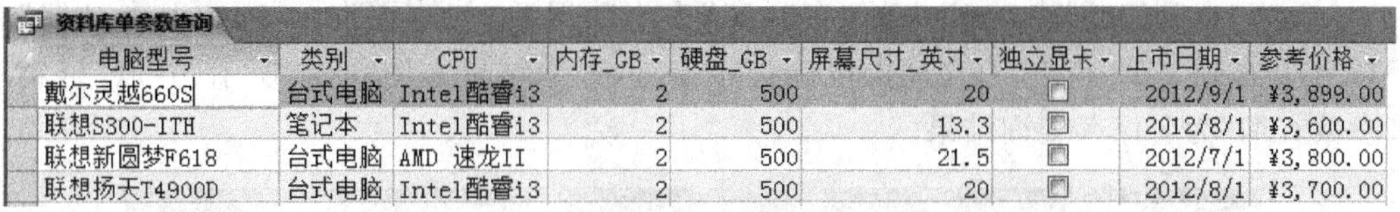

电脑型号	类别	CPU	内存_GB	硬盘_GB	屏幕尺寸_英寸	独立显卡	上市日期	参考价格
戴尔灵越660S	台式电脑	Intel酷睿i3	2	500	20	☐	2012/9/1	¥3,899.00
联想S300-ITH	笔记本	Intel酷睿i3	2	500	13.3	☐	2012/8/1	¥3,600.00
联想新圆梦F618	台式电脑	AMD 速龙II	2	500	21.5	☐	2012/7/1	¥3,800.00
联想扬天T4900D	台式电脑	Intel酷睿i3	2	500	20	☐	2012/8/1	¥3,700.00

图5.47　参数查询

提示：

① 打开"查询设计视图"窗格：在"创建"选项卡下"查询"组中，单击"查询设计"按钮。

② 添加数据表：在弹出的"显示表"对话框中，选择"资料库"。

③ 创建查询：在条件行输入查询条件，如图5.48所示。

④ 运行、保存查询表：在"查询工具"选项卡的"结果"组中，单击"运行"按钮运行查询，在弹出的对话框中，输入参数"0"，单击"确定"按钮，得到如图5.47所示的查询结果。

⑤ 保存和命名查询：单击窗口左上角的"保存"按钮，在弹出的对话框中，输入查询名称"资料库单参数查询"保存查询。

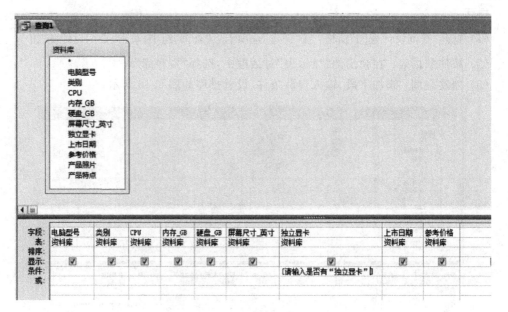

图 5.48　参数查询设计视图

⑥ 数字"-1"表示"True",数字"0"表示"False",如图 5.49 所示。

图 5.49　输入参数对话框

(2) 以"电脑销售"数据库中的"资料库"表为数据源,创建查询:查询"上市日期"在 2012 年 9 月到 2012 年 12 月之间的电脑记录信息,查询结果如图 5.50 所示,并以"资料库多参数查询"为名保存查询结果。

电脑型号	类别	CPU	内存_GB	硬盘_GB	屏幕尺寸_英寸	独立显卡	上市日期	参考价格
戴尔XPS12	笔记本	Intel酷睿i5	4	128	12.5	☑	2012/11/1	¥10,000.00
戴尔成就270S	台式电脑	Intel酷睿i5	4	1000	21.5	☑	2012/10/1	¥6,499.00
戴尔灵越660S	台式电脑	Intel酷睿i3	2	500	20	☐	2012/9/1	¥3,899.00
联想ErazerX700	台式电脑	Intel酷睿i7	16	2000	27	☑	2012/11/1	¥20,000.00
联想Y470P-IFI	笔记本	Intel酷睿i5	4	500	14	☑	2012/11/1	¥4,550.00
联想Yoga13-IFI	笔记本	Intel酷睿i5	4	128	13.3	☑	2012/10/1	¥6,999.00

图 5.50　多参数查询

提示:

① 打开"查询设计视图"窗格:参照上例,打开查询"设计视图"窗格并添加数据表。

② 创建查询:在条件行输入多参数查询条件:">=[上市日期 1] And <=[上市日期 2]"。

③ 运行查询:输入区间参数,如图 5.51 所示。

④ 保存和命名查询:输入查询名称"资料库多参数查询"保存查询。

图 5.51　输入参数对话框

5．利用"设计视图"创建交叉表查询。

以"电脑销售"数据库中的"资料库"表为数据源，创建交叉表查询：按"类别"和"CPU"统计电脑台数，查询结果如图 5.52 所示，并以"资料库交叉表查询"为名保存查询结果。

图 5.52　交叉表查询

提示：

（1）打开"查询设计视图"窗格：在"创建"选项卡下"查询"组中，单击"查询设计"按钮 。

（2）添加数据表：在弹出的"显示表"对话框中，选择"资料库"表，单击"添加"按钮，单击"关闭"按钮。

（3）创建交叉表查询：双击或拖曳字段，将所需字段添加到查询"设计网格"中；添加"交叉表"行：在"查询工具"选项卡的"查询类型"组中，单击"交叉表"按钮 ，在查询"设计网格"中，添加"交叉表"行和"总计"行设置"交叉表"行中"行标题"、"列标题"和"值"字段；设置"交叉表"行中"行标题"、"列标题"和"值"字段如图 5.53 所示。

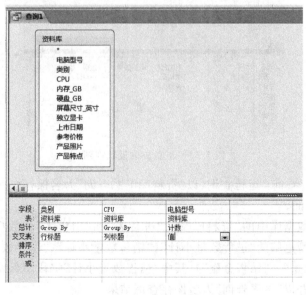

图 5.53　交叉表查询设计视图

131

第 5 章

（4）运行查询：在"查询工具"选项卡的"结果"组中，单击"运行"按钮  运行查询（切换到"查询视图"），得到如图 5.52 所示的查询结果。

（5）保存和命名查询：输入查询名称"资料库交叉表查询"保存查询。

6．创建汇总查询。

以"电脑销售"数据库中的"资料库"表为数据源，创建查询：按"类别"统计"电脑台数"和"金额"（计算每种类别电脑"参考价格"总和），查询结果如图 5.54 所示，并以"资料库汇总查询"为名保存查询结果。

图 5.54　汇总查询

提示：

（1）在查询"设计视图"创建查询：添加字段。

（2）创建汇总字段：添加"总计"行、修改字段标题：在"电脑型号"字段列的"字段"行添加标题和冒号"电脑台数："，修改该字段为"电脑台数：电脑型号"，同样，修改"参考价格"为"金额：参考价格"、设置总计方式：在"类别"字段列的"总计"行中，选择"Group By"，在"电脑台数：电脑型号"字段列的"总计"行中，选择"计数"，在"金额：参考价格"字段列的"总计"行中，选择"合计"，如图 5.55 所示。

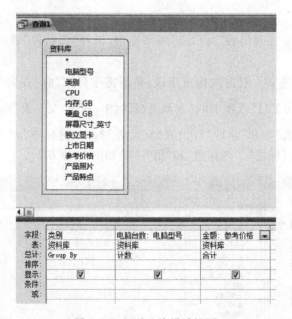

图 5.55　汇总查询设计视图

（3）运行和保存查询：运行查询，以"资料库汇总查询"为名保存查询。

7．创建多表查询。

以"电脑销售"数据库中的"资料库"表、"进货表"和"销售表"为数据源，创建查询：按"类别"统计各种类型电脑的"进货数量小计"、"销售数量小计"、"库存数量小计"和"销售金额小计"（＝"销售数量"×"销售金额"），其中"销售数量小计"字段不保留小数位数，查询结果如图 5.56 所示，并以"多表查询"为名保存查询结果。

图 5.56 多表查询

提示：

1）创建主键

分别设置"资料库"表中的"电脑型号"字段、"进货"表中的"进货编号"字段及"销售"表中的"销售编号"字段为主键。

2）创建关系

在"数据库工具"选项卡中，单击"关系"组的"关系"按钮 ，在弹出的"显示表"对话框中添加数据表。在打开的"关系"窗格中，创建三个数据表之间关系。

3）创建多表查询

在"创建"选项卡下"查询"组中，单击"查询设计"按钮，将三个数据表添加到查询"设计视图"中，设置查询条件、添加"总计"行；单击"查询工具"选项卡的"汇总"按钮 Σ汇总、设置总计方式、修改字段标题，如图 5.57 所示。

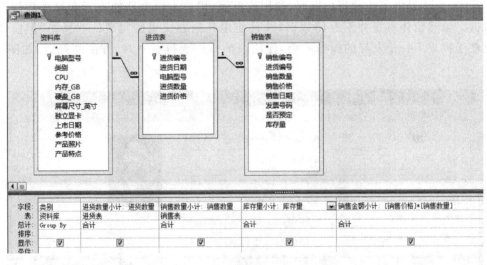

图 5.57 多表查询设计视图

4）设置小数点位数

右击"销售金额小计：[销售价格]＊[销售数量]"，选择"属性表"快捷菜单命令，在"属性表"窗格中，选择"货币"格式和"0"位小数点（注意如果只选择小数点位数而不设置"标准"格式，则可能无法显示小数点位数）。

5）运行和保存查询

运行查询，以"多表查询"为名保存查询。

第6章　　　　窗　体

窗体是一种重要的数据库对象,利用窗体,用户可以直观、方便地对数据库中的数据进行输入、显示、编辑和查询。窗体也可以将数据库中的对象组织起来,形成一个功能完整、风格统一的数据库应用系统。本章将详细介绍窗体的基本概念、窗体的各种创建方法以及如何设计和制作完美的窗体等内容。

6.1　窗体简介

6.1.1　窗体的功能

首先,窗体提供了一种用户界面,使用该界面,用户可以方便地查看和操作数据库中的数据。虽然窗体本身并不存储数据,并且使用其他方式也能实现这些操作,但窗体的特点在于提供了一个友好的操作界面,使用户的操作变得更直观、方便和舒适,如图 6.1 所示。

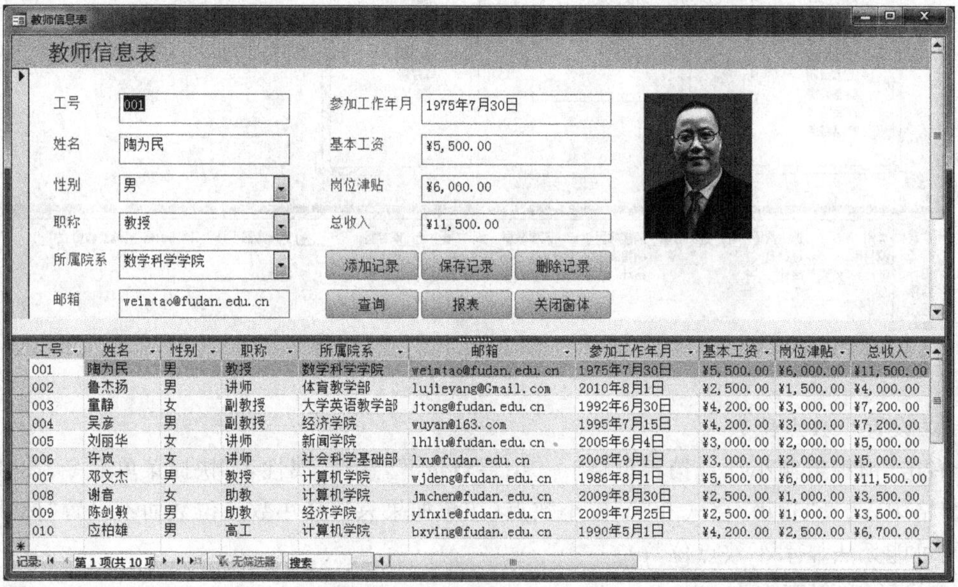

图 6.1　教师信息表窗体

使用窗体,用户可以实现对数据表或查询的一些基本操作,例如,查看数据库中的数据,添加和删除数据,编辑和修改数据,也可以在窗体中实现对数据的运算和统计等工作。

窗体还可以将数据库中的各种对象,如数据表、查询和报表等组织和集成起来,形成一个完整的数据库应用系统,例如,使用窗体制作一个数据库应用系统的导航面板,如图 6.2 所示,通过该面板,完成对数据库中数据表、窗体和报表等对象的操作。

图 6.2　数据库应用系统导航面板

　　另外,在数据库应用系统中,如果使用窗体对数据库进行操作,而不是直接对数据表或查询进行操作,可以增加数据库的安全性。

　　所以,窗体是用户操作数据库的一个界面,其主要功能特点为:

　　(1) 它提供了一个友好的操作界面,使用户能直观、方便地查看和编辑数据库中的数据,包括进行数据的添加、修改和删除等操作;

　　(2) 它能将数据库中的各种对象整合成一个数据库应用系统,通过用户在窗体界面上的操作,控制应用程序的运行流程;

　　(3) 在数据库系统中使用窗体操作能增加数据库的安全性。

6.1.2　窗体的类型

　　Access 中提供了多种类型的窗体来满足不同的需要,主要类型有以下几种。

　　(1) 纵栏式窗体:窗体界面中每次只显示数据表或查询中的一条记录,记录中各字段纵向排列,如图 6.3 所示,如果需要查看其他记录,可以使用窗体底部的“记录显示器”
进行翻页。这种窗体主要用于添加和输入数据。

　　(2) 表格式窗体:在窗体的一个画面中显示数据表或查询中的全部或多个记录,记录中各字段横向排列,可以使用滚动条查看到所有的记录。这种窗体主要用于查看和维护记录,如图 6.4 所示。

　　(3) 数据表窗体:外观与数据表或查询结果显示形式相同,如图 6.5 所示。这种窗体经常用作一个窗体的子窗体,如图 6.7 所示。

　　(4) 全屏式或弹出式窗体:打开窗体时,窗体作为一个独立的窗口显示。这种形式的窗体常见于数据库应用系统中,例如,如图 6.2 所示的导航面板。

图 6.3 纵栏式窗体

课程代码	课程名称	开课院系	学分	工号	时间	教室	课程类型
COMP11002.01	数据结构	计算机学院	3	007	周一6-7	H1304	专业课程
COMP11003.02	计算机基础	计算机学院	3	007	周四1-4	H1308	通识教育课程
ECON12001.01	经济学	经济学院	2	004	周三1-2	H3201	专业课程
ECON12002.02	营销学	经济学院	1	004	周五1-2	H3303	专业课程
ENGL11004.01	大学英语	大学英语教学部	2	003	周三6-7	H5306	通识教育课程
JOUR12006.01	传播学	新闻学院	2	005	周五6-9	H1305	专业课程
Math12001.02	线性代数	数学科学学院	3	001	周三1-2	H3201	专业课程
Math12002.01	高等数学	数学科学学院	4	001	周一1-2	H3101	专业课程
PEDU11009.01	体育	体育教学部	1	002	周二3-4	H南区体育场	通识教育课程
PTSS11005.01	思修	社会科学基础部	1	006	周二7-9	H3303	通识教育课程

图 6.4 表格式窗体

课程代码	课程名称	开课院系	学分	工号	时间	教室	课程类型
COMP11002.01	数据结构	计算机学院	3	007	周一6-7	H1304	专业课程
COMP11003.02	计算机基础	计算机学院	3	007	周四1-4	H1308	通识教育课程
ECON12001.01	经济学	经济学院	2	004	周三1-2	H3201	专业课程
ECON12002.02	营销学	经济学院	1	004	周五1-2	H3303	专业课程
ENGL11004.01	大学英语	大学英语教学	2	003	周三6-7	H5306	通识教育课程
JOUR12006.01	传播学	新闻学院	2	005	周五6-9	H1305	专业课程
Math12001.02	线性代数	数学科学学院	3	001	周三1-2	H3201	专业课程
Math12002.01	高等数学	数学科学学院	4	001	周一1-2	H3101	专业课程
PEDU11009.01	体育	体育教学部	1	002	周二3-4	H南区体育场	通识教育课程
PTSS11005.01	思修	社会科学基础	1	006	周二7-9	H3303	通识教育课程

图 6.5 数据表窗体

（5）分割式窗体：将整个窗体分割成上、下两个分区，下分区以数据表形式显示全部记录，上分区则以纵栏式显示下分区中当前选中的记录的详细信息，如图6.6所示。当单击窗体底部"记录显示器"上的按钮 记录: 第1项(共10项) 时，上分区的记录改变，而下分区的当前记录同时也发生变化。

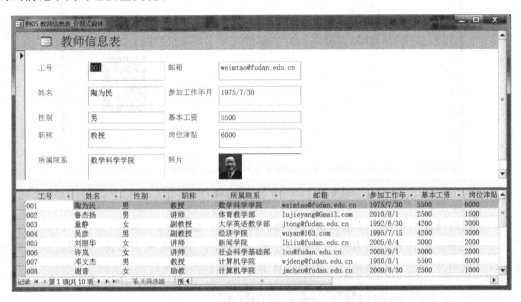

图 6.6 分割式窗体

（6）主/子窗体：如果一个窗体包含两部分，同时显示两个有关系的数据表或查询中的相关数据，这种窗体称为主/子窗体。如图6.7所示的主/子窗体中，主窗体显示某个教师的基本信息，子窗体显示该教师的开课信息。如图6.8所示的另一种形式的主/子窗体中，主窗体显示某个课程信息，子窗体显示该课程的开课教师的基本信息。

图 6.7 主/子窗体（数据表子窗体）

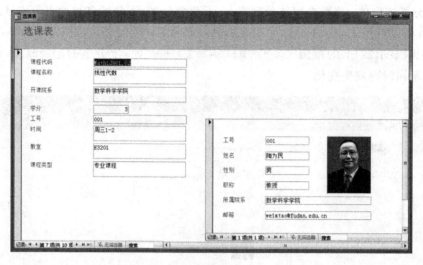

图 6.8　主/子窗体(纵栏式子窗体)

(7)数据透视表窗体:显示数据表或查询的一些汇总和分析统计信息,而且,用户可以选择不同的显示和计算汇总方式。如图 6.9 所示的两个数据透视表窗体,分别显示了按户籍地统计的各学院的学生姓名和人数以及计算机学院的单独统计情况。

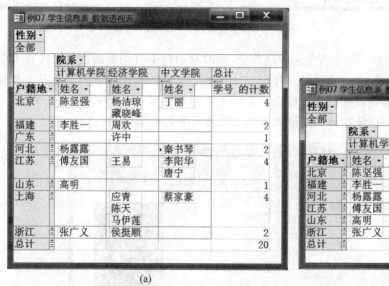

(a)　　　　　　　　　　　　　　　　　　　　(b)

图 6.9　数据透视表窗体

(8)数据透视图窗体:以图表的形式显示数据透视表的统计信息,当用户单击图表中字段边上的下拉箭头,可以选择显示不同的汇总或统计信息,例如,单击 **户籍地 ▼** 下拉箭头,选择显示北京、上海和浙江三地的学生人数统计信息,如图 6.10 所示。

Access 中提供了多种图表类型来满足不同的需要,例如,柱形图、条形图、折线图和饼图等。

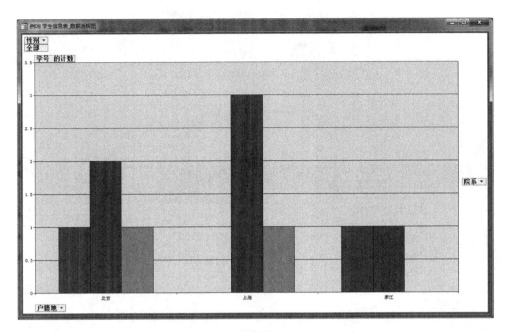

图 6.10　数据透视图窗体

6.1.3　窗体的视图

与数据表和查询一样,窗体具有多种视图形式,单击"开始"选项卡中"视图"组的"视图"按钮![icon],打开"视图"菜单,可以选择不同的视图方式,如图 6.11 所示。同一个窗体在不同的视图下,显示出不同的形式和内容,用以完成不同的操作任务,如图 6.12 显示了"教师信息表"窗体的 3 种视图形式:"窗体视图"、"布局视图"和"设计视图"。

图 6.11　视图菜单

（1）窗体视图:窗体运行时的显示形式,也是窗体的默认视图,用于显示和浏览与窗体捆绑的数据源中的数据和记录。

（2）布局视图:虽然界面几乎与窗体视图完全相同,但窗体视图只能用于显示数据,而布局视图则可以用来调整窗体的布局,例如,调整窗体上各字段的位置和字段宽度。

（3）设计视图:显示窗体的结构,主要用于窗体的设计、修改和美化,例如,在窗体上进行添加图像、按钮等操作,而在布局视图下这些操作是不能完成的。

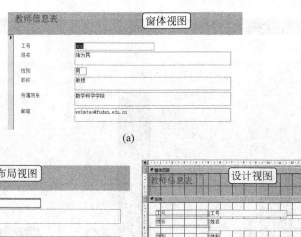

图 6.12　不同视图下的教师信息表窗体

6.2　创建窗体

6.2.1　创建窗体使用的命令或工具

Access 提供了强大而简便的创建窗体的方法。使用"创建"选项卡中"窗体"组的各个命令按钮,可以完成各种窗体的创建,而"窗体设计工具"是创建窗体中最常用的工具,如图 6.13 所示。"窗体"组各个命令按钮功能和特点如下。

图 6.13　"创建"选项卡中"窗体"组按钮

(1)"窗体"按钮 ![窗体]：为打开的当前数据表或查询自动创建一个纵栏式窗体,这种创建方法的特点是快捷和方便。

(2)"窗体设计"按钮 ![窗体设计]：创建一个空白窗体,窗体的视图形式为"设计视图",这种创建方法的特点是,用户可以直接在"设计视图"下按自己的需要自定义窗体。例如,添加数据表的各个字段,添加控件以及修改和调整这些控件的大小和位置,添加窗体页眉页脚等。

(3)"空白窗体"按钮 ![空白窗体]:创建一个空白窗体,窗体的视图形式为"布局视图",这种创建方法的特点是,用户可以直接在"布局视图"下添加数据表的各个字段,完成窗体的创建。与使用"窗体设计"按钮 ![窗体设计] 相比,这样创建窗体更容易做到布局整齐,缺点是不能添加窗体控件,例如按钮和图像等。

(4)"窗体向导"按钮 ![窗体向导]:使用系统提供的向导创建窗体,这种创建方法的特点是,第一,操作简便,只需跟着向导操作,便能完成窗体;第二,能创建各种类型的窗体,例如,纵栏式、表格式、数据表式或两端对齐式;第三,能创建多数据表窗体,将多个数据表中的数据反映在一个窗体上。

(5)"导航"按钮 ![导航▾]:主要用于创建导航窗体,导航窗体中的超链接使用户可以方便地浏览和查看其他的数据表或窗体。

(6)"其他窗体"按钮 ![其他窗体▾] 包括如下几种。

① "多个项目"按钮 ![多个项目(U)]:为已经打开的当前数据表或查询创建一个表格式的窗体,如图 6.4 所示。

② "数据表"按钮 ![数据表(A)]:为已经打开的当前数据表或查询创建一个数据表式的窗体,如图 6.5 所示。

③ "分割窗体"按钮 ![分割窗体(P)]:为已经打开的当前数据表或查询创建一个分割式窗体,如图 6.6 所示。

④ "模式对话框"按钮 ![模式对话框(M)]:创建一个带有"确定"和"取消"按钮的弹出式窗体,用户可以切换到"设计视图",进行窗体的进一步修改和设计。这种创建方法的特点与使用"窗体设计"按钮 ![窗体设计] 类似,只是创建的窗体上多了两个按钮和窗体为弹出式。

⑤ "数据透视图"按钮 ![数据透视图(C)]:创建数据透视图窗体,如图 6.10 所示。

⑥ "数据透视表"按钮 ![数据透视表(T)]:创建数据透视表窗体,如图 6.9 所示。

6.2.2 为当前数据表或查询创建窗体

Access 中提供了多种极其便捷的方法,为已经打开的当前数据表或查询创建窗体。

下面以配套光盘中本章的"教务系统素材_窗体"数据库为素材,介绍这些方法。

(1) 使用"窗体"按钮 ![窗体] 为当前数据表创建窗体。

例 6.1 复制和打开配套光盘中本章的"教务系统素材_窗体"数据库文件,为"选课表"创建一个纵栏式窗体,如图 6.14 所示。

① 打开"选课表":双击"表"对象栏中的"选课表",如图 6.15 所示。

② 创建窗体:单击"创建"选项卡中"窗体"组的"窗体"按钮 ![窗体]。

③ 查看和保存窗体:如果不在"窗体视图"下,请单击"开始"选项卡中"视图"组的"窗体视图"按钮 ![视图] 切换到"窗体视图",查看创建的窗体;单击窗口左上角的"保存"按钮 ![保存],输入窗体名称为"例01 选课表_窗体按钮",单击"确定"按钮,如图 6.15 所示。

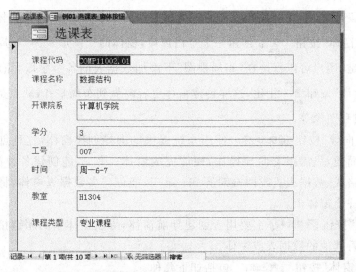

图 6.14 创建纵栏式窗体

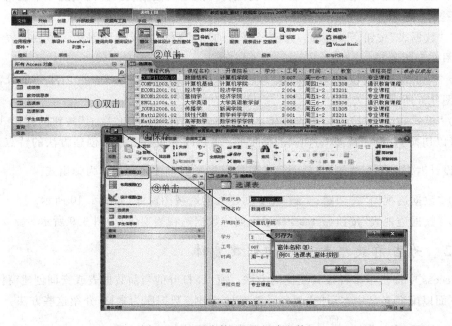

图 6.15 用"窗体"按钮创建窗体

(2) 使用"其他窗体"按钮 其他窗体▼ 下的"多个项目"按钮 多个项目(U) 创建窗体。

例 6.2 为"选课表"创建一个表格式窗体,如图 6.16 所示。

① 打开数据表:双击"表"对象栏中的"选课表"。

② 创建窗体:单击"创建"选项卡中"窗体"组的"其他窗体"按钮 其他窗体▼,选择下拉菜单中的"多个项目"按钮 多个项目(U),如图 6.17 所示。

③ 查看和保存窗体:如果不在"窗体视图"下,请单击"开始"选项卡中"视图"组的"窗体视图"按钮 视图 切换到"窗体视图",查看创建的窗体;单击窗口左上角的"保存"按钮 ,输入窗体名称为"例 02 选课表_多个项目",单击"确定"按钮。

图 6.16　创建表格式窗体

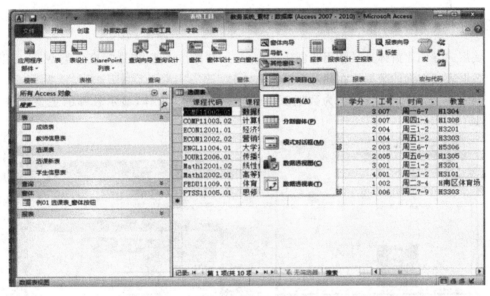

图 6.17　用"多个项目"按钮创建窗体

（3）使用"其他窗体"按钮 其他窗体 ▾ 下的"数据表"按钮 数据表(A) 创建窗体。

例 6.3　为"选课表"创建一个数据表窗体,如图 6.18 所示。

① 打开数据表:双击"表"对象栏中的"选课表"。

② 创建窗体:单击"创建"选项卡中"窗体"组的"其他窗体"按钮 其他窗体 ▾ ,选择下拉菜单中的"数据表"按钮 数据表(A) ,如图 6.17 所示。

③ 查看和保存窗体:在"窗体视图"下查看创建的窗体;单击窗口左上角的"保存"按钮 ,输入窗体名称为"例 03 选课表_数据表"。

所以,为当前数据表或查询创建窗体,一般操作步骤为:

（1）打开作为窗体数据源的数据表或查询,使其成为当前数据表或查询。

图 6.18　创建数据表窗体

（2）单击"创建"选项卡中"窗体"组的"窗体"按钮 <img>、"其他窗体"按钮 <img>其他窗体 ▾ 下的"多个项目"按钮 <img>多个项目(U) 或"数据表"按钮 <img>数据表(A)，如图 6.17 所示。

（3）在"窗体视图"下查看创建的窗体。

（4）单击"保存"按钮 <img>，在"另存为"对话框中输入窗体名称。

6.2.3　使用向导创建窗体

使用向导创建窗体是最常用的创建方法之一，它操作简便，能选择窗体类型，还可以将多个数据表或查询的数据放在同一个窗体上。

例 6.4　以"教师信息表"为数据源，创建一个纵栏式窗体，显示教师的主要信息，如图 6.19(a)所示。

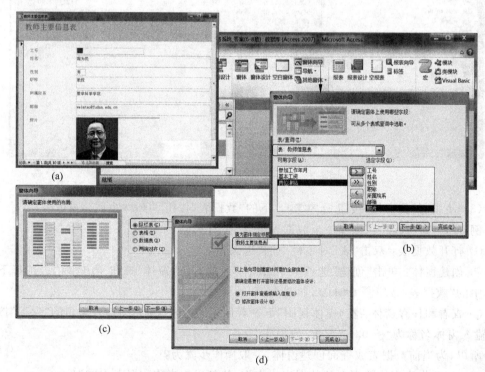

图 6.19　使用向导创建窗体

（1）单击"窗体向导"按钮 ，如图 6.13 所示。

（2）选择窗体上的字段：在打开的"窗体向导"对话框中，选择"表/查询"为"表：教师信息表"，使用 按钮选择字段，"工号"、"姓名"、"性别"、"职称"、"所属院系"、"邮箱"和"照片"，如图 6.19(b)所示，单击"下一步"按钮 。

（3）选择窗体类型或布局：选择"纵栏表"窗体布局，如图 6.19(c)所示，单击"下一步"按钮 。

（4）输入或修改窗体标题：修改窗体标题为"教师主要信息表"，如图 6.19(d)所示，单击"完成"按钮 。

（5）重命名窗体：关闭创建的窗体，在"窗体"对象栏中，右击窗体，选择"重命名"快捷菜单命令，以"例 04 教师信息表_向导"重命名窗体。

所以，使用向导创建窗体，一般操作步骤描述如下。

（1）单击"窗体向导"按钮 ，如图 6.19 所示。

（2）选择窗体上的字段：选择数据表（或查询）、选择字段，单击"下一步"按钮 。

（3）选择窗体类型：选择窗体类型，单击"下一步"按钮 。

（4）输入窗体标题：输入或修改窗体标题，单击"完成"按钮 。

重要提示——"窗体向导"对话框中：

（1）单击 按钮选择一个字段、单击 按钮选择数据表的全部字段、单击 按钮取消一个已经选择的字段、单击 按钮取消所有已经选择的字段；

（2）窗体布局决定了窗体的类型，"纵栏式"是最常用的窗体布局和类型。

6.2.4 创建分割式窗体

分割式窗体由上、下两个分区组成，如图 6.20 所示，在下分区中，数据表或查询中的全部记录以数据表形式显示出来，而在上分区中，则以纵栏式显示下分区当前选中的记录的详细信息，这样既能方便地查看所有记录的整体情况，又将单个记录的细节清晰地表达出来，所以，分割式窗体也是最为常用的一种窗体类型。

单击窗体底部"记录显示器"上的按钮 ，可以看到上、下两个分区同步发生变化，即上分区显示的记录始终是下分区中的当前记录。

例 6.5 以"教师信息表"为数据源，创建一个分割式窗体，如图 6.20 所示。

（1）打开数据表：双击"表"对象栏中的"教师信息表"。

（2）创建窗体：单击"创建"选项卡中"窗体"组的"其他窗体"按钮 ，选择下拉菜单中的"分割窗体"按钮 ，如图 6.17 所示。

（3）查看和保存窗体：如果不在"窗体视图"下，请单击"开始"选项卡中"视图"组的"窗体视图"按钮 ，切换到"窗体视图"，查看创建的窗体；单击窗口左上角的"保存"按钮 ，输入窗体名称为"例 05 教师信息表_分割式窗体"。

所以，创建分割式窗体，一般操作步骤为：

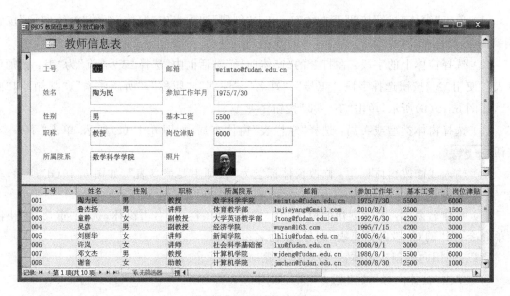

图 6.20 创建分割式窗体

（1）打开作为窗体数据源的数据表或查询，使其成为当前数据表或查询。

（2）单击"创建"选项卡中"窗体"组的"其他窗体"按钮 其他窗体 ▾ 下的"分割窗体"按钮 分割窗体(P)，如图 6.17 所示。

（3）在"窗体视图"下查看创建的窗体。

（4）单击"保存"按钮 ，在"另存为"对话框中输入窗体名称。

6.2.5 创建自定义窗体

创建窗体时，常常需要按照用户特定的要求设计窗体，包括选择窗体上显示的字段，进行合理和美观的布局，甚至在窗体上添加按钮、图像等控件，这时就需要用户自定义窗体了。

例 6.6 使用"窗体设计"按钮 窗体设计 自定义一个窗体，使窗体的布局比例 6.4 用向导创建的窗体更为合理（照片移至窗体右侧），如图 6.21 和图 6.19(a)所示。

图 6.21 窗体设计

（1）创建窗体：单击"创建"选项卡中"窗体"组的"窗体设计"按钮 ，如图 6.22 所示。

（2）打开"字段列表"窗格：在打开的"窗体设计工具"的"设计"选项卡的"工具"组中，单击"添加现有字段"按钮 ，打开窗口右侧"字段列表"窗格，如图 6.22 所示。

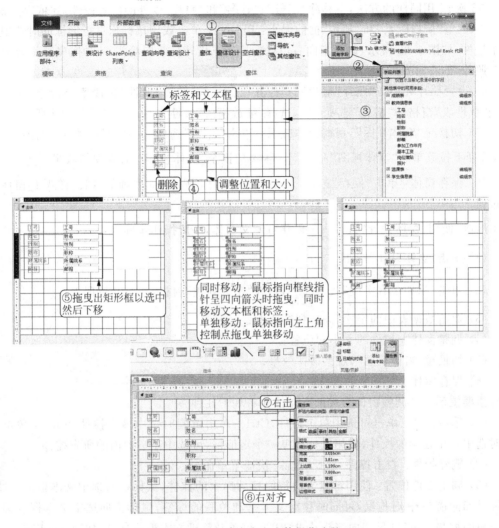

图 6.22　创建自定义窗体操作步骤

（3）选择字段：在"字段列表"窗格中，单击"教师信息表"前的"＋"以展开数据表（如果未出现数据表名称，请单击"显示所有表"字样），双击窗体上需要显示的字段，"工号"、"姓名"直到"邮箱"以及"照片"共 7 个字段，将它们添加到窗体上。请特别注意，每个字段产生两个控件：字段名称标签和文本框（照片产生绑定对象框），如图 6.22 所示。

（4）调整窗体布局分为如下几步。

① 删除"照片"字样：右击"照片"字样的标签，选择"删除"快捷菜单命令。

② 调整"照片"控件位置：选中"照片"框，鼠标指向框线指针呈四向箭头 ✛ 时，拖曳至窗体右侧。

③ 调整"照片"控件大小：选中"照片"框，鼠标指向框四周的控制点指针呈双向箭头时拖曳至适合大小。

④ 调整各控件垂直方向的间距：用 Ctrl＋单击或用鼠标在窗体上拖曳出一个矩形框，同时选中除"工号"和"照片"以外的所有控件，如图 6.22 所示，按键盘方向键下移选中的控件（按 3 次）；用同样的方法，下移除"工号"、"姓名"和"照片"以外的所有控件，并依次类推。

⑤ 调整"所属院系"和"邮箱"框的大小：用 Ctrl＋单击或用鼠标拖曳矩形框同时选中这两个控件，如图 6.22 所示，鼠标指向右边框的控制点指针呈双向箭头 ↔ 时拖曳至适合大小（与"照片"框右对齐）。

⑥ 设置照片大小与"照片"框相同：右击"照片"框，选择"属性"快捷菜单命令，在窗口右侧"属性表"窗格的"格式"选项卡中，选择"缩放模式"属性为"拉伸"，如图 6.22 所示。

（5）切换至"窗体视图"，观察窗体效果：单击"开始"选项卡中"视图"组的"视图"按钮，选择下拉菜单的"窗体视图"命令 切换至"窗体视图"，查看窗体效果。

（6）保存窗体：单击"保存"按钮，输入窗体名称为"例 06 教师信息表_样式 1_窗体设计按钮"。

所以，使用"窗体设计"按钮 创建自定义窗体，一般操作步骤为：

（1）单击"窗体设计"按钮 ；

（2）单击"添加现有字段"按钮 ，打开"字段列表"窗格，并展开数据表；

（3）双击数据表中的字段，添加到窗体上；

（4）调整窗体上控件的大小和位置；

（5）切换至"窗体视图"，观察窗体效果；

（6）保存窗体。

重要提示——调整窗体布局的常用操作有如下几种。

（1）选择控件：单击可选中单个控件，Ctrl＋单击可同时选中多个控件，Shift＋单击可同时选中多个连续的控件，使用鼠标拖曳一个矩形框，可选中矩形框内的所有控件。

（2）删除控件：右击控件，选择"删除"快捷菜单命令。

（3）调整控件位置：使用键盘方向键能移动选中的控件，鼠标指向选中文本框的框线，指针呈四向箭头 ✛ 时拖曳，可同时移动文本框和关联的标签，鼠标指向选中文本框或标签左上角的控制点，指针呈四向箭头 ✛ 时拖曳，可单独移动文本框或标签，如图 6.22 所示。

（4）调整控件大小：鼠标指向选中控件的黄色框线上的控制点，指针呈 ↔、↕或 ↗ 时拖曳，可改变控件大小。

为熟悉以上操作，请参照例 6.6，再创建一个窗体，修改成另一种样式的窗体布局，如图 6.23 所示，保存窗体为"例 06 教师信息表_样式 2_窗体设计按钮"，或在"窗体"对象栏中，复制刚刚创建的窗体"例 06 教师信息表_样式 1_窗体设计按钮"，重命名为"例 06 教师信息表_样式 2_窗体设计按钮"，然后，打开并进行修改。

重要提示——"窗体设计工具"上两个最常用、最重要的按钮为"属性表"按钮 和"现有字段列表"按钮 ，如图 6.22 所示。

图 6.23 创建不同样式的自定义窗体

6.2.6 创建数据透视表窗体

数据透视表窗体能显示数据表或查询的一些汇总统计信息，且能根据需要选择不同的显示方式和汇总计算方式。

例 6.7 以"学生信息表"为数据源，按"院系"和"户籍地"显示学生姓名和统计学生人数，如图 6.24 所示。

（1）打开数据表：双击"表"对象栏中的"学生信息表"。

（2）创建窗体：单击"创建"选项卡中"窗体"组的"其他窗体"按钮 其他窗体▾，选择下拉菜单中的"数据透视表"按钮 数据透视表(T)，创建一个空白的数据透视表窗体，如图 6.25 所示。

（3）打开"数据透视表字段列表"窗格：在窗体上单击，显示"数据透视表字段列表"窗格，其中包含了"学生信息表"中的所有字段。

（4）添加字段，包括行字段、列字段、筛选字段、汇总和明细字段：将"数据透视表字段列表"窗格中的各个字段拖曳到相应的位置。

图 6.24 创建数据透视窗体

① "户籍地"为行字段，拖曳至窗体左侧（提示区域）。

② "院系"为列字段，拖曳至窗体左上角（提示区域）。

③ "姓名"为明细字段，拖曳至窗体中部（提示区域）。

④ "性别"为筛选字段，拖曳至窗体左上角（提示区域）。

⑤ "学号"为汇总字段，拖曳至透视表右侧"无汇总信息"栏中，如图 6.25 所示。

（5）保存窗体：以"例 07 学生信息表_数据透视表"为名保存窗体。

所以，创建数据透视表窗体，一般操作步骤为：

（1）打开数据表；

（2）单击"创建"选项卡中"窗体"组的"其他窗体"按钮 其他窗体▾，选择下拉菜单中的"数据透视表"按钮 数据透视表(T)，创建一个空白的数据透视表窗体，如图 6.25 所示；

（3）在窗体上单击，显示"数据透视表字段列表"窗格，或在窗体上右击，选择"字段列

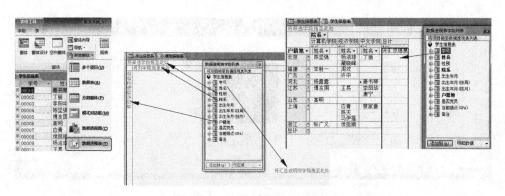

图 6.25　创建数据透视表窗体操作步骤

表"快捷菜单命令；

（4）将"数据透视表字段列表"窗格中的各个字段拖曳至各提示区域，作为行、列、筛选、汇总和明细等字段；

（5）保存窗体。

重要提示——数据透视表窗体的修改和不同的显示形式描述如下。

（1）删除字段：在需要删除的字段上右击，选择"删除"快捷菜单命令，如图 6.26 所示。

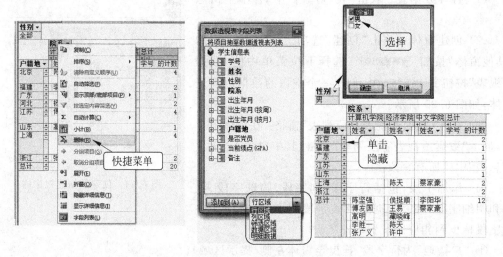

图 6.26　数据透视表窗体的修改和显示

（2）移动字段以修改窗体结构：鼠标指向要移动的字段，指针呈四向箭头 ✛ 时拖曳。

（3）添加字段：拖曳"数据透视表字段列表"窗格中的字段至需要处，如果"数据透视表字段列表"窗格未显示，可以在窗体空白处右击，选择"字段列表"快捷菜单命令；也可以直接使用"数据透视表字段列表"窗格中的"添加到"按钮 添加到(A) ，如图 6.26 所示，将上面选中的字段添加到相应的区域。

（4）显示和隐藏明细数据：单击字段边的"－"和"＋"符号，可以隐藏或显示明细数据，单击字段边的下拉箭头，在弹出的下拉列表中可以选择需要显示的内容，例如，图 6.26 中显示了"上海"籍男生名单、各院系男生人数统计和所有男生名单，隐藏了其他地区男生名单、女生人数统计和女生名单。

6.2.7 创建数据透视图窗体

数据透视图窗体以图表的形式显示数据表的汇总统计信息,使数据的显示更形象、清晰和易于比较。

例 6.8 以"学生信息表"为数据源,按"院系"和"户籍地"统计和显示学生人数,如图 6.27 所示,是"北京"、"上海"和"浙江"三地的情况。

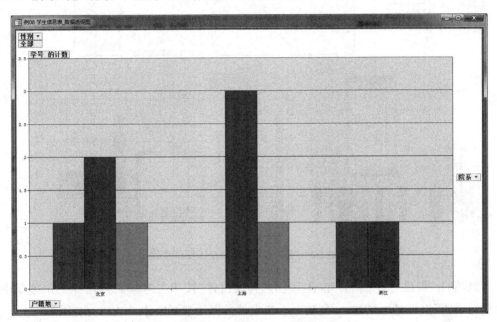

图 6.27 创建数据透视图窗体

(1) 打开数据表:双击"表"对象栏中的"学生信息表"。

(2) 创建窗体:单击"创建"选项卡中"窗体"组的"其他窗体"按钮 ，选择下拉菜单中的"数据透视图"按钮 ，创建一个空白的数据透视图窗体,如图 6.28 所示。

(3) 打开"图表字段列表"窗格:在窗体上单击,显示"图表字段列表"窗格,其中包含了"学生信息表"中的所有字段。

(4) 添加字段,包括分类字段、系列字段、数据字段和筛选字段:将"图表字段列表"窗格中的各个字段拖曳到相应的位置,如图 6.28 所示。

① "户籍地"为分类字段,拖曳至窗体底部(提示区域)。

② "院系"为系列字段,拖曳至窗体右侧(提示区域)。

③ "学号"为数据字段,拖曳至左上角(提示区域)。

④ "性别"为筛选字段,拖曳至左上角(提示区域)。

(5) 修改显示方式:单击"户籍地"字段边的下拉箭头,选中"北京"、"上海"和"浙江"。

(6) 保存窗体:以"例 08 学生信息表_数据透视图"为名保存窗体。

所以,创建数据透视图窗体,一般操作步骤为:

(1) 打开数据表;

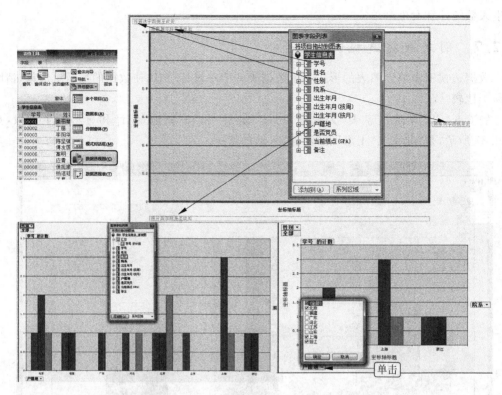

图 6.28　创建数据透视图窗体操作步骤

（2）单击"创建"选项卡中"窗体"组的"其他窗体"按钮 ，选择下拉菜单中的"数据透视图"按钮 ，创建一个空白的数据透视图窗体，如图 6.28 所示；

（3）在窗体上单击，显示"图表字段列表"窗格，或在窗体上右击，选择"字段列表"快捷菜单命令；

（4）将"图表字段列表"窗格中的各个字段拖曳至各区域，作为分类、系列、数据和筛选等字段；

（5）保存窗体。

重要提示——修改图表类型和显示方式描述如下。

（1）修改图表类型：在图表上右击，选择"更改图表类型"快捷菜单命令，打开"属性"对话框，选择需要的图表类型，例如，"三维柱形图"，如图 6.29 所示。

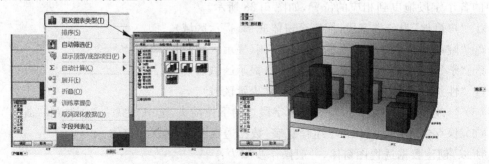

图 6.29　数据透视图窗体的图表类型和显示

（2）选择显示方式：单击字段边的下拉箭头，在弹出的下拉列表中可以选择需要显示的内容，例如，单击"户籍地"字段边的下拉箭头，选中需要显示的选项或"（全部）"，如图 6.29 所示。

6.2.8 创建主/子窗体

如果一个窗体中包含了另一个窗体，如图 6.30 所示，这种窗体称为主/子窗体，窗体中的窗体称为子窗体，包含子窗体的窗体称为主窗体，子窗体是主窗体的一个部分，就像主窗体中的一个普通字段一样。这种窗体形式，通常用于显示具有一对多关系的多个数据表或查询中的数据。

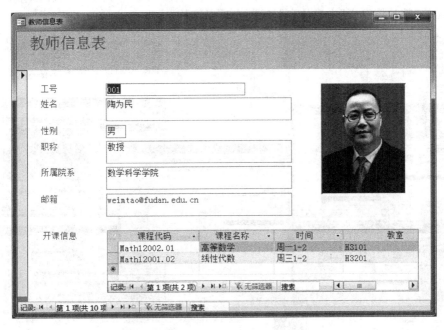

图 6.30　创建主/子窗体

主/子窗体一般以一个数据表或查询中的数据作为主窗体的显示内容，而将另一个具有一对多关系的数据表或查询中的相关内容显示在子窗体中，形成主/子窗体形式。例如，如图 6.30 所示，将"选课表"中的部分信息，作为"教师信息表"主窗体中的"开课信息"，以子窗体的形式显示。

值得注意的是，创建主/子窗体，一般要先建立好两个数据表之间的关系。

1. 用向导创建主/子窗体

例 6.9 以"教师信息表"和"选课表"为数据源，显示教师的主要信息和开课信息，如图 6.30 所示。

（1）建立表关系：单击"数据库工具"选项卡中"关系"组的"关系"按钮，按图 6.31 所示，建立"教师信息表"和"选课表"的主键和表关系（另两个表关系可暂时不建立）。

（2）打开"窗体向导"对话框：单击"创建"选项卡中"窗体"组的"窗体向导"按钮。

（3）为主、子窗体选择数据表和字段：如图 6.31 所示，在"窗体向导"对话框中，选择"表/查询"为"表：教师信息表"，选择该表字段"工号"、"姓名"、"性别"、"职称"、"所属院系"、"邮箱"和"照片"；再次选择"表/查询"为"表：选课表"，选择该表字段"课程代码"、"课程名称"、"时间"和"教室"，单击"下一步"按钮 下一步(N) >。

（4）选择数据排列方式：选择查看数据方式为"通过 教师信息表"，选中"带有子窗体的窗体"选项按钮，单击"下一步"按钮 下一步(N) >。

（5）选择窗体布局：选择子窗体布局为"数据表"，单击"下一步"按钮 下一步(N) >。

（6）输入或指定窗体标题：默认主窗体标题为"教师信息表"、输入子窗体标题为"开课信息"，单击"完成"按钮 完成(F) ，得到如图 6.31 所示的主/子窗体，在"窗体"对象栏中可以看到创建的"教师信息表"主窗体和"开课信息"子窗体。

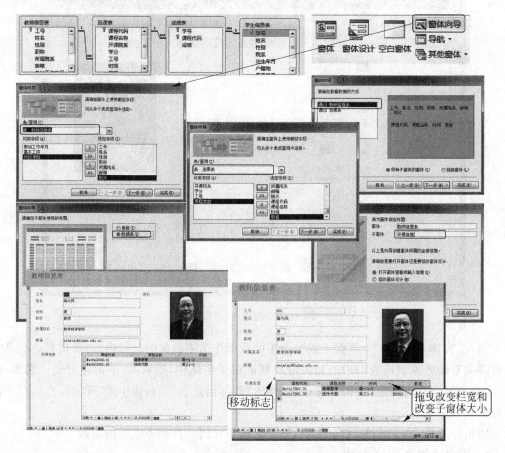

图 6.31　用向导创建主/子窗体操作步骤

（7）修改窗体有如下几步。

① 切换到窗体的"布局视图"：单击"开始"选项卡中"视图"组的"视图"按钮 视图 ，选择下拉菜单的"布局视图"命令 布局视图(Y) 。

② 调整"照片"：右击"照片"文字标签，选择"删除"快捷菜单命令，删除"照片"字样；选中"照片"框，在"属性表"窗格的"格式"选项卡中，设置"缩放模式"属性为"拉伸"。

③ 调整"开课信息"标签位置：选中"开课信息"，使用键盘方向键使其与上面的其他标签左对齐。

④ 调整子窗体：选中子窗体，鼠标指向左上角移动标志 ⊞ 时拖曳，移动到与上面其他文本框左对齐，如图 6.31 所示；鼠标指向子窗体右框线和下框线指针呈双向箭头 ↕ 和 ↔ 时拖曳，改变子窗体宽度和高度；鼠标指向第一行字段标题之间的分割线，指针呈双向箭头 ↔ 时拖曳，缩小栏宽，最终达到与图 6.30 基本一致的布局效果。

⑤ 切换到"窗体视图"下进行预览，关闭窗体，按默认名称保存主、子窗体。

(8) 重命名主、子窗体：在"窗体"对象栏中，右击"教师信息表"窗体，选择"重命名"快捷菜单命令，以"例 09 教师信息表_选课表_子窗体_向导"重命名主窗体，同样，以"例 09(0) 开课信息_配套子窗体"重命名子窗体。

所以，使用向导创建主/子窗体，一般操作步骤为：

(1) 建立表关系；

(2) 单击"窗体向导"按钮 🖫 窗体向导 ，打开"窗体向导"对话框；

(3) 为主、子窗体选择数据表和字段，应分两次选择不同的数据表；

(4) 选择数据排列方式，一般为默认选择；

(5) 选择窗体布局，一般为默认选择；

(6) 输入或指定窗体标题；

(7) 切换到"布局视图"进行必要的窗体布局修改；

(8) 预览满意后，关闭窗体，按默认名称保存窗体；

(9) 在"窗体"对象栏中，重命名创建好的主窗体和子窗体，使主、子窗体具有配套的名称，以防子窗体被误删。

重要提示——"布局视图"下窗体的修改描述如下。

由于在"布局视图"下，窗体直接显示数据内容，而不像"设计视图"只是显示窗体的结构，所以，使用"布局视图"修改窗体，比使用"设计视图"更为直观和方便。调整窗体布局的一些常用操作，基本上与"设计视图"下相同，例如如下几种操作。

(1) 选择控件：单击、Ctrl＋单击、Shift＋单击，都是选中一个或多个控件的方法。

(2) 删除控件：右击控件，选择"删除"快捷菜单命令。

(3) 调整控件位置：选中控件后，使用键盘方向键能精确地调整控件位置，且选中的控件能单独移动，不像"设计视图"下标签会随关联文本框一起移动。

(4) 调整控件大小：拖曳选中控件的黄色框线即可缩放控件大小。

2. 用鼠标拖曳创建主/子窗体

在主/子窗体结构中，一般主窗体只能显示为纵栏式窗体，而子窗体可以是数据表式的窗体，也可以是表格式或纵栏式等其他形式的窗体。

使用向导创建的主/子窗体，子窗体都为数据表式窗体，如例 6.9 所示，如果要创建纵栏式的子窗体，如例 6.10 所示，可以使用鼠标拖曳或使用子窗体控件的方法创建。

例 6.10 以"选课表"和"教师信息表"为数据源，显示课程信息和开课教师信息，如图 6.32 所示。

(1) 建立表关系：如果还未建立数据表的一对多关系，请按图 6.31 所示，设置主键和创建表关系。

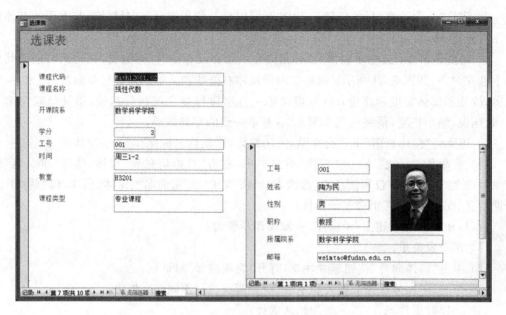

图 6.32　创建纵栏式主/子窗体

　　(2) 创建主窗体:可以使用多种方法建立主窗体,例如,单击"窗体向导"按钮 <kbd>窗体向导</kbd>,如图 6.31 所示,选择"表/查询"为"表:选课表",选择该表所有字段,单击"下一步"按钮 <kbd>下一步(N) ></kbd>,选择"纵栏表"窗体布局,单击"下一步"按钮 <kbd>下一步(N) ></kbd>,以"选课表"为窗体标题,完成主窗体创建。

　　(3) 调整和修改主窗体:为使整个窗体布局均衡,将主窗体上的内容调整至窗体左侧,单击"布局视图"按钮 <kbd>窗体设计</kbd>,切换到"布局视图",用 Ctrl+单击同时选中较宽的字段"课程名称"、"开课院系"、"时间"、"教室"和"课程类型",鼠标指向它们的右框线指针呈双向箭头↔时向左拖曳,缩小宽度,使其与"课程代码"字段同宽,如图 6.33 所示。

　　(4) 准备子窗体:利用例 6.6 创建的窗体"例 06 教师信息表_样式 1_窗体设计按钮"作为子窗体,或使用"窗体设计"按钮 <kbd>窗体设计</kbd>,按图 6.32 所示的子窗体进行创建。

　　(5) 拖曳子窗体到主窗体中:在主窗体的"布局视图"下,将准备好的子窗体从"窗体"对象栏中拖曳到主窗体中,如图 6.33 所示。

　　(6) 调整子窗体和整个窗体布局:选中子窗体,拖曳右框线缩小子窗体宽度,使用键盘方向键或鼠标指向子窗体移动标志 ⊞ 时拖曳,移动子窗体到右下部,得到如图 6.32 所示的布局效果。

　　(7) 链接或关联主、子窗体:此时两个窗体中的数据各自独立并无关联(用"记录显示器"翻看窗体中的记录,会发现主、子窗体显示的记录不同步,例如"工号"会不相同),这时右击窗体空白处,选择"属性"快捷菜单命令,在"属性表"窗格的下拉列表中,选中"例 06 教师信息表_样式 1_窗体设计按钮",如图 6.33 所示,在"数据"选项卡的"链接主字段"属性栏中单击放入插入点,单击右边的 <kbd>...</kbd> 按钮,在"子窗体字段链接器"对话框中,选择"工号"为"主字段"和"子字段"。

　　(8) 查看和保存窗体:切换到"窗体视图",使用主窗体底部"记录显示器"

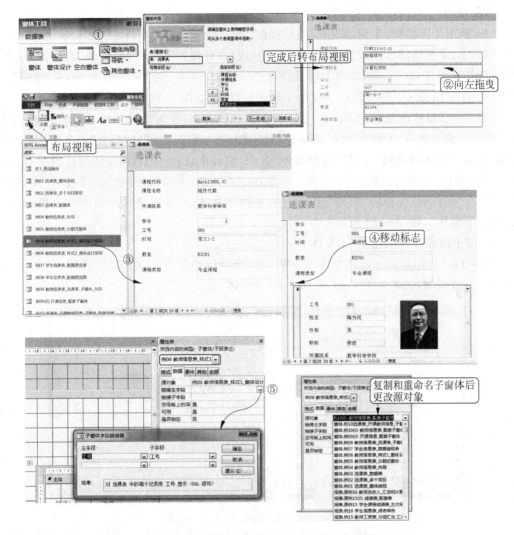

图 6.33　用鼠标拖曳创建主/子窗体操作步骤

查看主、子窗体中的记录保持同步的变化(主、子窗体中"工号"字段应保持相同),如图 6.32 所示,关闭窗体并按默认名称保存窗体,然后,在"窗体"对象栏中,将默认保存的"选课表"窗体重命名为"例 10 选课表_开课教师信息_子窗体_拖曳创建"。

所以,用鼠标创建主/子窗体的一般操作步骤为:

(1) 建立表关系;

(2) 创建主窗体并调整好窗体布局;

(3) 准备子窗体,可以利用已有的窗体或新建一个窗体并保存好;

(4) 切换到主窗体的"布局视图"下,从"窗体"对象栏中拖曳子窗体到主窗体中;

(5) 调整子窗体大小和位置,合理布局整个窗体;

(6) 在"布局视图"或"设计视图"下设置主、子窗体的链接,如图 6.33 所示;

(7) 切换到"窗体视图"查看窗体效果,并保存窗体。

重要提示——主/子窗体注意以下要点。

（1）拖曳子窗体时，主窗体应在"布局视图"下。

（2）主、子窗体的链接设置：在"布局视图"或"设计视图"下，在"属性表"窗格的下拉列表中，选择子窗体，在"数据"选项卡的"链接主字段"和"链接子字段"属性栏中，单击右边的 ┅ 按钮，在弹出的对话框中选择对应的字段进行设置，如图 6.33 所示。

（3）主/子窗体的配套保存：主/子窗体创建和保存后，子窗体是单独保存的，如果将单独保存的子窗体删除，会破坏建立好的主/子窗体链接，所以，建议以"配套"的名称重命名子窗体，以防子窗体被误删。例如，复制窗体"例 06 教师信息表_样式 1_窗体设计按钮"，重命名为"例 10(0) 教师信息表_配套子窗体"，并在主窗体的"布局视图"或"设计视图"中，选中子窗体，在"属性表"窗格的"数据"选项卡中，更改子窗体的"源对象"为"例 10(0) 教师信息表_配套子窗体"，如图 6.33 所示。

3. 用子窗体控件创建主/子窗体

例 6.11　使用添加子窗体控件的方法，以"学生信息表"、"成绩表"、"选课表"和"教师信息表"为数据源，创建如图 6.34 所示的主/子窗体。

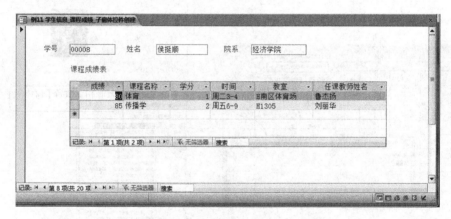

图 6.34　子窗体控件形成的主/子窗体

（1）建立表关系和创建子窗体：如果还未建立 4 个数据表的关系，请按图 6.31 所示，建立表关系；使用"窗体向导"，选择"成绩表"的"学号"和"成绩"字段，选择"选课表"的"课程名称"、"学分"、"时间"和"教室"字段，选择"教师信息表"的"姓名"字段，创建"数据表"布局的"课程成绩表"窗体，如图 6.35 所示。

（2）创建主窗体：使用"窗体设计"按钮 ，在"窗体设计工具"中，单击"添加现有字段"按钮 ，打开"字段列表"窗格，展开"学生信息表"，双击"学号"、"姓名"和"院系"3 个字段，将它们添加到窗体上，并按图 6.35 所示排列好。

（4）在主窗体的"设计视图"下，添加子窗体控件：切换到主窗体的"设计视图"，在"窗体设计工具"的"设计"选项卡的"控件"组中，单击"使用控件向导"按钮 ，使该按钮有效，单击"子窗体/子报表"控件 ，在主窗体中拖曳出一个大矩形框，如图 6.35 所示，在弹出的"子窗体向导"对话框中，选中"使用现有的窗体"选项按钮，选择上述创建的子窗体"课程成绩表"窗体，单击"下一步"按钮 下一步(N) ；选择主、子窗体的链接字段"从列表中选择"选项

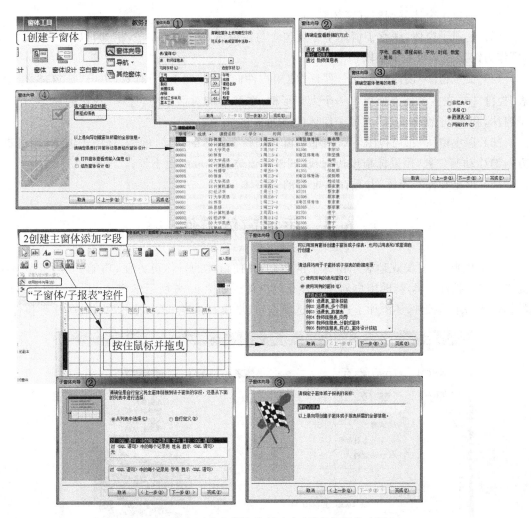

图 6.35　用子窗体控件创建主/子窗体操作步骤

按钮,单击"下一步"按钮 [下一步(N) >];输入子窗体标题为"课程成绩表",单击"完成"按钮 [完成(E)],然后切换到"布局视图"。

（5）在主窗体的"布局视图"下,调整控件和窗体布局:鼠标指向子窗体中的字段标题"学号"指针呈向下箭头↓时单击,选中该列,选择"删除"快捷菜单命令,删除"学号"列;调整各列宽度到适合的大小;调整"课程成绩表"文字标签和子窗体位置、大小;达到与图 6.34 基本一致的效果。

（6）保存和查看窗体:切换到"设计视图",以"例 11 学生信息_课程成绩_子窗体控件创建"为名保存主窗体;在子窗体中,使用滚动条,显示最底部的"姓名"标签,将其改为"任课教师姓名";切换到"窗体视图",使用窗口底部"记录显示器" 记录: ◄ 第 1 项(共 10 项) ► ►► 查看各条记录,如图 6.34 所示;关闭窗体,保存修改,将"课程成绩表"窗体以"例 11(0)课程成绩_配套子窗体"重命名。

所以,用"子窗体/子报表"控件创建主/子窗体的一般操作步骤为:

（1）建立表关系;

（2）创建主窗体并调整好窗体布局；

（3）创建子窗体，注意子窗体中必须包含与主窗体有链接的字段，例如，以"学号"或"工号"作为链接主字段和子字段；

（4）在主窗体"设计视图"下，保证"使用控件向导"按钮 为有效，单击"子窗体/子报表"控件 ，在主窗体上拖曳出一个大矩形框，在弹出的对话框中，选择"现有的窗体"作为子窗体，利用"子窗体向导"完成子窗体的添加；

（5）在主窗体"布局视图"下，调整子窗体和整个窗体的布局，例如，选中子窗体，用键盘方向键移动其位置，用鼠标拖曳边框线，调整子窗体或字段的大小等；

（6）预览和保存窗体，并重命名配套的子窗体。

6.3 添加窗体控件

为了更形象、更美观地表示窗体上的数据，并使窗体的操作更方便、功能更强大，Access提供了多种控件工具，帮助用户创建个性化的窗体。如图 6.36 所示的窗体，不仅使用了普通的标签和文本框控件，还添加了选项组、选项按钮、复选框、组合框、列表框和按钮等多种控件。

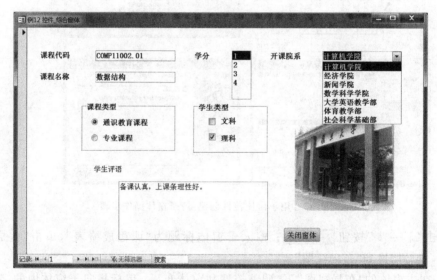

图 6.36　多种控件组成的窗体

6.3.1　添加窗体控件使用的命令或工具

我们可以在"设计视图"下，使用"窗体设计工具"的"设计"选项卡"控件"组中的各个命令按钮，为窗体添加各种控件，如图 6.37 所示。

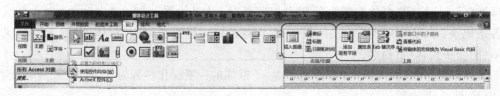

图 6.37　"窗体设计工具"及其重要按钮

表 6.1 列出了常用的控件名称及其作用。

表 6.1 常用的控件名称和作用

控 件 名 称	作 用
选择 ▸	选定控件、窗体和节等对象
文本框 ab	显示、编辑数据,特别是可以接受用户的输入和对数据的修改
标签 Aa	显示文本信息,常用于标题和字段名称的显示
按钮 xxxx	通过定义按钮的功能,完成窗体的各种操作,例如,添加记录、删除记录等
选项卡控件 ▢	使一个窗体产生多个选项卡以"多页"显示更多内容
超链接 ●	创建指向网页、图片、电子邮件地址或程序的超链接
Web 浏览器控件 ▣	创建 Web 浏览器浏览网页
导航控件 ▤	用于生成具有导航功能的窗体界面
选项组 xyz	建立一个由多个选项按钮、复选框或切换按钮组成的框以提供多个可选值
插入分页符 ☰	在打印时开始新的一页
组合框 ▤	将多个字段值列出在下拉列表中供用户选择,也允许用户自行输入值
图表 ▥	创建一个图表
直线 ╲	画一条直线
切换按钮 ▤	一般用于显示"是/否"数据类型的字段值,按下表示"是"、未按下表示"否"
列表框 ▤	将多个字段值列出在一个方框中供用户选择,但不允许用户自行输入值
矩形 ▢	画一个矩形
复选框 ☑	一般用于显示"是/否"数据类型的字段值,☑表示"是"、□表示"否"
未绑定对象框 ▤	用于存放图片等 OLE 对象,与字段无关联
附件 ◌	添加附加文件
选项按钮 ◉	一般用于显示"是/否"数据类型的字段值,◉表示"是"、○表示"否"
子窗体/子报表 ▤	在窗体(或报表)中插入另一个窗体(或报表)作为子窗体(或子报表)
绑定对象框 ▤	用于存放图片等 OLE 对象,与字段关联,例如,"教师信息表"中的"照片"字段
图像 ▤	用于显示静态的或固定的一张图片,例如,徽标,它不能随字段值自动变化
设置为控件默认值 ▤	将当前选中的控件的属性值作为默认值,以后生成的同类控件都自动采用这些属性值
使用控件向导 ▤	创建某些控件时自动打开创建向导,例如,创建按钮时自动打开按钮向导
ActiveX ⚡	创建 ActiveX 自定义控件

例 6.12 新建一个数据表"选课新表",并以此数据表为数据源,创建如图 6.36 所示的窗体。

(1)新建"选课新表":在"表"对象栏中,复制"选课表",重命名为"选课新表";修改表结构,添加 4 个字段,按表 6.2 所示,设置数据类型,并输入添加的字段值(保留"选课表"中原有的内容)。

表 6.2 "选课新表"中需要添加的字段和数据

字段名	课程类型 1	文科可选	理科可选	学生评语
数据类型	数字	是/否	是/否	备注

课程代码	课程类型	课程类型1	文科可选	理科可选	学生评语 (可自行设计评语内容)
COMP11002.01	专业课程	2	False	True	备课认真,上课条理性好
COMP11003.02	通识教育课程	1	True	True	该老师耐心、细致,善于与学生沟通
ECON12001.01	专业课程	2	True	False	和蔼、可亲,是个不错的好老师
ECON12002.02	专业课程	2	True	False	上课知识点讲解清楚,作业量适中,很好
ENGL11004.01	通识教育课程	1	True	True	上课条理清晰,重点突出
JOUR12006.01	专业课程	2	True	False	课程安排灵活性较好,有创意
Math12001.02	专业课程	2	False	True	上课思路讲解清楚,举例适当,老师能及时解答学生的提问,很好
Math12002.01	专业课程	2	False	True	该老师备课充分,讲解条理性好,对我们的逻辑思维能力训练有较大帮助
PEDU11009.01	通识教育课程	1	True	True	是个善解人意的老师
PTSS11005.01	通识教育课程	1	True	True	该课程内容涉及内容广泛,探讨的议题有实际社会意义

(2) 创建窗体:单击"创建"选项卡的"窗体设计"按钮 ，创建一个"设计视图"下的空白窗体。

(3) 添加字段:打开"字段列表"窗格,展开"选课新表",双击"课程代码"、"课程名称"、"开课院系"、"学分"、"文科可选"、"理科可选"和"学生评语"字段,将各字段添加到窗体上,如图 6.38 所示。

(4) 按图 6.38 所示,调整窗体布局如下。

① 增大窗体高宽:鼠标指向窗体右边框或下边框指针呈双向箭头 ↔ 或 ↕ 时拖曳。

② 移动控件:用鼠标拖曳出一个矩形框,选中框内控件,用键盘方向键移动控件。

③ 移动单个控件:单击选中控件,鼠标指向左上角控制点指针呈四向箭头 ✛ 时拖曳。

④ 调整控件宽度和高度:单击选中控件,鼠标指向右边框或下边框指针呈双向箭头 ↔ 或 ↕ 时拖曳。

(5) 更改文本框为组合框和列表框步骤如下。

① 更改"开课院系"为组合框:右击"开课院系"文本框,选择"更改为"下的"组合框"快捷菜单命令;右击组合框,选择"属性"快捷菜单命令,在显示的"属性表"窗格中,将"数据"选项卡的"行来源类型"属性设置为"值列表",在"行来源"属性栏单击放入插入点,单击其右边的 ⋯ 按钮,在弹出的"编辑列表项目"对话框中,检查或输入"选课新表"中出现的各个开课院系"计算机学院"等,如图 6.38 所示,单击"确定"按钮;切换到"窗体视图",单击组合框下拉箭头,查看列表值,然后,返回"设计视图"。

② 更改"学分"为列表框:右击"学分"文本框,选择"更改为"下的"列表框"快捷菜单命令;在显示的"属性表"窗格中,将"数据"选项卡的"行来源类型"属性设置为"值列表",在"行来源"属性栏单击放入插入点,单击其右边的 ⋯ 按钮,在弹出的"编辑列表项目"对话框

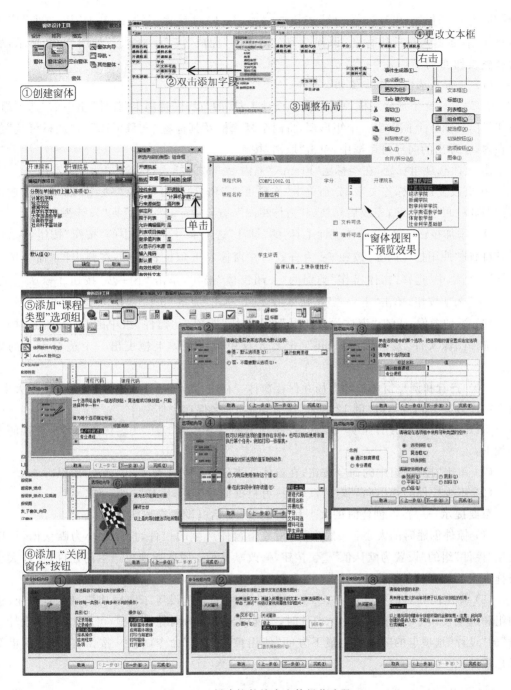

图 6.38　创建控件综合窗体操作步骤

中,检查或输入"选课新表"中出现的"学分"值"1"到"4",单击"确定"按钮;切换到"窗体视图",查看列表框,然后,返回"设计视图"。

(6)添加选项按钮:单击"窗体设计工具"的"设计"选项卡"控件"组中的"选项组"按钮 （注意,应保证"使用控件向导"按钮 为有效）,在窗体的"课程名称"下方位置单击添加一个"选项组"控件,在弹出的"选项组向导"对话框中,输入"标签名称"为"通识教育课程"和"专业课程",单击"下一步"按钮 下一步(N) > ;按向导提示,4 次单击"下一步"按钮 下一步(N) > ,在输入选项组标题"课程类型"后,单击"完成"按钮 完成(F) ,如图 6.38 所示,最后调整按钮布局。

(7) 完善复选框操作步骤如下。

① 为复选框添加分组框,单击"窗体设计工具"的"设计"选项卡"控件"组中的"选项组"按钮 [XY] ,在窗体上拖曳出一个矩形框,将两个复选框及其标签"文科可选"和"理科可选"包含在内,在弹出的向导对话框中,单击"取消"按钮。

② 更改选项组标题,在组标题"FramX"框内单击放入插入点,输入"学生类型"。

③ 更改复选框标签文字,分别单击"文科可选"和"理科可选"文字标签,将插入点放入框内,删除"可选"两字,完成后切换到"窗体视图",查看效果,然后,返回"设计视图"。

(8) 添加按钮:单击"窗体设计工具"的"设计"选项卡"控件"组中的"按钮"按钮 XXXX (注意,应保证"使用控件向导"按钮 为有效),在窗体右下角位置单击,在弹出的"命令按钮向导"对话框中,选择"窗体操作"类别的"关闭窗体"操作,单击"下一步"按钮 下一步(N) > ,选择"文本"选项按钮,单击"下一步"按钮 下一步(N) > ,单击"完成"按钮 完成(F) ,如图 6.38 所示。

(9) 添加图像:单击"窗体设计工具"的"设计"选项卡"控件"组中的"插入图像"按钮 ,选择图像文件"复旦大门.bmp"(配套光盘中),在窗体上拖曳出一个适合大小的矩形框。

(10) 查看和调整窗体整体布局并保存窗体:利用"布局视图"调整各控件位置和大小,查看窗体效果,满意后,以"例 12 控件_综合窗体"为名保存窗体。

所以,使用"窗体设计工具"的"设计"选项卡的"控件"组工具,为窗体添加各种控件的方法如下:

(1) 单击"控件"组中的命令按钮,在窗体适当位置单击或拖曳出一个矩形框。

(2) 不少控件会弹出向导对话框,用户可根据向导提示,完成控件添加。

重要提示——控件创建时的大小和弹出向导对话框设置描述如下。

(1) 控件创建时的大小:一般来说,用单击窗体产生的控件,控件大小为默认值,可以使用"控件"组的"设置为默认值" 按钮,修改默认值;用鼠标拖曳产生的控件,控件大小与拖曳出的矩形框相同大小。

(2) 弹出向导对话框设置:Access 为不少控件的创建设置了向导功能,例如,按钮、选项组和选项按钮等,如果创建一个控件时,没能弹出应有的向导对话框,可单击"窗体设计工具"的"设计"选项卡的"控件"组最下方的"使用控件向导"命令,使 按钮有效,然后重新添加控件。

6.3.2 标签控件

标签用来显示窗体或报表中的文本信息,常用于标题或附加在其他控件上说明这些控件的字段名称等信息,例如,如图 6.36 所示窗体中的"课程代码"和"课程名称"等文本字样。标题型的标签一般独立于其他控件单独存在,而附加型标签常常在创建其他控件时作为说明信息自动产生。

如果在窗体上添加一个字段,会自动生成一个显示该字段名称的标签和显示记录内容的文本框,例如,添加"课程代码"字段时,生成一个显示"课程代码"字段名称的标签和用于显示记录内容的文本框,标签和文本框关联结合在一起,移动时常常会一起移动。另外,标签显示的内容可根据需要自行修改,而文本框显示的内容由记录值决定。

6.3.3 文本框控件

文本框是最常用的一种控件,用来显示和编辑数据,特别是它可以接受用户的输入和对数据的修改,这是它区别于标签的地方。

文本框常常与一个字段绑定,在窗体上显示该字段的记录内容,在"属性表"窗格的"数据"选项卡的"控件来源"属性中,可以看到文本框的绑定信息,如图 6.39 所示。

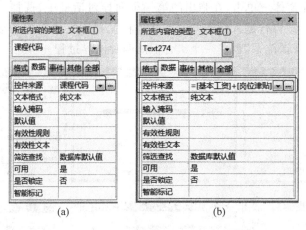

图 6.39 文本框"控件来源"属性设置

可以创建一个计算型文本框,用于显示计算结果,使用"窗体设计工具"的"控件"组中的"文本框"按钮 **abl**,在窗体上添加一个文本框,用计算公式设置其"控件来源"属性,例如,后面叙述的例 6.16 中,"总收入"文本框的"控件来源"属性栏,输入了公式:"=[基本工资]+[岗位津贴]",来显示教师总收入。

6.3.4 复选框、选项按钮、切换按钮和选项组

如果在窗体上使用复选框、选项按钮和切换按钮,往往可以更形象、更直接地表示"是/否"数据类型的字段内容,表 6.3 列出了这 3 种控件对"是"和"否"两种值的显示形式。

一般来说,复选框是表示"是/否"数据类型字段的最佳选择,将一个"是/否"数据类型字段直接从"字段列表"窗格拖曳到窗体上,是创建复选框最便捷的方法,如果需要,也可以将复选框更改为选项按钮或切换按钮,右击复选框,选择"更改为"快捷菜单命令。

选项组可以为复选框、选项按钮和切换按钮进行分组,例如,将多个选项按钮放在一个选项组的矩形框内形成一组,则该组内的选项按钮只能单选,即任何时刻只有一个选项按钮被选中。

选项组的创建,可以使用向导轻松实现,如图 6.38 所示,显示了添加"课程类型"选项组的方法。

**表 6.3 选项按钮、复选框和切换
按钮的显示形式**

控件名称	是	否
复选框	☑	☐
选项按钮	◉	◯
切换按钮	▬	▭

6.3.5 列表框和组合框

列表框和组合框都以列表项的形式显示字段内容,
使用户能看到该字段出现过的所有值,极大地方便了用户的数据输入和修改,例如,"开课院系"用组合框表示时,在"窗体视图"下,单击组合框的下拉箭头,可以看到所有的"开课院系",也可以直接选择其中的某个列表项进行数据的输入或修改。

与列表框相比,组合框的形式更节省窗体空间,因为列表项在单击下拉箭头时才显示出来,另外,组合框可以输入列表项中没有的值,而列表框没有输入功能,只能选择已有的选项。

组合框或列表框的创建,可以单击"窗体设计工具"的"控件"组中的"组合框"按钮或"列表框"按钮,在窗体上单击,在弹出的第一个向导对话框中,选择"使用组合框获取其他表或查询中的值"或"自行键入所需的值",然后根据提示完成它们的创建。图 6.40 所示的是为"选课表"的"开课院系"创建一个组合框的两种向导过程。

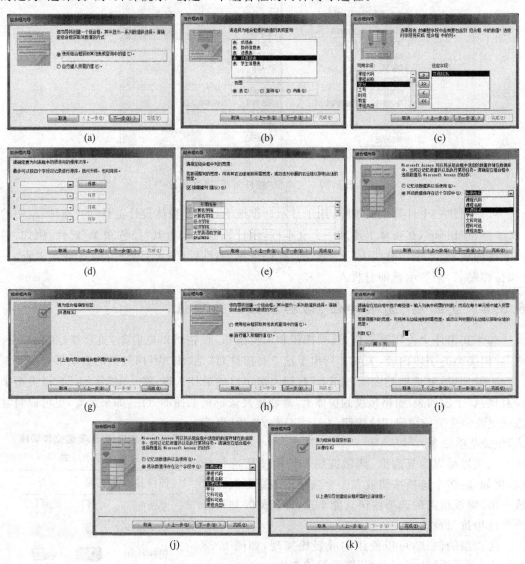

图 6.40 使用向导创建组合框

也可以将文本框更改为组合框或列表框，右击文本框，选择"更改为"快捷菜单命令，然后，在"属性表"窗格的"数据"选项卡中，选择"行来源类型"属性为"值列表"，在"行来源"属性栏单击放入插入点，单击其右边的■按钮，在弹出的"编辑列表项目"对话框中，检查或输入所有列表项，如图6.38所示。

6.3.6　按钮

在窗体上添加按钮，可以执行某些操作或控制应用程序的流程，例如，执行添加记录、删除记录和关闭窗体等操作。

在"设计视图"下，在"使用控件向导"按钮 有效状态下，单击"窗体设计工具"的"控件"组中的"按钮"按钮 ，在窗体上单击，在弹出的"命令按钮向导"引导下，可以完成按钮的创建，如图6.38所示。此外，我们还可以使用宏来自定义按钮的功能（详见第8章宏）。

6.3.7　图像

使用图像控件可以在窗体上显示图像，以美化窗体，单击"窗体设计工具"的"控件"组中的"图像"按钮 ，在窗体上拖曳出一个矩形框并选择图像文件，或单击"插入图像"按钮 ，选择图像文件后在窗体上拖曳出一个矩形框，将图像显示在矩形框中。

6.3.8　绑定对象框

绑定对象框可用来显示数据表或查询中数据类型为"OLE对象"的字段内容，例如，"教师信息表"中的"照片"字段。

单击"窗体设计工具"的"控件"组中的"绑定对象框"按钮 ，在窗体上单击或拖曳出一个矩形框，在"属性表"窗格的"数据"选项卡中，设置"控件来源"属性为相应的"OLE对象"字段，如图6.41所示。

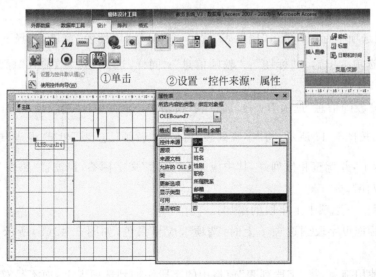

图6.41　绑定对象框属性设置

6.3.9 子窗体/子报表

使用子窗体/子报表控件可以创建主/子窗体,在一个窗体中显示另一个窗体,使用户能在一个窗体画面上同时查看更多的相关信息,其创建方法详见前面介绍的例 6.11。

6.3.10 选项卡

使用选项卡,可以在一个窗体中包含多个选项卡显示"多页"内容,使用户打开一个窗体能看到更多的信息。

例 6.13 按图 6.42 所示,创建一个具有两个选项卡的窗体。

(a)
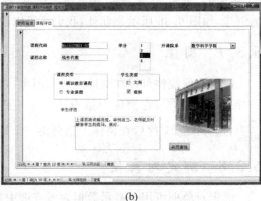
(b)

图 6.42 选项卡窗体

(1) 创建窗体,添加选项卡:单击"窗体设计"按钮 ，创建一个空白窗体,适当增加窗体的高度和宽度,单击"控件"组的"选项卡"按钮 ，在窗体上拖曳出一个较大的选项卡。

(2) 设置选项卡标题:单击"属性表"按钮 ，显示"属性表"窗格,选择下拉列表的"页1",在"格式"选项卡中输入"标题":"教师信息";同样,选择"页 2",输入"标题":"课程评估",如图 6.43(a)所示。

(3) 制作"教师信息"选项卡:在"属性表"窗格中,选择"页 1"选项卡,单击"添加现有字段"按钮 ，按图 6.42 所示,将"字段列表"窗格中"教师信息表"和"选课表"中的相关字段拖曳到选项卡上,并调整和排列好,其中应删除"照片"文字标签,且设置"照片"框的"缩放模式"属性为"拉伸"。

重要提示——选项卡上字段的添加:

① 当鼠标拖曳字段到选项卡上时,选项卡应呈黑色,如图 6.43(b)所示,否则操作不正确;

② 应该使用拖曳,将"字段列表"窗格中的字段添加到选项卡上,而不是双击字段,如果双击字段的话,字段可能被放置在窗体上,而不是在选项卡上;

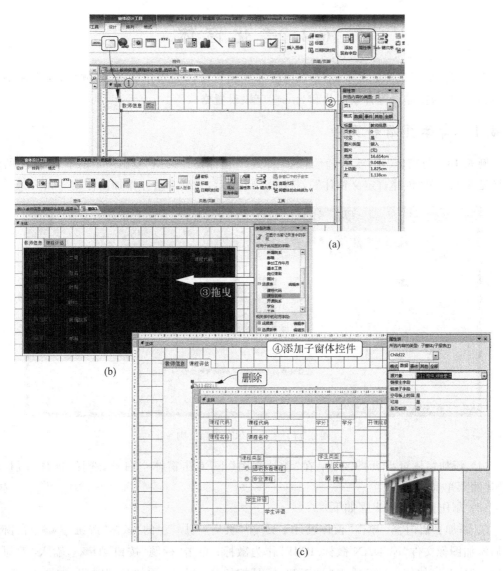

图 6.43　创建选项卡操作步骤

③ 当鼠标拖曳字段到选项卡上时，注意鼠标的指针位置，使新添加的字段在适合的位置上；

④ 建议每次将字段拖曳到选项卡上后，立即用键盘方向键移动以对齐控件。

（4）制作"课程评估"选项卡：在"属性表"窗格中选择"页 2"选项卡，单击"窗体设计工具"中"控件"组的"子窗体/子报表"按钮▣，在窗体上拖曳出一个与黑色区域相似大小的矩形框，跟随向导操作；或取消向导，在"属性表"窗格中的"数据"选项卡的"源对象"属性栏中，选择"窗体.例 12 控件_综合窗体"，如图 6.43（c）所示，删除子窗体的标签。

（5）查看和调整整体布局，保存窗体：利用"布局视图"调整各控件位置和大小，查看两个选项卡的窗体效果，满意后，保存窗体为"例 13 教师信息_课程评估_选项卡"。

6.4 美 化 窗 体

为使窗体更完整和更美观,通常还需要一些美化窗体的操作和设置,例如,为窗体添加页眉和页脚、为窗体设置背景图片和为一些字段设置格式等。

6.4.1 窗体页眉和页脚

例 6.14 将窗体"例 06 教师信息表_样式 2_窗体设计按钮"复制一个副本(该窗体的制作详见 6.2.5 节"创建自定义窗体"),按图 6.44 所示,为副本窗体添加窗体页眉和页脚。

图 6.44 添加窗体页眉和页脚

(1) 添加窗体页眉页脚区域:在"设计视图"下,右击窗体空白处,选择"窗体页眉/页脚"快捷菜单命令。

(2) 制作窗体页眉步骤如下。

① 添加页眉内容:单击"窗体设计工具"中"页眉/页脚"组的"徽标"按钮 ，在窗体页眉添加图像文件"FUDAN 徽标.BMP"作为徽标;单击"标题"按钮 ，输入"教师信息窗口"作为窗体的标题;单击"日期和时间"按钮 ，添加日期时间,如图 6.45(a)所示。

② 设置标题格式:在"属性表"窗格的"格式"选项卡中,设置窗体标题的"字体名称"为"华文行楷"、"字体粗细"为"加粗"、"前景色"为"红色"和"字号"为"24"。

③ 调整页眉布局:单击窗体标题或徽标,单击徽标左侧移动标记 ，用键盘方向键或鼠标拖曳下移标题和徽标;同样,下移日期和时间。

(3) 制作窗体页脚步骤如下。

① 添加页脚内容:在"设计视图"下,单击"窗体设计工具"中"控件"组的"标签"按钮 **Aa** ,在窗体页脚区域拖曳一个矩形框,输入文字"☆☆计算机学院基础教研室研制☆☆"。

② 设置标签格式:选中页脚中的标签,在"属性表"窗格的"格式"选项卡中,设置标签"字体名称"为"隶书"、"字体粗细"为"加粗"、"前景色"为"蓝色"和"字号"为"12"。

③ 调整页脚布局:用键盘方向键,调整标签至适当位置。

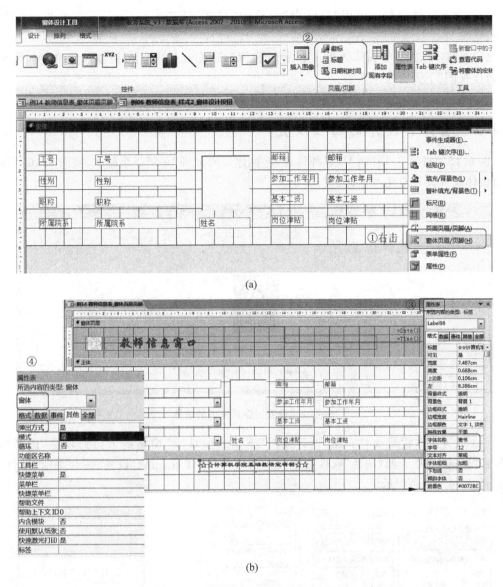

(a)

(b)

图 6.45 添加窗体页眉和页脚操作步骤

（4）预览和保存窗体：为使窗体预览效果更好，可以在"设计视图"下，将窗体设置成弹出式窗体（在"属性表"窗格的下拉列表中选择"窗体"，在"其他"选项卡中选择"弹出方式"属性为"是"），切换到"窗体视图"观察窗体效果；在窗体上右击，选择"设计视图"快捷菜单命令，返回"设计视图"，关闭窗体，以"例 14 教师信息表_窗体页眉页脚"为名重命名窗体。

所以，添加窗体页眉和页脚，一般操作步骤为如下几步。

（1）添加窗体的页眉页脚区域：在"设计视图"下，右击窗体空白处，选择"窗体页眉/页脚"快捷菜单命令。

（2）添加需要的控件：使用"窗体设计工具"中"控件"组的按钮，在窗体页眉和窗体页脚区域添加所需的控件，一般有徽标、标题、标签和日期时间等。

(3) 设置控件属性：使用"属性表"窗格的"格式"选项卡，设置控件的属性，例如字体等。

(4) 调整布局，查看窗体效果：在"设计视图"或"布局视图"下，调整控件位置和大小，在"窗体视图"下查看窗体效果。

(5) 保存窗体。

6.4.2 窗体和控件的属性设置

例 6.15 将例 6.14"例 14 教师信息表_窗体页眉页脚"复制一个副本，按图 6.46 所示，通过窗体属性设置对副本窗体进行美化。

图 6.46 设置属性后完美的窗体

(1) 设置窗体背景属性：在"设计视图"下，在"属性表"窗格的下拉列表中，选择"窗体"，在"格式"选项卡的"图片"属性栏中插入文件"窗体背景.jpg"，设置"图片平铺"属性为"是"，如图 6.47(a)所示。

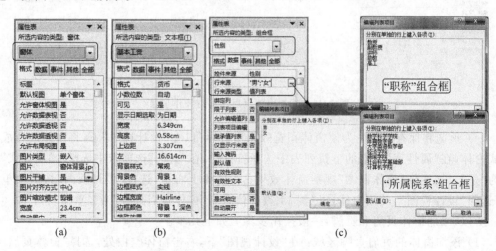

图 6.47 设置属性美化窗体操作步骤

(2) 设置文本框属性步骤如下。

① 设置"基本工资"和"岗位津贴"货币格式：在"属性表"窗格的下拉列表中，分别选择

"基本工资"和"岗位津贴",设置"格式"选项卡的"格式"属性为"货币",如图 6.47(b)所示。

② 设置"姓名"格式：为"华文行楷"、"加粗"、"红色"、"14"、"分散"的"文本对齐方式"、"中灰"（♯FAF3E8，"标准色"下第一行）的"背景色"和"凹陷"的"特殊效果"。

（3）更改文本框为组合框，操作步骤如下。

① 在"设计视图"下，分别右击"性别"、"职称"和"所属院系"文本框，选择"更改为"下的"组合框"快捷菜单命令。

② 在"属性表"窗格的"数据"选项卡中，设置它们的"行来源类型"属性为"值列表"，输入"行来源"为"男"、"女"以及如图 6.47(c)所示的各种职称和各院系，并切换到"窗体视图"查看组合框的效果。

（4）保存窗体：以"例 15 教师信息表_属性设置_完美窗体"为名重命名和保存窗体。

所以，在"属性表"窗格的下拉列表中选择控件，然后，使用"格式"选项卡或"数据"选项卡设置窗体或控件属性，是美化窗体的重要手段。

重要提示——打开"属性表"窗格的常用方法：

（1）在"设计视图"或"布局视图"下，右击窗体上的控件，选择"属性"快捷菜单命令。

（2）单击"窗体设计工具"的"设计"选项卡"工具"组中的"属性表"按钮 。

6.5 窗体上的记录操作

窗体作为用户与数据库系统的交互界面，其重要作用就是方便用户对数据库中的记录进行操作，例如，查看记录、添加记录和删除记录等。

6.5.1 查看记录

Access 中每个打开的窗体底部，系统都提供了记录显示器 ，方便用户查看"下一条记录"、"上一条记录"、"尾记录"和"第一条记录"，如图 6.48 所示。

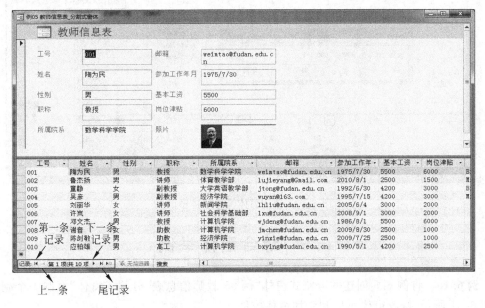

图 6.48 记录显示器

6.5.2　添加、保存和删除记录

使用"开始"选项卡"记录"组中的按钮,如图 6.49 所示,可以在数据表末尾添加一条新记录、保存或删除当前记录。

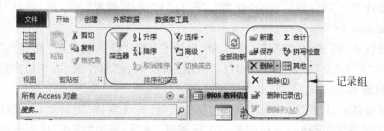

图 6.49　"记录"组和"排序和筛选"组的命令按钮

6.5.3　筛选和排序

使用"开始"选项卡"排序和筛选"组中的按钮,如图 6.49 所示,可以使记录以鼠标插入点所在字段作为关键字进行升、降序排序,或取消排序。

单击数据表字段标题边的下拉箭头,可以打开"筛选器"菜单,使数据表只显示符合条件的记录,例如,打开例 6.5 创建的窗体"例 05 教师信息表_分割式窗体",使用"参加工作年月"字段的"日期筛选器"的"之后"命令,输入"2000-1-1",如图 6.50 所示,筛选出 2000 年以后参加工作的教师记录,并按"性别"升序排列,参照图 6.48,比较筛选和排序操作前后的结果,然后,再次打开"筛选器"菜单,选中"(全选)",取消筛选。

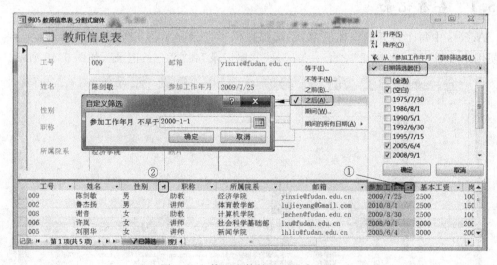

图 6.50　使用窗体筛选和排序记录

6.6　综合窗体举例

例 6.16　将例 6.5 创建的分割式窗体"例 05 教师信息表_分割式窗体"复制一个副本,按图 6.51 所示,修改窗体布局和添加窗体控件。

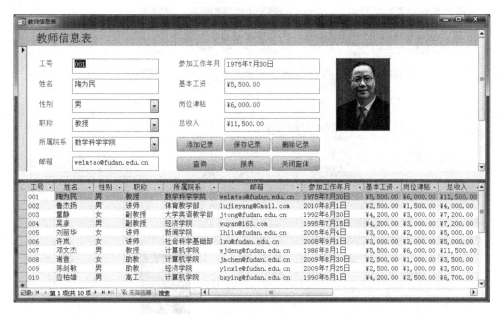

图 6.51 综合窗体

（1）打开（或创建窗体）：打开副本窗体（或打开"教师信息表"，单击"创建"选项卡"其他窗体"下的"分割窗体"按钮 ▦ 分割窗体(P)，创建该窗体）。

（2）调整窗体布局：按图 6.52(a)所示，在"布局视图"下，使用"窗体设计工具"的"排列"选项卡。

① 插入单元格以便在指定位置放置按钮等控件，或形成两列之间的间隔：选中某一控件，单击"行和列"组中的按钮，在其上、下、左、右插入单元格，例如，在"所属院系"下方插入单元格，准备放置"邮箱"；在"参加工作年月"文字标签和文本框的左、右侧分别插入单元格以形成两列之间的间隔。

② 调整两列之间的间隔距离：单击以选中单元格，拖曳其左、右边框线，例如：选中"参加工作年月"左侧插入的单元格，拖曳其左或右边框线，缩小两列之间的间距。

③ 为"照片"准备位置：在最右侧再插入一列单元格；用 Ctrl＋单击同时选中最右侧最上面的 4 个单元格，选择"合并/拆分"下的"合并"快捷菜单命令，将它们合并，准备放置照片。

（3）移动控件：单击选中控件，然后拖曳到指定位置，当目标单元格中出现黄色底纹时放开鼠标，如图 6.52(a)所示，例如，将"邮箱"拖曳至"所属院系"的下方；将"参加工作年月"和"基本工资"等字段分别向上拖曳一行；将"照片"框拖曳至最右上角的单元格；删除"照片"文字标签。

（4）添加计算字段"总收入"：单击"窗体设计工具"中"设计"选项卡的"文本框"按钮 ab，在"岗位津贴"文本框下的单元格单击，单击弹出对话框的"完成"按钮；修改新添加的标签为"总收入"；选中新添加的文本框，在"属性表"窗格的"数据"选项卡中，输入"控件来源"属性为"＝[基本工资]＋[岗位津贴]"，在"其他"选项卡中，输入"名称"属性为"总收入"。

（5）拆分单元格，为添加按钮准备位置：选中"总收入"文本框下的单元格，选择"合并和拆分"下的"水平拆分"快捷菜单命令，拆分单元格，为按钮"保存记录"和"删除记录"准备

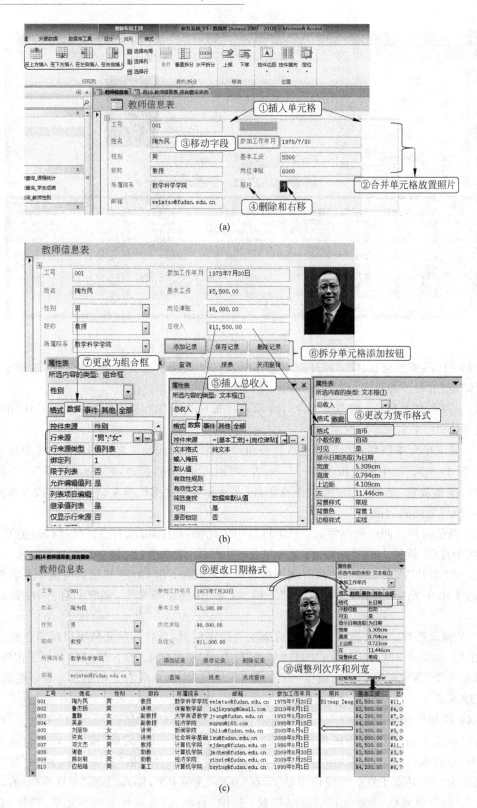

图 6.52　创建综合窗体操作步骤

好位置；同样，拆分再下一行的单元格，为按钮"报表"和"关闭窗体"准备好位置。

（6）添加按钮控件：单击"窗体设计工具"中"设计"选项卡的"按钮"按钮 ▦，在相应的单元格中单击，根据向导提示，分别选择"记录操作"类别下的"添加新记录"、"保存记录"和"删除记录"操作，选择"文本"选项按钮，依次完成 3 个按钮的添加；同样，选择"窗体操作"类别下的"关闭窗体"操作，完成"关闭窗体"按钮的制作；而添加"查询"按钮和"报表"按钮时，取消向导，在"格式"选项卡中，输入"标题"属性为"查询"和"报表"。

（7）设置各控件宽和高：用 Ctrl＋单击同时选中所有按钮，在"格式"选项卡中，设置其"宽"为"2.6cm"、"高"为"0.8cm"；同样，设置所有字段的文本框约为 5cm×0.8cm；照片框宽约为"3cm"，且"缩放模式"属性为"拉伸"。

（8）更改文本框为组合框：分别右击"性别"、"职称"和"所属院系"文本框，选择"更改为"下的"组合框"快捷菜单命令，在"属性表"窗格的"数据"选项卡中，选择"行来源类型"属性为"值列表"，单击"行来源"属性栏右边的 ▦ 按钮。

（9）设置金额字段为货币型格式：用 Ctrl＋单击同时选中"基本工资"、"岗位津贴"和"总收入"文本框，在"属性表"窗格的"格式"选项卡中，选择"格式"属性为"货币"。

（10）设置"参加工作年月"格式：在"属性表"窗格的"格式"选项卡中，选择"格式"属性为"长日期"。

（11）调整窗体下分区中数据的排列次序和列宽：在"窗体视图"或"布局视图"下，鼠标指向下分区字段名(标题)指针呈向下箭头 ↓ 时单击，选中该列，拖曳移动该列，按图 6.52(c)所示，调整各列的排列次序，同时，调整各列的列宽，达到与图 6.51 基本一致的效果。

（12）预览和保存窗体：以"例 16 教师信息表_综合窗体"为名，保存窗体。

本章重要知识点

1. 窗体简介

（1）窗体的作用

窗体的作用是提供一个友好的操作界面，使用户对数据库的操作更为简便和安全。

（2）窗体类型

窗体类型主要有：纵栏式窗体、表格式窗体、数据表窗体、全屏式或弹出式窗体、分割式窗体等八种。

（3）常用的窗体视图

常用的窗体视图有三种："窗体视图"、"布局视图"和"设计视图"，单击"开始"选项卡中的"视图"按钮 ▦，可以切换不同的视图。

2. 创建窗体命令和多种简单的创建方法

（1）创建窗体的命令

创建窗体的命令是：使用"创建"选项卡中"窗体"组的各个命令按钮，例如：

① "窗体"按钮 ▦。

② "窗体设计"按钮 ▦。

③ "窗体向导"按钮 **窗体向导** 。

④ "其他窗体"按钮 **其他窗体 ▾** 下的"多个项目"按钮 **多个项目(U)** 、"数据表"按钮 **数据表(A)** 和"分割窗体"按钮 **分割窗体(P)** 。

（2）最简便的创建窗体的方法

最简便的创建窗体的方法是一键法：单击一键创建一个窗体，先打开数据表：

① 单击"窗体"按钮 **窗体** ：创建一个纵栏式窗体。

② 单击"其他窗体"按钮 **其他窗体 ▾** 下的"多个项目"按钮 **多个项目(U)** ：创建一个表格式的窗体。

③ 单击"其他窗体"按钮 **其他窗体 ▾** 下的"数据表"按钮 **数据表(A)** ：创建一个数据表式的窗体。

④ 单击"其他窗体"按钮 **其他窗体 ▾** 下的"分割窗体"按钮 **分割窗体(P)** ：创建一个分割式窗体。

创建窗体后，应单击"保存"按钮 保存窗体，或在关闭窗体时保存窗体。

3. 使用向导创建窗体

（1）向导创建窗体的优点

使用向导创建窗体是最常用的创建方法之一，其优点为：操作简便，能选择需要的字段和窗体类型，例如：纵栏式、表格式和数据表式窗体等。

（2）创建步骤

① 单击"窗体向导"按钮 **窗体向导** ；

② 选择数据源表和需要在窗体上显示的字段；

③ 选择布局，即窗体形式；

④ 输入或修改窗体标题。

系统将自动创建和保存窗体。

4. 创建自定义窗体

自定义窗体能按照用户特定的要求，设计和创建窗体，是最常用的创建窗体的方法。

（1）创建步骤

① 单击"创建"选项卡的"窗体设计"按钮 **窗体设计** ；

② 单击"添加现有字段"按钮 **添加现有字段** ，打开字段列表窗格；

③ 双击字段列表窗格中的字段，添加到窗体上；

④ 调整窗体布局，例如：字段的位置、宽度等，然后，切换到窗体视图下进行预览；

⑤ 保存窗体。

（2）调整窗体布局的常用方法

① 选中一个文本框及对应的标签：单击文本框或标签。

② 选中多个文本框和标签：鼠标在窗体上拖曳出一个矩形，则矩形内所有控件都被选中。

③ 删除控件：选中控件后按 Del 键。

④ 标签和文本框一起移动：单击文本框或标签后直接拖曳。

⑤ 单个移动：多次单击文本框或标签的左上角再拖曳。

值得一提的是：选中控件后，使用键盘上的方向键"↑"、"↓"、"←"和"→"能更精确和方便地移动控件，甚至比直接拖曳的定位效果更好。

5. 添加窗体控件工具及多种控件制作举例

（1）添加窗体控件的工具

添加窗体控件的工具是："窗体设计工具"的"设计"选项卡中的各个命令按钮。

（2）常用的控件

常用的控件有：标签、文本框、组合框、列表框、选项按钮、复选框、选项组、图像和按钮等。

（3）更改文本框为组合框或列表框的步骤

① 右击文本框，选择"更改为"下的"组合框"或"列表框"快捷菜单命令；

② 在属性表中设置"行来源类型"属性（"数据"选项卡中）为："值列表"；

③ 单击"行来源"属性，单击其右侧的 ⋯ 按钮，在弹出的对话框中，检查或输入各选项值；

④ 完成后，切换到"窗体视图"下预览窗体效果。

（4）选项按钮和选项组

① 选项按钮只能用于表示数字型字段，且字段值必须为"1"、"2"、"3"等正整数（字段值为"1"对应第一个选项按钮选中、字段值为"2"对应第二个选项按钮选中……）。

② 一个选项组中可包含多个选项按钮，但在任何时刻只能有一个选项按钮被选中（即选项按钮为单选）。

③ 单击"窗体设计工具"的"设计"选项卡的"选项组"按钮 ，在窗体适当位置单击，添加一个"选项组"控件，在弹出的对话框中，输入选项按钮右侧的文字标签（注意：一个选项按钮应对应一个"标签名称"，例如：如果有三个选项按钮，必须输入三行"标签名称"），单击"下一步"按钮（三次），然后，根据向导提示，选择选项按钮对应的字段名（以便系统能"在此字段中保存该值"），单击"下一步"按钮，直至完成选项组及选项组中选项按钮的制作。

（5）复选框

① 与选项按钮不同，复选框可以实现多选。

② 将一个"是/否"数据类型的字段拖曳到窗体上时，会自动生成复选框控件。

（6）按钮

① 系统提供了多种功能的按钮，常用的如下。

- "记录导航"类："转至前一项记录"、"转至下一项记录"、"转至第一项记录"、"转至最后一项记录"、"查找下一个"等。
- "记录操作"类："保存记录"、"删除记录"、"添加新记录"等。
- "窗体操作"类："关闭窗体"、"打开窗体"等。

② 使用向导能创建具有上述功能的按钮。

- 单击"窗体设计工具"的"设计"选项卡的"按钮"按钮 （注意：应保证"使用控件向导"按钮 为有效）。
- 在窗体适当位置单击，在弹出的对话框中，选择类别和操作，根据向导提示，选择按钮上文本或图片，最后完成按钮的制作。

（7）图像

① 单击"窗体设计工具"的"设计"选项卡的"图像"按钮 ▨，在窗体适当位置单击并拖曳出一个矩形后，在弹出的对话框中选择图像文件（或单击"窗体设计工具"的"插入图像"按钮 ▨），将图像添加到矩形中。

② 为使插入的图像始终与图像框一样大小，可以设置图像的格式属性"缩放模式"为"拉伸"。

6. 各种窗体控件

（1）标签

显示窗体上固定的文本信息，如窗体标题，也常用来显示数据表的字段名。

（2）文本框

① 文本框常常与数据表的字段相关联，用来显示字段值，即文本框中的值随字段值的变化而变化。

② 计算型文本框的制作步骤如下。

- 单击"窗体设计工具"中的"文本框"按钮 ▦，在窗体上添加一个文本框和标签控件，然后，取消向导；
- 选中文本框，在"控件来源"属性栏中输入计算公式，例如："＝［基本工资］＋［岗位津贴］"（数据表已有的字段名应用方括号括起来，运算符有："＋"、"－"、"＊"和"／"等）；
- 修改标签控件中的文本。

（3）组合框和列表框

① 列表框中的值只能选择而不能输入。

② 组合框能输入记录值，并且节省窗体空间，单击组合框右侧下拉箭头时，才显示各选项。

③ 通常使用更改文本框来创建组合框或列表框（步骤见上述"5"中的"（3）"）。

（4）按钮

① 常用的按钮有：转至 XXX 项记录、添加记录、删除记录、关闭窗体等（详见上述"5"中的"（6）"）。

② 添加按钮时，应保证"窗体设计工具"中的"使用控件向导"按钮 ▨ 为有效，才能弹出向导，完成按钮的功能。

③ 使用按钮的"格式"属性，可以设置按钮的高度和宽度。

（5）图像

① 单击"窗体设计工具"的"图像"按钮 ▨ 或"插入图像"按钮 ▨，都可以添加图像控件。

② 通常设置图像控件的格式属性"缩放模式"为"拉伸"，使插入的图像与图像框大小一致。

③ 图像框的大小可以使用其高度和宽度属性（属性表的格式选项卡），进行调整。

（6）选项按钮、复选框、选项组

选项组用来对选项按钮和复选框进行分组，同一个选项组中的选项按钮只能单选，而复选框可以多选。

（7）选项卡

① 使用选项卡控件，可以在一个窗体上实现"多页"显示，用户打开一个窗体时能看到更多的信息。

② 创建步骤如下。

- 单击"窗体设计工具"的"选项卡"按钮▢，在窗体上拖曳出一个较大的选项卡；
- 选中选项卡标题标签，在属性表中设置选项卡标题；
- 将"字段列表"窗格中的字段拖曳到选项卡上（当选项卡呈现黑色时放开鼠标）；
- 调整和排列字段，并切换到"布局视图"下进行预览。

7. 美化窗体

（1）窗体页眉和页脚

① 添加窗体"页眉"节和"页脚"节：在窗体"设计视图"下，右击窗体空白处，选择"窗体页眉/页脚"快捷菜单命令。

② 单击"窗体设计工具"中"页眉/页脚"组的按钮。

- 单击"徽标"按钮▨ 徽标，添加徽标图案。
- 单击"标题"按钮▨ 标题，输入窗体的标题。
- 单击"日期和时间"按钮▨ 日期和时间，添加日期时间。

③ 使用属性表，设置标题字体等格式。

（2）控件属性设置

在窗体"设计视图"下，选中一个或多个控件，例如：文本框，使用属性表可以设置其"字体名称"、"字号"、"文本对齐"、"字体粗细"、"前景色"、"背景色"和"边框样式"等属性。

（3）窗体属性设置

① 弹出式窗体。

- 在"属性表"窗格的下拉列表中，选择"窗体"。
- 在"其他"选项卡中，选择"弹出方式"属性为"是"。

② 窗体背景。

- 在"属性表"窗格的下拉列表中，选择"窗体"。
- 在"格式"选项卡的"图片"属性栏中插入背景文件（必要时可设置"图片平铺"和"图片缩放模式"等属性）。

8. 窗体上的记录操作

（1）查看记录

使用窗体底部的记录显示器 记录: ⏮ ◀ 第1项(共10项) ▶ ⏭ ▶*，可方便地查看"下一条记录"、"上一条记录"、"尾记录"和"第一条记录"信息。

（2）添加、保存和删除记录

使用"开始"选项卡"记录"组中的按钮，可以在数据表末尾添加一条新记录、保存或删除当前记录。

（3）筛选和排序

使用"开始"选项卡"排序和筛选"组中的按钮,可以使记录以鼠标插入点所在字段作为关键字进行升、降序排序,或取消排序。

9. 综合窗体举例

在窗体"布局视图"下,使用"窗体设计工具"的"排列"选项卡,可以在窗体的各控件之间添加行、列或单元格,以使整个窗体的布局均匀、对称和美观。

习　题

1. 窗体的功能主要是方便用户对数据库的操作,包括(　　)。
    A. 输入和显示数据　　　　　　　　　B. 编辑和查询数据
    C. 打印数据　　　　　　　　　　　　D. A 和 B

2. 窗体可以使用户完成对数据表的一些基本操作,但不能实现(　　)功能。
    A. 添加和删除数据
    B. 编辑和修改数据
    C. 利用窗体创建查询,对数据进行运算和统计工作
    D. 查看数据库中的数据

3. 关于窗体,说法不正确的是(　　)。
    A. 窗体提供了一个友好的操作界面,使用户能直观方便地进行各项数据库操作
    B. 使用导航面板窗体,可以完成数据库应用系统的各项操作
    C. 使用窗体可以对数据库进行操作,但不能增加数据库的安全性
    D. 窗体与数据表及查询一样,也是 Access 中的一个基本对象

4. Access 的窗体类型主要有(　　)。
    A. 纵栏式窗体、表格式窗体和数据表窗体
    B. 弹出式窗体
    C. 分割式窗体
    D. 以上均是

5. 关于窗体的各种视图,说法不正确的是(　　)。
    A. 窗体视图是窗体运行的结果,显示了与窗体捆绑的数据源中的记录值
    B. 布局视图的界面几乎与窗体视图完全相同,所以并不常用
    C. 设计视图显示了窗体的结构,包括与窗体捆绑的数据源的字段名和按钮等控件
    D. 使用"视图"菜单,或右击对象栏下的窗体,选择"设计视图"快捷菜单命令,可以打开窗体的设计视图

6. 在对象栏下双击一个数据表,再单击"创建"选项卡中"窗体"组的(　　)可以为该数据表创建一个纵栏式窗体。
    A. "窗体"按钮 ![窗体]
    B. "窗体向导"按钮 ![窗体向导]
    C. "其他窗体"按钮 ![其他窗体] 的"多个项目"按钮 ![多个项目(U)]
    D. "其他窗体"按钮 ![其他窗体] 的"数据表"按钮 ![数据表(A)]

7. 在对象栏下双击一个数据表，再单击"创建"选项卡中"窗体"组的（　　）可以为该数据表创建一个分割式窗体。

  A．"分割窗体"按钮

  B．"窗体向导"按钮 ![窗体向导]

  C．"其他窗体"按钮 ![其他窗体▾] 的"分割窗体"按钮 ![分割窗体(P)]

  D．"其他窗体"按钮 ![其他窗体▾] 的"数据表"按钮 ![数据表(A)]

8. 关于分割式窗体，说法正确的是（　　）。

  A．使用分割式窗体可以显示两个不同的数据表信息

  B．一个分割式窗体中，上、下两个分区分别显示两个相关联的数据表信息

  C．单击分割式窗体底部"记录显示器"上的按钮 ![记录: ◀ 第1项(共10项) ▶ ▶▶]，上、下两个分区同步发生变化，即上分区显示的记录始终是下分区中的当前记录

  D．单击分割式窗体底部"记录显示器"上的按钮 ![记录: ◀ 第1项(共10项) ▶ ▶▶]，只有上分区发生变化，下分区不变

9. 使用"创建"选项卡中"窗体"组的各个命令按钮，可以完成各种类型窗体的创建，其中，最能灵活方便地创建各种类型的窗体的两个命令按钮是（　　）。

  A．"窗体设计"按钮 ![窗体设计] 和"窗体向导"按钮 ![窗体向导]

  B．"窗体"按钮 ![窗体] 和"其他窗体"按钮 ![其他窗体▾]

  C．"窗体"按钮 ![窗体] 和"窗体设计"按钮 ![窗体设计]

  D．"窗体设计"按钮 ![窗体设计] 和"空白窗体"按钮 ![空白窗体]

10. 关于自定义窗体，说法不正确的是（　　）。

  A．单击"窗体设计"按钮 ![窗体设计] 可以新建一个"设计视图"下的空白窗体

  B．单击"字段列表"窗格中的字段，不能将字段添加到窗体上

  C．双击或拖曳"字段列表"窗格中的字段，可以将字段添加到窗体上

  D．使用双击和拖曳将字段添加到窗体的效果是完全一样的

11. 下列（　　）不是创建自定义窗体所需的步骤。

  A．单击"窗体设计"按钮 ![窗体设计]

  B．在"显示表"对话框中选择数据源表

  C．打开"字段列表"窗格，双击字段添加到窗体上

  D．调整窗体布局，切换到窗体视图，并保存窗体

12. 关于打开"字段列表"窗格，说法正确的是（　　）。

  A．新建一个窗体时能自动打开"字段列表"窗格

  B．将窗体视图切换到"设计视图"时总能自动打开"字段列表"窗格

  C．在"窗体设计工具"的"设计"选项卡中，单击"添加现有字段"按钮 ![添加现有字段]

D. 需要时系统自动弹出

13. 在窗体"设计视图"下,可以用来选中控件的操作有( )。

    A. 单击、Ctrl+单击

    B. 单击、Ctrl+单击、Shift+单击

    C. 单击、用鼠标拖曳一个矩形(使控件被包含在矩形内)

    D. 单击、Ctrl+单击、Shift+单击、用鼠标拖曳一个矩形(使控件被包含在矩形内)

14. 关于窗体"设计视图"下的常用操作,说法不正确的是( )。

    A. 右击控件选择"删除"快捷菜单命令,可以删除选中的控件

    B. 按 Del 键能删除选中的控件,但使用键盘方向键不能移动选中的控件

    C. 鼠标指向选中控件的框线,指针呈四向箭头 ✛ 时拖曳,可以移动控件

    D. 鼠标指向选中控件的框线上的控制点,指针呈 ↔ 、↕ 或 ↗ 时拖曳,可改变控件大小

15. 下列( )不是使用向导创建窗体所需的步骤。

    A. 单击"窗体向导"按钮 📷 窗体向导

    B. 选择数据源表和字段

    C. 选择窗体布局,修改窗体标题

    D. 切换到窗体视图,并保存窗体

16. 关于窗体向导,错误的说法是( )。

    A. 使用窗体向导创建的窗体总是包含数据源表中的所有字段

    B. 在"窗体向导"对话框中,单击 ▷ 按钮可以选择一个字段,单击 ▷▷ 按钮可以选择数据源表的全部字段

    C. 在"窗体向导"对话框中,单击 ◁ 按钮可以取消一个已经选择的字段,单击 ◁◁ 按钮可以取消所有已经选择的字段

    D. 使用窗体向导可以创建纵栏式等多种类型的窗体

17. 除了标签和文本框,窗体上常用的控件有选项组、选项按钮、复选框、组合框、列表框、( )。

    A. 按钮和图像

    B. 直线、矩形和照片

    C. 导航、表格和图表

    D. 超链接、未绑定对象框和绑定对象框

18. 关于复选框、选项按钮和选项组,说法不正确的是( )。

    A. 选项组的作用是对窗体上的选项按钮或复选框进行分组

    B. 选项按钮可以表示字段值为"1"、"2"、"3"…的数值型字段,也能表示文本型字段

    C. 复选框主要用来表示"是/否"型字段

    D. 在窗体"设计视图"下,把一个"是/否"型字段拖曳到窗体上,会产生一个复选框

19. 能将文本框更改为组合框的完整操作是( )。

    A. 右击文本框,选择"更改为"下的"组合框"快捷菜单命令

    B. 设置组合框的"行来源类型"属性为"值列表"

C. 单击组合框的"行来源"属性右边的 ⋯ 按钮,检查或输入选项值

D. A、B、C

20. 关于标签和文本框控件,说法正确的是(　　)。

　　A. 如果将一个字段添加到窗体上,会产生一个标签和一个文本框控件,标签显示字段名称,而文本框用来显示其字段值

　　B. 文本框通常用来显示窗体上固定的文本信息,例如:窗体标题等

　　C. 文本框和标签都是最常用的控件,两者在用途上并无区别

　　D. 文本框可以用来显示字段名称

21. 如果要在"学生信息表"窗体上添加一个计算型文本框"总评分",将"当前绩点(GPA)"的值换算成百分制来作为它的值,可以先使用"窗体设计工具"在窗体上添加一个文本框控件,然后在"控件来源"属性栏输入计算公式(　　)。

　　A. ＝[当前绩点(GPA)]＊100/5　　　B. :[当前绩点(GPA)]＊100/5

　　C. ＝(当前绩点(GPA))＊100/5　　　D. ＝[当前绩点]＊100/5

22. 关于按钮控件,说法不正确的是(　　)。

　　A. 命令按钮可以实现多种功能,在"命令按钮向导"对话框中可以指定按钮类别和所能完成的操作

　　B. 在窗体"设计视图"下,使用"窗体设计工具"添加一个命令按钮到窗体上时,系统总是会弹出"命令按钮向导"对话框,引导按钮的完成

　　C. 创建按钮时能否弹出"命令按钮向导"对话框,与"窗体设计工具"的"使用控件向导"按钮 ⚒ 是否有效相关

　　D. 使用宏命令可以自定义按钮的功能

23. 关于图像控件,说法不正确的是(　　)。

　　A. 使用图像控件可以在窗体上显示图像

　　B. 单击"窗体设计工具"的"图像"按钮 🖼 或"插入图像"按钮 🖼插入图像 可以在窗体上添加图像控件

　　C. 设置图像控件的"缩放模式"属性为"拉伸",可以使图像始终与图像框一样大小

　　D. 图像控件的"图片平铺"属性与"缩放模式"属性的作用是一样的

24. 要在窗体上添加窗体页眉和页脚,首先应(　　)。

　　A. 使用"窗体设计工具"

　　B. 在窗体"设计视图"下,右击窗体空白处,选择"页眉/页脚"快捷菜单命令

　　C. 在窗体"设计视图"下,右击窗体空白处,选择"页面页眉/页脚"快捷菜单命令

　　D. 在窗体"设计视图"下,右击窗体空白处,选择"窗体页眉/页脚"快捷菜单命令

25. 使用"窗体设计工具"通常可以在窗体页眉上添加(　　)。

　　A. 徽标　　　　　B. 窗体标题　　　　　C. 日期和时间　　　　　D. A、B、C

26. 要设置窗体的图片背景,可以(　　)。

　　A. 在"属性表"窗格下拉列表中选择"窗体",在"图片"属性栏中插入图片文件,然后,根据需要,设置"图片平铺"或"图片缩放模式"属性达到美观的效果

　　B. 在"属性表"窗格下拉列表中选择"主体",在"图片"属性栏插入图片文件,在"图

片缩放模式"属性栏,选择"缩放"

    C. 右击窗体空白处,选择"背景"快捷菜单命令

    D. 右击窗体空白处,选择"属性"快捷菜单命令

27. 使用"属性表"窗格可以设置文本框的（　　）属性。

    A. 字体(字体名称、字号、文本对齐、字体粗细、前颜色)

    B. 背景(背景样式、背景色)和边框(边框样式、边框宽度、边框颜色、特殊效果)

    C. 数字格式(货币格式、小数点)和日期格式

    D. A B C

28. 打开或关闭"属性表"窗格的方法有（　　）。

    A. 单击"窗体设计工具"的"属性表"按钮

    B. 在窗体"设计视图"或"布局视图"下,右击窗体,选择"属性"快捷菜单命令

    C. 在窗体"设计视图"或"布局视图"下,双击窗体

    D. A B C

29. 关于窗体上记录的操作,说法不正确的是（　　）。

    A. 在窗体"设计视图"的底部,系统提供了记录显示器方便用户对记录进行操作

    B. 记录显示器上的按钮有"下一条记录"、"上一条记录"、"尾记录"和"第一条记录"

    C. 使用"开始"选项卡"记录"组中的按钮,可以进行添加新记录、保存或删除记录等操作

    D. 使用"开始"选项卡"排序和筛选"组中的按钮,可以进行记录的排序和筛选操作

30. 为了调整窗体布局,可以在"布局视图"下,（　　）。

    A. 使用"窗体设计工具"的"排列"选项卡,插入行、列或单元格

    B. 右击选择的单元格,使用快捷菜单命令,可对单元格进行拆分和合并

    C. 单击并拖曳控件,可移动控件位置,而设置控件"宽度"和"高度"属性,可调整控件大小

    D. A B C

上 机 实 验

复制和打开配套光盘中本章的实验素材"电脑销售"数据库文件,完成以下实验内容。

1. 创建简单窗体。

使用"窗体"按钮 ,以"销售表"为数据源,创建一个窗体,如图 6.53 所示,以"窗体1_销售表_窗体按钮"为名保存窗体。

2. 创建纵栏式窗体。

使用"窗体向导"按钮 ,以"进货表"为数据源,创建一个纵栏式窗体,如图 6.54 所示,以"窗体2_进货表_纵栏式"为名保存窗体。

3. 创建分割式窗体。

使用"其他窗体"按钮 下的"分割窗体"按钮 ,以"资料库"为数据源,创建一个分割式窗体,如图 6.55 所示,以"窗体3_资料库_分割式窗体"为名保存窗体。

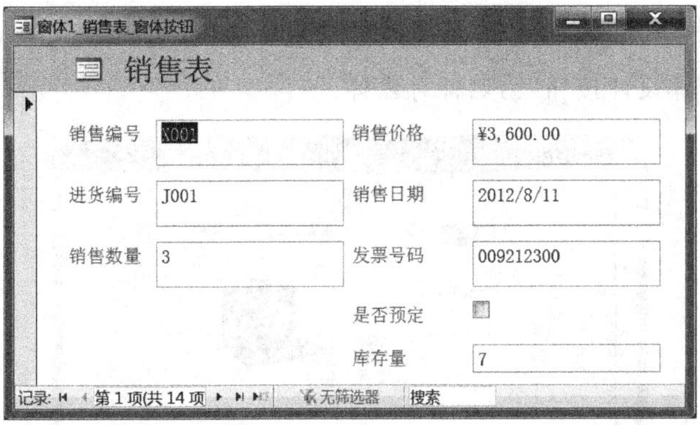

图 6.53　"销售表"窗体

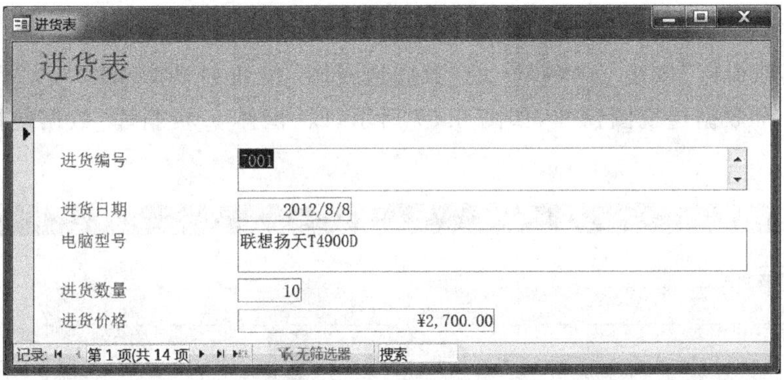

图 6.54　"进货表"窗体

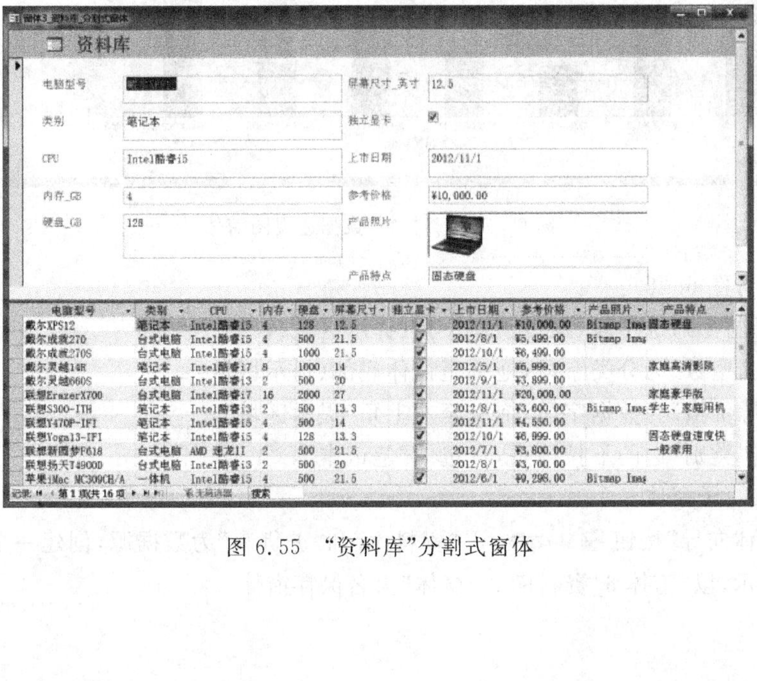

图 6.55　"资料库"分割式窗体

4. 自定义一个窗体。

使用"窗体设计"按钮  ,以"资料库"为数据源,自定义一个窗体,如图 6.56 所示,以"窗体 4_资料库_窗体设计按钮"为名保存窗体。

图 6.56 "资料库"自定义窗体

5. 创建数据透视图窗体。

使用"其他窗体"按钮 的"数据透视图"按钮 ,以"资料库"为数据源,创建一个数据透视图窗体,如图 6.57 所示,以"窗体 5_资料库_数据透视图"为名保存窗体。

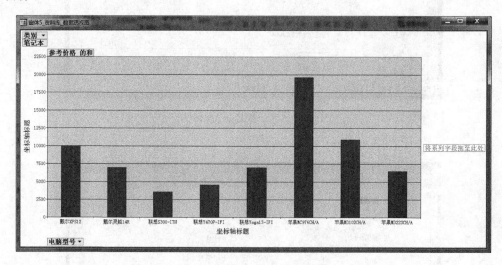

图 6.57 "资料库"数据透视图窗体

提示(参考图 6.28):

(1) "类别"为筛选字段,拖曳至左上角(提示区域);

(2) "电脑型号"为分类字段,拖曳至窗体底部(提示区域);

(3) "参考价格"为数据字段,拖曳至左上角(提示区域);

(4) 单击"类别"边的下拉箭头,只选中"笔记本"。

6. 创建主/子窗体。

使用"窗体向导"按钮 ,以"资料库"和"进货表"为数据源,创建一个主/子窗体,如图 6.58 所示,以"窗体 6_资料库_子窗体"为名保存窗体。

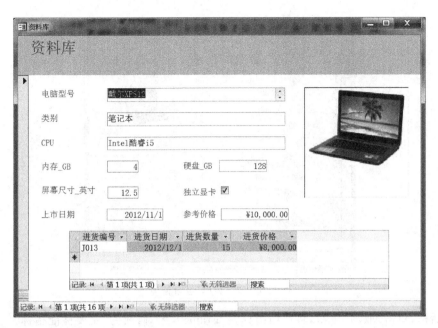

图 6.58 "资料库"主/子窗体

提示(参考图 6.31):

(1) 在"窗体向导"对话框中,选择"表/查询"为"表:资料库",选择"资料库"中需要的字段,然后,重新选择"表/查询"为"表:进货表",并选择该数据表中需要的字段,再单击"下一步"按钮 下一步(N) >,直到完成向导。

(2) 切换到"布局视图"下修改窗体,选中主窗体的控件,使用键盘方向键进行移动,拖曳边框线改变其宽度和高度,或按 Del 键进行删除;拖曳子窗体的移动标志 ✛ 调整其位置,鼠标指向子窗体中字段标题右边框线且指针呈双向箭头 ↔ 时拖曳,调整列宽,同样,调整子窗体大小,直到满意;切换到"窗体视图"下进行预览,然后,关闭窗体,按默认名称保存主、子窗体。

(3) 重命名主、子窗体,在"窗体"对象栏中,将主窗体"资料库"重命名为"窗体 6_资料库_子窗体",将子窗体"进货表 子窗体"重命名为"窗体 6(0)_进货表_配套子窗体"。

7. 创建综合窗体。

将"窗体 4_资料库_窗体设计按钮"复制为"窗体 7_资料库_综合窗体"(或使用"窗体设计"按钮 窗体设计,以"资料库"为数据源新建一个窗体),打开其"设计视图",按图 6.59 所示,修改窗体布局、添加控件和美化窗体,完成后保存窗体。

提示((1)~(4)参考图 6.38、(5)~(6)图 6.45):

(1) 将"类别"文本框改为组合框:用快捷菜单更改后,设置"行来源类型"属性为"值列表"、"行来源"属性栏输入"笔记本"、"台式电脑"和"一体机",并设置"默认值"属性为"笔记本"。

(2) 按图 6.59 所示添加缺少的字段,调整好窗体上所有字段的位置。

(3) 添加"选项组"控件:单击"窗体设计工具"中"控件"组的"选项组"按钮 ,在窗体上拖曳出一个大矩形框,将"CPU"、"内存"及"产品特点"等都完全包含在矩形内,如果弹出

图 6.59 "资料库"综合窗体

向导对话框,单击"取消"按钮,将选项组标签"Frame××"修改为"主要性能指标"。

(4) 添加 3 个按钮"转至下一项"、"转至前一项"和"关闭窗体":按钮高度和宽度为 0.6cm 和 1.746cm。

(5) 添加窗体页眉:字体为"华文行楷"、"28"和"红色"(前景色:"♯ED1C24")。

(6) 添加窗体背景:在"属性表"窗格的下拉列表中,选择"窗体",在"格式"选项卡的"图片"属性栏中,插入背景图片,设置"图片平铺"属性为"是"。

重要提示——"窗体设计工具"上最常用最重要的两个按钮为"属性表"按钮 ![]和"现有字段列表"按钮 ![],如图 6.60 所示。

图 6.60 "属性表"按钮和"现有字段列表"按钮

第7章　　　　　　报　　表

在数据库中,数据表对数据进行存储,查询对数据进行筛选,窗体对数据进行查看,而报表则对数据进行打印,报表可以按用户的要求和格式对数据进行打印和显示。本章将详细介绍关于报表的内容。

7.1　报表简介

7.1.1　报表的功能

报表的主要功能包括:
(1) 打印和显示用户选定的数据内容;
(2) 按指定格式打印和显示数据内容,有多种格式和样式的报表,如图7.1所示,用户也可以按自己的要求格式化报表,例如,添加页眉、页脚及图片等美化报表;
(3) 对数据进行求和、求平均值和计数等统计计算,也可以对数据进行分类小计和汇总。

7.1.2　报表的类型

Access中有多种报表类型,最基本和最常用的有:表格型、纵栏型、数据表型、标签型和图表型等,如图7.1所示。

7.1.3　报表的视图

Access为报表操作提供了多种视图形式,例如,"报表视图"、"布局视图"和"设计视图",它们与窗体的各种视图形式相对应和类似。
(1) 报表视图:是报表运行时的显示形式,用于显示和浏览报表中的数据内容。
(2) 布局视图:与窗体的布局视图一样,该视图可以直观地进行报表布局的调整,例如,调整列宽、移动或删除某一列等。
(3) 设计视图:显示报表的结构,主要用于报表结构的设计和修改。
(4) 打印预览:显示报表的打印效果。
单击"开始"选项卡的"视图"按钮,可以切换报表的视图形式,如图7.2所示的是同一个报表的4种视图形式:"设计视图"、"报表视图"、"打印视图"和"布局视图"。

7.1.4　报表的结构

如图7.2所示,报表主要由以下几部分组成。

192

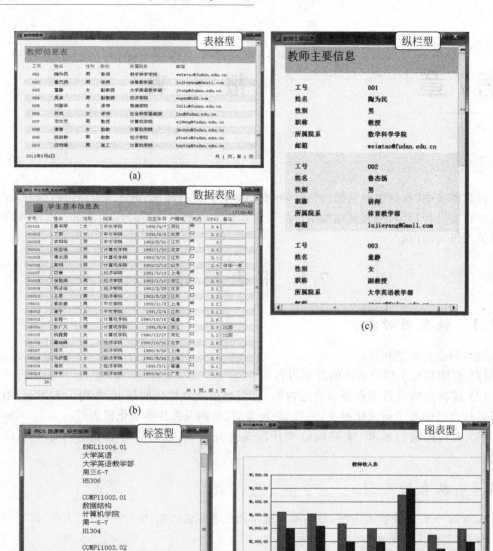

图 7.1　各种类型的报表

(1) 报表页眉：即报表的开始处，一般用来显示或打印整个报表的标题或说明性文字等，每份报表只有一个报表页眉，打印在报表的第一页开始处。

(2) 页面页眉：是报表中数据的标题行(即字段名称)，与报表页眉不同，页面页眉的内容会打印在每页的第一行，除了第一页打印在报表页眉下。

(3) 主体：显示数据(即记录值)，是报表的主要内容，占据了报表的大部分区域。

(4) 页面页脚：与页面页眉对应，页面页脚显示或打印在报表每页的底部，常用于显示页码等信息。

(5) 报表页脚：与报表页眉对应，报表页脚显示或打印在一份报表数据的最后，作为报表的最后一部分内容，通常是整个报表的统计、汇总信息或说明信息。

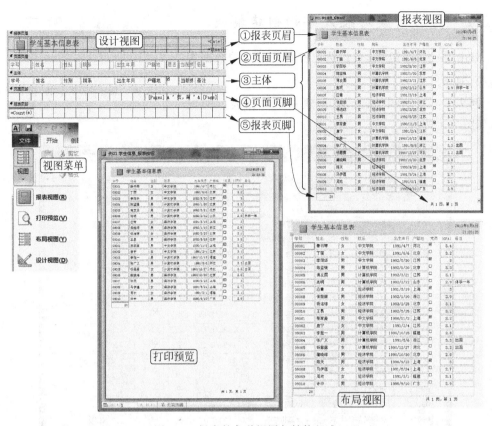

图 7.2　报表的各种视图与结构组成

在"设计视图"中,将报表的每个组成部分称为一个"节",例如,"页面页眉"节、"主体"节等。

重要提示——页面页眉与主体的相关特性如下。

(1) 页面页眉与主体的区别:在报表的"设计视图"中,常常看到"页面页眉"节与"主体"节的内容很相似甚至相同,但实际上它们是有很大区别的,"设计视图"中的页面页眉由各字段名标签组成,对应在"报表视图"中是数据的标题行,而主体由文本框组成,对应在"报表视图"中是具体的数据(即记录值)。

(2) 主体在"设计视图"和"报表视图"下的不同形式:在"设计视图"中主体中的一行,在"报表视图"中常常会变成多行,请参照图 7.2 所示的"设计视图"和"报表视图",观察两者的不同。

7.2　创 建 报 表

7.2.1　创建报表使用的命令或工具

在 Access 中,可以使用"创建"选项卡中"报表"组的各个命令按钮,来创建报表,如图 7.3 所示。

7.2.2 为当前数据表或查询创建报表

单击"报表"按钮，可以为已经打开的当前数据表或查询创建报表。

图 7.3 "创建"选项卡的"报表"组

例 7.1 为"学生信息表"创建一个数据表型的报表，如图 7.4 所示。

学号	姓名	性别	院系	出生年月	户籍地	党员	GPA	备注
00001	秦书琴	女	中文学院	1991/4/7	河北	☑	3.4	
00002	丁丽	女	中文学院	1991/6/6	北京	☐	3.2	
00003	李阳华	男	中文学院	1992/5/30	江苏	☑	3	
00004	陈坚强	男	计算机学院	1992/1/20	北京	☐	3.3	
00005	傅友国	男	计算机学院	1992/3/21	江苏	☐	3.1	
00006	高明	男	计算机学院	1992/2/12	山东	☐	2.9	休学一年
00007	应青	女	经济学院	1991/3/19	上海	☑	3	
00008	侯挺顺	男	经济学院	1992/1/10	浙江	☐	2.9	
00009	杨洁琼	女	经济学院	1992/2/25	北京	☐	3.1	
00010	王易	男	经济学院	1992/5/25	江苏	☐	3.2	
09001	蔡家豪	男	中文学院	1990/11/3	上海	☑	3.2	
09002	唐宁	女	中文学院	1991/2/4	江苏	☐	3.1	
09003	李胜一	男	计算机学院	1990/10/15	福建	☐	2.8	
09004	张广义	男	计算机学院	1991/5/6	浙江	☐	3.3	出国
09005	杨露露	女	计算机学院	1990/12/27	河北	☐	3.2	出国
09006	藏晓峰	男	经济学院	1990/10/30	北京	☐	2.8	
09007	陈天	男	经济学院	1990/9/23	上海	☑	3	
09008	马伊莲	女	经济学院	1991/5/24	上海	☐	2.7	
09009	周欢	女	经济学院	1991/3/1	福建	☐	3.1	
09010	许中	男	经济学院	1990/9/10	广东	☐	2.9	

学生基本信息表　　2012年5月4日　17:28:42

20

共 1 页，第 1 页

图 7.4 数据表型报表

(1) 打开"学生信息表"：双击"表"对象栏中的"学生信息表"。

(2) 创建报表：单击"报表"按钮，如图 7.5(a)所示，生成一个"布局视图"下的报表。

(3) 调整报表布局：单击字段标题，例如，"学号"，向左拖曳右边框线以缩小列宽，如图 7.5(b)、图 7.5(c)所示，逐一调整列宽，达到如图 7.4 所示的效果。

(4) 查看和保存报表：切换到"报表视图"下查看报表；单击"保存"按钮或"关闭"按钮，将报表保存为"例 01 学生信息表_报表按钮"。

所以，使用"报表"按钮为当前数据表或查询创建报表，一般操作步骤为：

(1) 打开需要创建报表的数据表或查询，如果已经打开则选中该数据表或查询，使其成为当前数据表或查询；

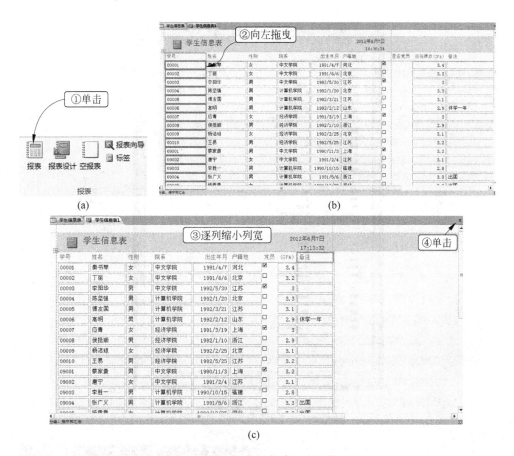

图 7.5 用"报表"按钮创建报表操作步骤

（2）单击"报表"按钮，如图 7.5（a）所示；

（3）调整报表布局；

（4）保存报表。

7.2.3 使用向导创建报表

使用向导创建报表是最简单和最常用的创建方法，其优点为：

（1）能选择报表类型；

（2）能根据需要选择字段；

（3）能选择一个或多个数据表或查询中的数据，创建多数据表的报表。

例 7.2 以"教师信息表"为数据源，创建一个纵栏型的报表，显示教师的主要信息，如图 7.6 所示。

（1）打开"报表向导"对话框：单击"报表向导"按钮 <img>报表向导</img>，如图 7.7 所示。

（2）按向导提示操作，完成报表创建：如图 7.7 所示，选择"教师信息表"及表中前 6 个字段，选择按"工号"排序，选择"纵栏式"布局，输入报表标题"教师主要信息"，单击"完成"按钮 <img>完成(E)</img>，系统自动完成报表的创建，并保存报表为"教师主要信息"。

196

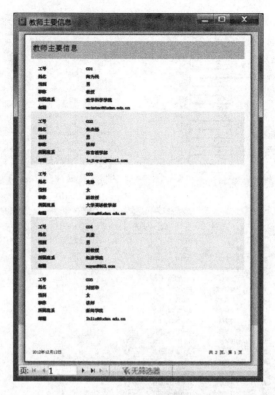

图 7.6 纵栏型报表(打印预览)

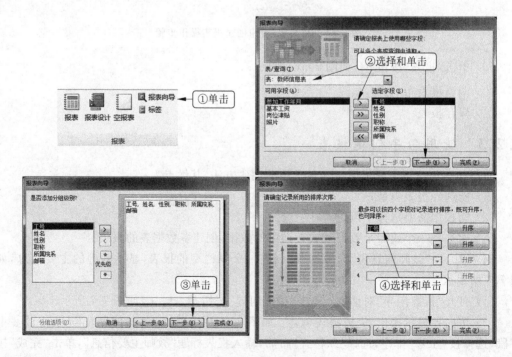

图 7.7 用向导创建报表操作步骤

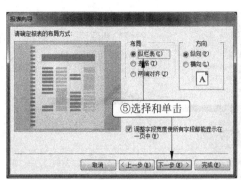
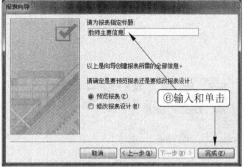

⑤选择和单击

⑥输入和单击

图 7.7 （续）

（3）重命名报表：单击"关闭"按钮 关闭报表，在"报表"对象栏中，右击创建的报表，选择"重命名"快捷菜单命令，以"例 02 教师主要信息_向导_纵栏式"为名重命名报表。

例 7.3 创建"教师信息表"和"选课表"的一对多表关系，以此两表为数据源，创建一个表格型的报表，显示教师姓名及其开课信息，如图 7.8 所示。

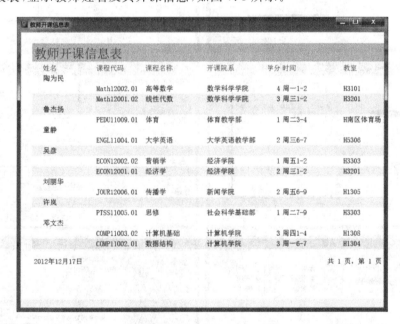

图 7.8 多数据表报表

（1）打开"报表向导"对话框：单击"报表向导"按钮 报表向导，如图 7.9 所示。

（2）按向导提示操作，完成报表创建：如图 7.9 所示，选择"教师信息表"及表中的"姓名"字段，选择"选课表"及表中的 6 个字段，为报表指定标题为"教师开课信息表"，单击"完成"按钮，系统自动完成报表的创建，并保存报表为"教师开课信息表"。

（3）重命名报表：单击"关闭"按钮 关闭报表，在"报表"对象栏中，右击创建的报表，选择"重命名"快捷菜单命令，以"例 03 教师开课信息表_向导_多表"为名重命名报表。

所以，使用"报表向导"按钮 报表向导 创建报表，一般操作步骤为如下几步。

（1）打开"报表向导"对话框：单击"报表向导"按钮 报表向导；

198

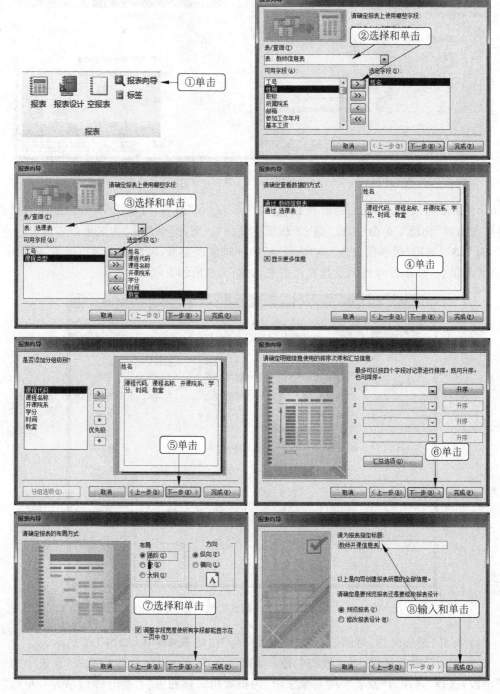

图 7.9　用向导创建多数据表报表操作步骤

（2）按向导提示操作，完成报表创建：其中关键步骤为选择数据表及表中的字段，如图 7.7 和图 7.9 中的步骤"②"和"③"所示。

（3）保存和更名报表：系统自动以报表标题为名保存报表，如果需要，用户可以关闭报表后,重命名报表。

重要提示——创建多数据表的报表。

(1) 应先建立数据表之间的表关系。

(2) 单击"报表向导"按钮 ![图标]报表向导 后,在弹出的对话框中,要分两次选择不同的数据表及表中的相关字段,如图 7.9 中步骤"②"和"③"所示。

7.2.4 使用"空报表"按钮创建报表

使用"空报表"按钮 ![图标]空报表 创建报表的主要优点是:报表能自动排列得比较整齐。

例 7.4 创建数据表"成绩表"、"学生信息表"和"选课表"的一对多表关系,以此三表为数据源,使用"空报表"按钮 ![图标]空报表 创建报表,如图 7.10 所示。

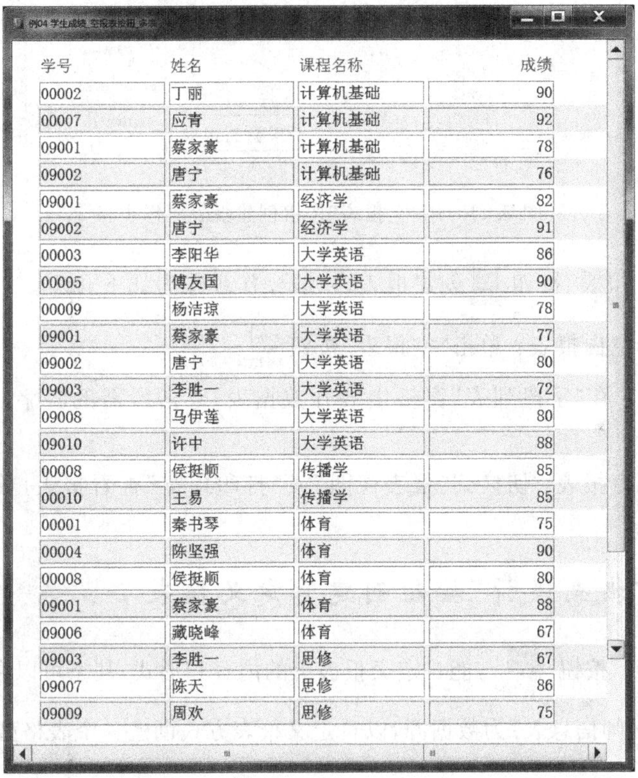

学号	姓名	课程名称	成绩
00002	丁丽	计算机基础	90
00007	应青	计算机基础	92
09001	蔡家豪	计算机基础	78
09002	唐宁	计算机基础	76
09001	蔡家豪	经济学	82
09002	唐宁	经济学	91
00003	李阳华	大学英语	86
00005	傅友国	大学英语	90
00009	杨洁琼	大学英语	78
09001	蔡家豪	大学英语	77
09002	唐宁	大学英语	80
09003	李胜一	大学英语	72
09008	马伊莲	大学英语	80
09010	许中	大学英语	88
00008	侯挺顺	传播学	85
00010	王易	传播学	85
00001	秦书琴	体育	75
00004	陈坚强	体育	90
00008	侯挺顺	体育	80
09001	蔡家豪	体育	88
09006	藏晓峰	体育	67
09003	李胜一	思修	67
09007	陈天	思修	86
09009	周欢	思修	75

图 7.10 多数据表报表

(1) 创建空白报表:单击"空报表"按钮 ![图标]空报表,如图 7.11 所示,在"布局视图"下创建一个空白报表,在打开的"字段列表"窗格中,单击"显示所有表"字样。

(2) 选择报表上的字段:在"字段列表"窗格中,依次双击"成绩表"中的"学号"、"学生信息表"中的"姓名"、"选课表"中的"课程名称"和"成绩表"中的"成绩",如图 7.11 所示(特别注意,"学号"应选择"成绩表"中的)。

(3) 查看和保存报表:切换到"报表视图"或"打印预览"查看报表,单击"保存"按钮 ![图标],将报表保存为"例 04 学生成绩_空报表按钮_多表"。

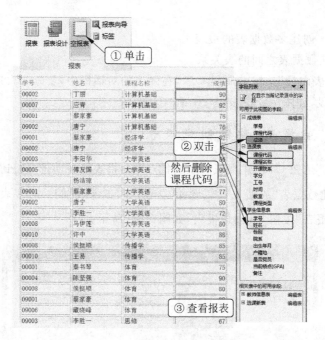

图 7.11 用"空报表"按钮创建报表操作步骤

所以,使用"空报表"按钮 创建报表,一般操作步骤为如下几步。

(1) 创建一个空白报表:单击"空报表"按钮 。

(2) 选择字段:在"字段列表"窗格中展开数据表,双击所需的各字段,添加到报表中,如图 7.11 所示。

(3) 查看并保存报表:切换到"报表视图"或"打印预览"查看报表,单击"保存"按钮 保存报表。

7.2.5 使用"报表设计"按钮创建自定义报表

使用"报表设计"按钮 ,能自定义报表上的内容和形式,甚至可以在报表上添加控件。

例 7.5 以"教师信息表"为数据源,以自定义报表方式创建一个表格型的报表,如图 7.12 所示。

(1) 创建空白报表:单击"报表设计"按钮 ,如图 7.13 所示,在"设计视图"下创建一个包括"页面页眉"节、"主体"节和"页面页脚"节的空白报表。

(2) 添加字段和字段标签,编辑"主体"节和"页面页眉"节,如图 7.13 所示。

① 打开"字段列表"窗格:单击"报表设计工具"中"工具"组的"添加现有字段"按钮 。

② 添加字段和字段标签:在"字段列表"窗格中,双击所需字段"工号"一直到"岗位津贴",添加到"主体"节(如果"字段列表"窗格中未出现数据表,可单击"显示所有表"字样,如

例05 教师工资表_报表设计按钮

工号	姓名	性别	职称	所属院系	基本工资	岗位津贴
001	陶为民	男	教授	数学科学学院	5500	6000
002	鲁杰扬	男	讲师	体育教学部	2500	1500
003	童静	女	副教授	大学英语教学部	4200	3000
004	吴彦	男	副教授	经济学院	4200	3000
005	刘丽华	女	讲师	新闻学院	3000	2000
006	许岚	女	讲师	社会科学基础部	3000	2000
007	邓文杰	男	教授	计算机学院	5500	6000
008	谢音	女	助教	计算机学院	2500	1000
009	陈剑敏	男	助教	经济学院	2500	1000
010	应柏雄	男	高工	计算机学院	4200	2500

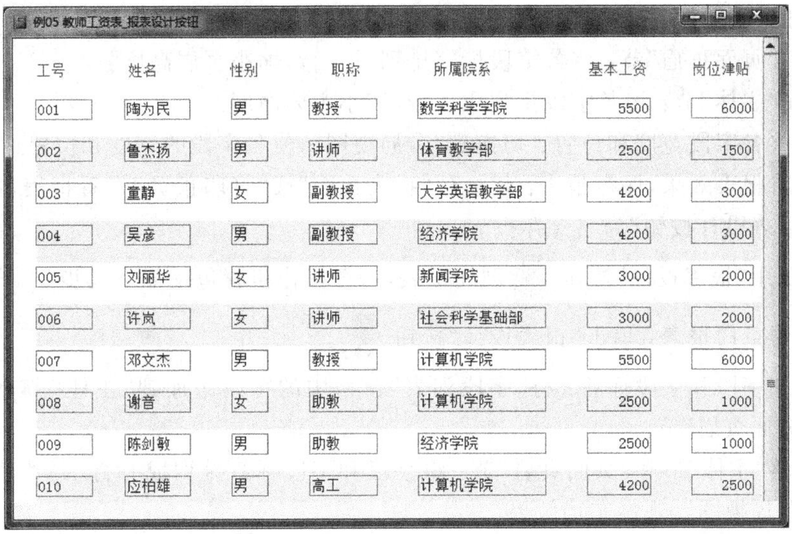

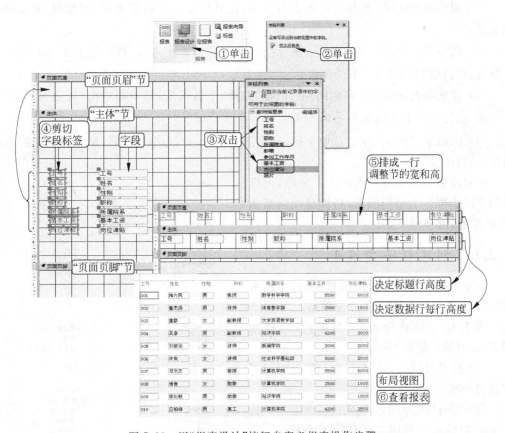

图 7.12　表格型报表

图 7.13　用"报表设计"按钮自定义报表操作步骤

图 7.13 所示),选中所有字段标签,"剪切"、"粘贴"到"页面页眉"节。

③ 增加报表宽度:鼠标指向报表右边界指针呈双向箭头 ✛ 时向右拖曳。

④ 编辑"页面页眉"节:将各字段标签排列成一行,缩小页眉高度。

⑤ 编辑"主体"节:将各字段排列成一行,缩小主体高度。

(3) 调整各字段宽度和位置:切换到"布局视图",使各字段的宽度和位置适当。

(4) 查看报表效果,保存报表:切换到"报表视图"或"打印预览"查看报表,以"例 05 教师工资表_报表设计按钮"为名保存报表。

所以,使用"报表设计"按钮 📊报表设计 创建报表,一般操作步骤包括如下几步。

(1) 创建空白报表:单击"报表设计"按钮 📊报表设计。

(2) 添加字段和字段标签:将"字段列表"窗格中的字段添加到"主体"节,将字段标签"剪切"到"页面页眉"节。

(3) 调整"主体"节和"页面页眉"节:将字段和字段标签排列成一行,调整节的宽和高,并切换到"布局视图",观察布局效果。

(4) 查看和保存报表:切换到"报表视图"或"打印预览"查看报表,满意后保存报表。

重要提示——在"设计视图"下,调整报表布局包括如下几方面。

(1) 调整报表宽度:鼠标指向报表右边界,指针呈左右双向箭头 ✛ 时拖曳,可改变报表宽度。

(2) 调整"页面页眉"节的高度:鼠标指向"主体"节的上边线,指针呈上下双向箭头 ✛ 时拖曳,可改变"页面页眉"节的高度。

(3) 调整报表数据行之间的间距:调整"主体"节的高度,即鼠标指向"页面页脚"节的上边线,指针呈上下双向箭头 ✛ 时拖曳。

(4) 调整字段宽度:单击选中字段,鼠标指向字段的右边框线,指针呈左右双向箭头 ↔ 时拖曳,可改变字段宽度。

(5) 调整字段位置:单击选中字段,鼠标指向字段边框左上角控制点,指针呈四向箭头 ✛ 时拖曳,可移动字段。

7.2.6 创建标签型报表

标签型报表是一种常用的报表,打印出来后可以制成一个个小标签,方便粘贴。

例 7.6 以"选课表"为数据源,创建如图 7.14 所示的标签型报表。

(1) 打开"标签向导"对话框:单击"标签"按钮 📄标签。

(2) 按向导提示操作,完成报表创建:在"标签向导"对话框中,按图 7.15 所示,完成操作。

(3) 保存报表:关闭"打印预览",将报表重命名为"例 06 选课表_标签报表"。

ENGL11004.01 大学英语 大学英语教学部 周三6-7 H5306	COMP11002.01 数据结构 计算机学院 周三6-7 H1304
COMP11003.02 计算机基础 计算机学院 周四1-4 H1308	ECON12002.02 营销学 经济学院 周五1-2 H3303
ECON12001.01 经济学 经济学院 周三1-2 H3201	PTSS11005.01 思修 社会科学基础部 周二7-9 H3303
Math12001.02 线性代数 数学科学学院 周三1-2 H3201	Math12002.01 高等数学 数学科学学院 周一1-2 H3101

图 7.14 标签型报表(打印预览)

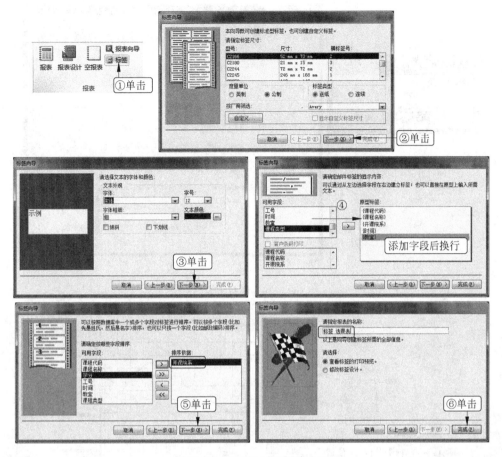

图 7.15　标签型报表创建步骤

7.2.7　创建参数报表

参数报表能根据用户输入的参数,生成与参数相符的报表内容,使报表具有查询交互功能,例如,如图 7.16 所示,当运行例 7.7 创建的参数报表时,系统会自动弹出"输入参数值"对话框,如果用户输入"男"并单击"确定"按钮,会生成男性分类报表。

例 7.7　以"教师信息表"为数据源,以"性别"为参数,创建具有查询功能的参数报表,如图 7.16 所示。

(1) 创建空白报表:单击"报表设计"按钮。

(2) 编辑"页面页眉"节和"主体"节:按图 7.17 所示,在"设计视图"下:

① 双击"字段列表"窗格的"性别"字段,添加到"主体"节,然后"剪切"到"页面页眉"节中并排列好。

② 双击"字段列表"窗格的"工号"一直到"邮箱"共 5 个字段,添加到"主体"节,将各字段标签"剪切"到"页面页眉"节中,按图 7.17 所示,排列好两个节中的内容。

(3) 设置查询参数如下。

① 单击"报表设计工具"中"工具"组的"属性表"按钮,打开"属性表"窗格。

203

第 7 章

报表

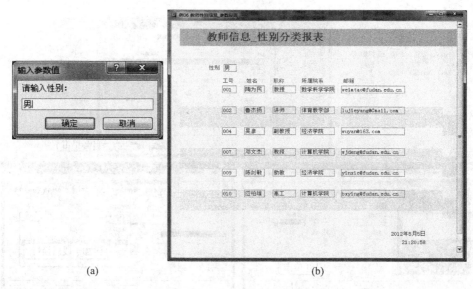

（a）   （b）

图 7.16　参数报表

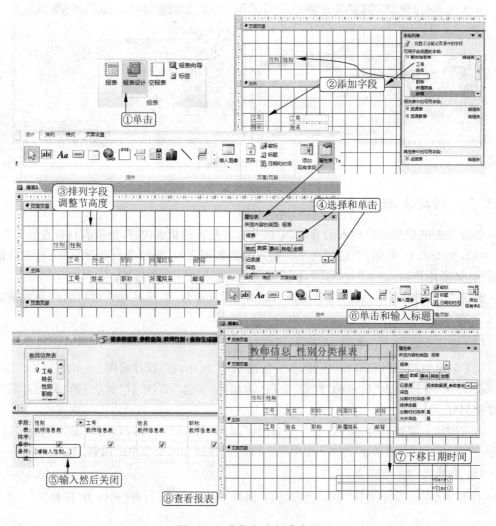

图 7.17　参数报表创建步骤

② 选中下拉列表中的"报表",在"数据"选项卡中,单击"记录源"属性栏最右边的按钮 ⃞ ,打开"查询生成器",在"性别"字段列的"条件"行中输入提示信息"[请输入性别:]",如图 7.17 所示,单击"关闭"按钮 ✗ ,在弹出的对话框中选"是",保存并关闭"查询生成器"。

（4）添加报表页眉和页脚步骤如下。

① 单击"报表设计工具"中"页眉/页脚"组的"标题"按钮 ⃞ 标题 ,输入标题。

② 单击"报表设计工具"中"页眉/页脚"组的"日期和时间"按钮 ⃞ 日期和时间,在"报表页眉"节中,添加日期和时间,然后,将它们"剪切"至"页面页脚"节中,如图 7.17 所示。

（5）运行和查看报表:切换到"报表视图"或"打印视图",在弹出的"输入参数值"对话框中,输入性别"男"或"女",查看报表效果。

（6）保存报表:单击"保存"按钮 ⃞ ,以"例 07 教师性别信息_参数报表"为名保存报表。

所以,创建参数报表,一般操作步骤为如下几步。

（1）创建报表:单击"报表设计"按钮 ⃞ 报表设计。

（2）编辑"页面页眉"节和"主体"节:将参数字段放在"页面页眉"节,其他需要显示的字段文本框放在"主体"节,字段标签也放在"页面页眉"节。

（3）设置查询参数:在"属性表"窗格中,选择"报表",在"数据"选项卡中,单击"记录源"属性最右边的 ⃞ 按钮,打开"查询生成器",创建参数查询,即在参数字段列的"条件"行中,输入方括号和提示信息"[提示信息]",然后,关闭"查询生成器"。

（4）运行、查看和保存报表:切换到"报表视图"或"打印视图",在弹出的对话框中,输入参数值,查看报表效果,单击"保存"按钮 ⃞ ,保存报表。

重要提示——参数报表的保存、运行和修改描述如下。

（1）保存自动生成的参数查询:在创建参数报表过程中,系统会自动生成相应的参数查询,如果将查询单独保存在"查询"对象栏中（用"另存为"按钮）,就不可删除该参数查询,如果误删,会破坏报表,使报表无法打开。

（2）参数报表的运行:将"设计视图"下的参数报表切换到"报表视图"或"打印视图",会运行报表,弹出"输入参数值"对话框;如果报表已经关闭,可以在"报表"对象栏中双击报表,也能启动报表运行。

（3）打开和修改已关闭的参数查询:如果需要修改已经关闭的参数报表,可以在"报表"对象栏中右击报表,选择"设计视图"快捷菜单命令,在"设计视图"下打开报表,进行修改。

7.2.8 创建主/子报表

在一个报表中插入另一个有关联信息的报表,形成主/子报表,如图 7.18 所示。

例 7.8 以"教师信息表"和"选课表"为数据源（先建立好两表之间的表关系）,创建一个主/子报表,显示教师主要信息及其开课信息,如图 7.18 所示。

（1）创建主报表:单击"报表向导"按钮 ⃞ 报表向导 ,选择"教师信息表"的前 6 个字段,其他向导对话框采用默认值（报表"布局"选择"表格"）,单击"完成"按钮。

（2）创建子报表的步骤如下。

① 关闭"打印预览",切换到"设计视图",增加"主体"节高度。

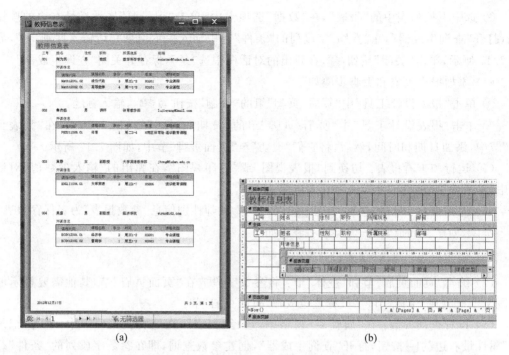

(a)　　　　　　　　　　　　　　　　　　(b)

图 7.18　主/子报表"打印预览"效果和"设计视图"下的结构

② 单击"报表设计工具"中"控件"组的"子窗体/子报表"按钮▣,在"主体"节的适当位置,拖曳出一个大矩形框,如图 7.19 所示。

③ 在向导引导下,完成子报表。

(3) 调整主报表、子报表和整个报表布局:切换到"布局视图",对标题行和标题下的第一行数据进行如下操作。

① 选中一列:单击选中一个列标题、Ctrl+单击选中该标题下的一个数据,例如,单击"性别"、Ctrl+单击"男",则选中了"性别"列。

② 调整列的左右位置:鼠标指向选中列的左边框线,向左或右拖曳可左移或右移列的位置,例如,向左拖曳"性别"列的左边框线,左移该列。

③ 调整列宽:鼠标指向选中列的右边框线拖曳,可放大或缩小选中的列宽,例如,向左拖曳"性别"列的右边框线,缩小列宽。

④ 调整子报表位置:单击子报表,单击子报表左上角移动标记⊕,用键盘方向键移动子报表,并调整子报表的标签的位置。

⑤ 调整子报表宽度和每条记录之间的间距:切换到"设计视图",弹出是否保存对话框时,按默认名称保存主、子报表;然后,缩小子报表的宽度,增加"主体"节高度。

(4) 查看和预览报表:切换到"报表视图"或"打印预览"查看报表,然后,关闭报表。

(5) 为主报表和子报表更名:在"报表"对象栏中,右击报表,分别以"例 08 教师信息表_开课表_主/子报表"和"例 08(0) 开课信息_配套表"为名重命名两个报表。

所以,创建主/子报表,一般步骤为如下几步。

(1) 创建主报表:可以使用多种创建报表的方法,例如,"报表向导"按钮▣报表向导 、"报

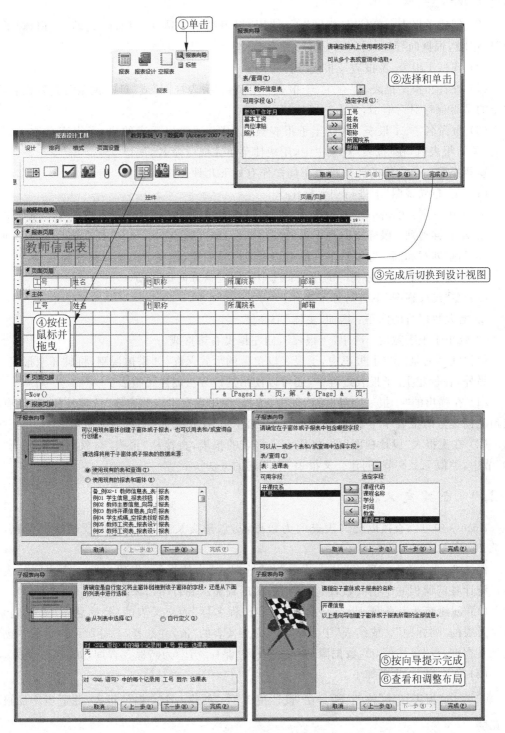

图 7.19 主/子报表创建步骤

表设计"按钮 或"空报表"按钮 等。

(2) 创建子报表:在"设计视图"下,使用"报表设计工具"中"控件"组的"子窗体/子报表"按钮 ![icon],根据向导提示操作,完成子报表创建。

(3) 调整子报表、主报表及报表整体布局。

(4) 查看和预览报表,保存主、子报表:切换到"报表视图"或"打印预览",查看报表,在弹出的是否保存对话框中,单击"是"按钮。

(5) 重命名主、子报表:为防止子报表被误删除,通常以配套的主、子报表名称进行重命名,关闭报表后,在"报表"对象栏中,用快捷菜单完成重命名。

重要提示——常用的调整报表布局操作有如下几种。

(1) 在"布局视图"下进行如下操作。

① 选中一列:单击一个列标题,Ctrl+单击列标题下的一个数据。

② 左右移动列:鼠标指向选中列的左边框线,向左拖曳左移该列、向右拖曳右移该列。

③ 调整列宽和高:拖曳选中列的右边框线调整列宽,拖曳下边框线调整高度。

④ 移动子报表及其标签等的位置:选中后用键盘方向键移动。

(2) 在"设计视图"下进行如下操作。

① 增大数据行的间距:增加"主体"节高度。

② 减小子报表宽度:选中"子报表",向左拖曳右边框线。

值得注意的是,主/子报表中,子报表以单独的形式保存,如果被误删,将破坏主报表。

另外,在创建主/子报表过程中,还可以使用其他方法创建子报表。

(1) 在弹出的"子报表向导"对话框中,选择"使用现有报表和窗体"选项按钮,将已有的或预先创建好的报表作为子报表,如图 7.19 第一个"子报表向导"对话框所示。

(2) 在主报表"设计视图"下,将作为子报表的报表,直接从"报表"对象栏中拖曳至"主体"节中,类似 7.2.9 节"创建交叉报表"中所述的方法。

7.2.9 创建交叉报表

Access 中可以直接以交叉表查询为数据源,创建交叉报表,直观地反映数据信息,如图 7.20 所示。

例 7.9 以"学生信息表"、"成绩表"和"选课表"为数据源(先建立好三表之间的表关系),统计各门课程的学生人数,以交叉报表的形式显示和打印出来,如图 7.20(a)所示。

(1) 创建交叉表查询:以"课程代码"和"课程名称"为交叉表的"行标题"、"开课院系"为交叉表的"列标题"、"成绩表"中的"学号"为交叉表的"值"并选择"总计"行为"计数",创建交叉表查询,以"报表例 09_数据源_交叉表查询_课程统计"为名保存查询,如图 7.21 所示。

(2) 创建报表,步骤如下。

① 单击"报表设计"按钮 ,在"设计视图"下,创建一个空白的报表,并适当增加报表的宽度。

② 将交叉表查询从"报表"对象栏中拖曳至报表的"主体"节中。

(3) 调整交叉表布局:切换到"布局视图",按图 7.21 所示,调整交叉表及其各列的位置和大小,删除交叉表标签文字。

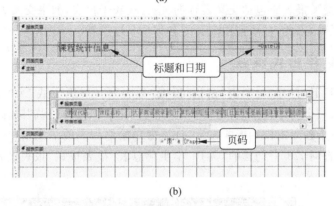

(a)

(b)

图 7.20 交叉报表及其"设计视图"下的结构

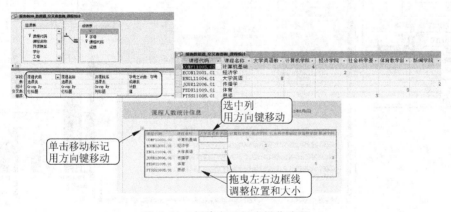

图 7.21 创建交叉报表操作步骤

（4）添加页眉页脚：切换到"设计视图"，按默认名称保存报表。

① 单击"报表设计工具"中"页眉/页脚"组的"标题"按钮 🖼标题，添加报表标题"课程人数统计信息"；单击"日期和时间"按钮 🖼日期和时间，添加不"包含时间"的日期；单击"页码"按钮 🖼页码，在"页面底部"添加页码"第 N 页"。

② 按图 7.20（b）所示，调整日期和页码的位置以及报表宽度和各节的高度。

（5）查看和预览报表，重命名报表：切换到"打印预览"，在"打印预览"工具栏中，设置"横向"打印，并进一步修正报表，满意后，以"例 09 课程统计信息_交叉表报表"和"例 09（0）

课程统计_配套表"为名,重命名主报表和子报表。

所以,创建交叉报表,一般操作步骤为如下几步。

(1) 创建并保存交叉表查询。

(2) 创建一个空结构的报表,在"设计视图"下,将交叉表查询拖曳到报表的"主体"节中。

(3) 调整交叉表和报表的布局。

(4) 需要时添加页眉页脚等控件,以完善报表。

(5) 查看和预览报表,保存主报表和子报表。

重要提示——交叉报表的保存:

一个完整的交叉报表应包括交叉表查询、主报表和子报表,如果交叉表查询或子报表被误删,会破坏主报表,因此,一般使用配套的名称命名这三者。

7.2.10 创建弹出式报表

在"设计视图"下,打开"属性表"窗格,设置"报表"的"弹出方式"为"是",如图7.22所示,则该报表成为一个弹出式报表,再切换到"报表视图"、"打印预览"或保存后重新打开报表时,报表将以一个独立窗口的形式显示,且该窗口始终为当前活动窗口,位于其他窗口或窗格之上,例如,将例7.1中创建的"例01学生信息表_报表按钮"报表设置为弹出式报表,如图7.22所示。

图 7.22 弹出式报表及其创建

7.2.11 创建图表报表

图表报表以图表形式表示数据信息,如图7.23所示。

例7.10 以"教师信息表"为数据源,创建图表型报表,以柱形图形式表示各"院系"教师的"基本工资"和"岗位津贴"的平均值情况,如图7.23所示。

(1) 创建空白报表:单击"报表设计"按钮。

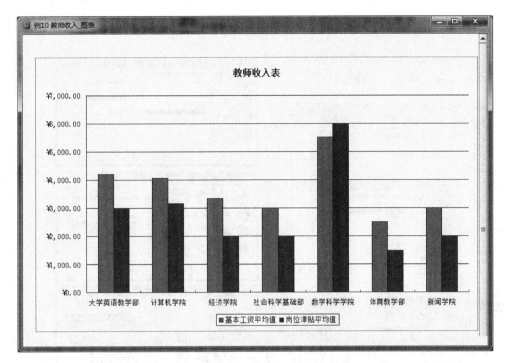

图 7.23　图表型报表

（2）添加"图表"控件：单击"报表设计工具"中"控件"组的"图表"按钮 ，在"主体"节上拖曳出一个大矩形框，在弹出的向导对话框引导下完成图表，如图 7.24 所示。

（3）切换到"布局视图"：显示"教师信息表"中的数据信息，增加图表的宽度，以更新图表中的数据。

（4）格式化图表：切换到"设计视图"，双击图表空白处，进入图表编辑状态。

① 右击图例，选择"设置图例格式"快捷菜单命令，设置图例"位置"为"靠下"。

② 右击图表区空白处，选择"设置图表区格式"快捷菜单命令，在弹出的对话框中，选择"字体"选项卡，设置图表中所有字体大小为"10"。

③ 右击垂直坐标轴，选择"设置坐标轴格式"快捷菜单命令，在弹出的对话框中，选择"数字"选项卡，设置"货币"类型格式。

④ 右击图表标题"教师收入表"，选择"设置图表标题格式"快捷菜单命令，设置标题字体为"加粗"、字体大小为"12"。

⑤ 单击图表外的空白处，退出图表编辑状态。

（5）调整图表大小和位置：切换到"布局视图"或"设计视图"下进行操作。

（6）设置"横向"打印效果：切换到"打印预览"，在"打印预览"工具栏中单击"横向"按钮 。

（7）进一步修改和调整报表，满意后，保存报表：以"例 10 教师收入_图表"为名保存报表。

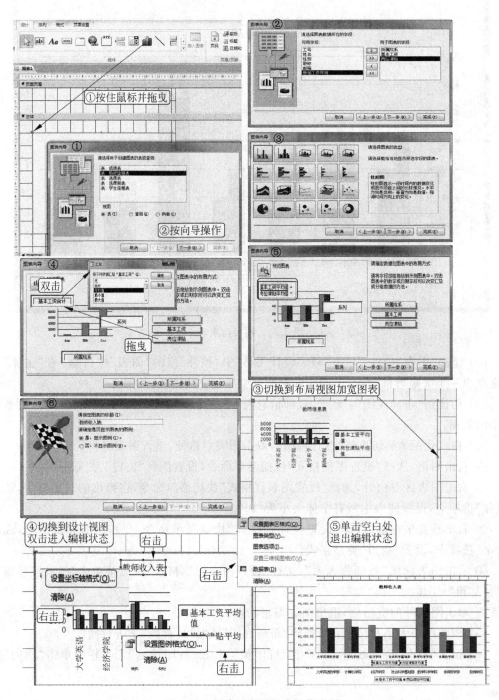

图 7.24　创建图表型报表操作步骤

7.3 美化报表

为使报表更为完美,可以采用多种方法进一步美化报表。

7.3.1 设置报表格式

使用"属性表"窗格,可以设置报表的格式,例如,报表背景、报表中的字体和数据格式等。

例 7.11 打开或创建例 7.5 中所述的报表"例 05 教师工资表_报表设计按钮",对报表进行格式设置和美化,达到如图 7.25(a)所示的效果。

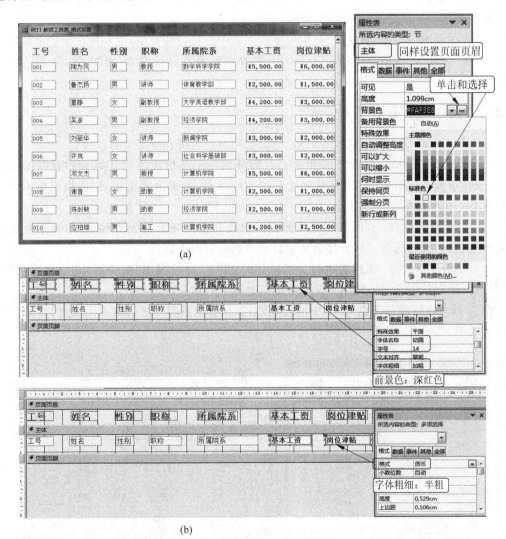

图 7.25 报表格式设置

(1) 打开或创建"例 05 教师工资表_报表设计按钮"。

(2) 设置格式:在"设计视图"或"布局视图"下,使用"属性表"窗格的"格式"选项卡进行设置。

① 背景色:分别选中"属性表"下拉列表中的"主体"和"页面页眉",设置"背景色"属性为"中灰"标准色,如图 7.25(b)所示。

② 标题行:同时选中报表"页面页眉"节中的所有标签(即所有列标题),设置字体为"幼圆"、"14"、"加粗"和"深红色"。

③ 最右两列:同时选中报表"主体"节中的"基本工资"和"岗位津贴"(即最右两列),设置"货币"格式、"半粗"字体粗细。

(3) 调整布局:在"布局视图"下,调整字段大小和位置,达到如图 7.25(a)所示的效果。

(4) 保存报表:选择"文件"菜单的"对象另存为"命令,以"例 11 教师工资表_格式设置"为名保存报表。

重要提示——设置报表格式的方法。

在"设计视图"下,在"属性表"窗格的下拉列表中选择控件对象,或直接在报表上选中控件对象,在"属性表"窗格的"格式"选项卡中,选择相应属性进行设置,例如,字体、颜色和数据格式等。

7.3.2 添加页眉和页脚

一份报表的页眉页脚包括报表页眉页脚、页面页眉页脚和分组页眉页脚。

(1) 报表页眉页脚:报表页眉和报表页脚分别位于整份报表的开始处和数据的结束处,一般显示报表标题和整份报表的汇总和说明等信息,如果报表不止一页,报表页眉页脚也只在第一页和最后一页上显示。

(2) 页面页眉页脚:页面页眉和页面页脚出现在报表每页的上方和下方,显示数据的标题行和页码,报表的每一页上都会显示页面页眉页脚的内容。

(3) 分组页眉页脚:当报表进行分组统计时,报表"设计视图"中会增加"分组页眉"节和"分组页脚"节,用于显示每组小计的数据信息或汇总信息。

例 7.12 继续或打开例 7.11 中的报表,添加页眉和页脚并进行格式化,达到如图 7.26 所示的效果。

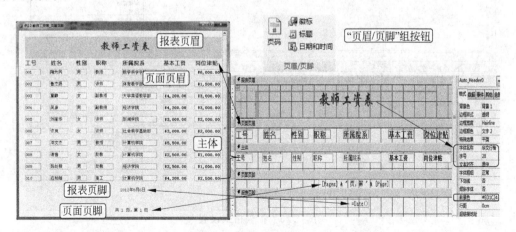

图 7.26 报表的页眉和页脚

(1) 添加报表标题、日期和页码:在"设计视图"下,使用"报表设计工具"中"页眉/页脚"组的按钮。

① 单击"标题"按钮 标题，输入标题"教师工资表"。

② 单击"日期和时间"按钮 日期和时间，在弹出的对话框中，不选中"包含时间"选项，单击"确定"按钮，然后，将添加在报表右上角的"日期" =Date() "剪切"到"报表页脚"节。

③ 单击"页码"按钮 页码，在弹出的对话框中，选择"第 N 页，共 M 页"的页码格式、"页面底部"位置和"居中"对齐，单击"确定"按钮。

（2）格式化：选中报表上的控件对象，在"属性表"窗格的"格式"选项卡中设置。

① 选中"报表标题"，设置"华文行楷"、"28"、"红色"和"居中"，如图 7.26 所示。

② 单击选中"页面页脚"节，设置"中灰"背景色。

③ 移动日期至居中位置。

（3）调整布局，保存报表：选择"文件"菜单的"对象另存为"命令，以"例 12 教师工资表_页眉页脚"为名保存报表。

重要提示——添加"报表页眉"节和"报表页脚"节：

在"设计视图"下，右击报表，选择"报表页眉/页脚"快捷菜单命令，或单击"报表设计工具"中"页眉/页脚"组的按钮，例如"标题"按钮 标题 和"日期和时间"按钮 日期和时间 等，可以为报表添加"报表页眉"节和"报表页脚"节。

7.3.3 添加控件

例 7.13 继续或打开例 7.12 中的报表，在报表页眉和报表页脚中添加徽标和"复旦大学人事处制"字样，达到如图 7.27(a)所示的效果。

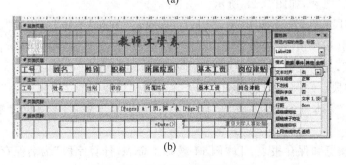

(a)

(b)

图 7.27 报表中的徽标和页脚

(1) 添加徽标:在"设计视图"下,单击"报表设计工具"中"页眉/页脚"组的"徽标"按钮 徽标。

(2) 添加标签控件:单击"报表设计工具"中"控件"组的"标签"按钮 **Aa**,在"报表页脚"节右侧拖曳,添加一个标签控件,输入文字"复旦大学人事处制",在"属性表"窗格中,设置"文本对齐"属性为"右",如图 7.27(b)所示。

(3) 保存报表:以"例 13 教师工资表_添加控件"为名保存报表。

7.4 报表的计算和分组汇总

7.4.1 为报表添加计算字段

在报表中也可以显示一些通过计算得到的数据信息,例如,利用"教师信息表"中的"基本工资"和"岗位津贴",计算并显示教师的"总收入",如图 7.28 所示。

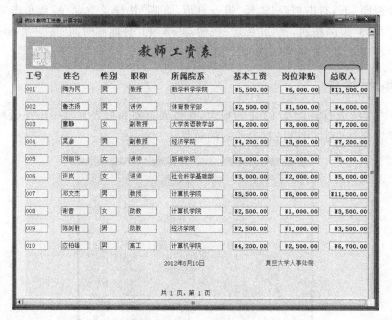

图 7.28 报表中的计算字段

例 7.14 继续或打开例 7.13 中的报表,添加一个计算字段"总收入",其值为"基本工资"和"岗位津贴"之和,如图 7.28 所示。

(1) 添加字段:在"设计视图"下,复制"页面页眉"节和"主体"节中的"岗位津贴"字段,并移动到最右侧(或单击"报表设计工具"中"控件"组的"文本框"按钮 **ab**,在"主体"节中添加一个"文本框",并将关联的标签"剪切"到"页面页眉"节)。

(2) 设置字段:修改复制的"岗位津贴"标签为"总收入",在"属性表"窗格中,设置复制的"岗位津贴"文本框的"控件来源"属性为"=[基本工资]+[岗位津贴]",如图 7.29 所示。

(3) 查看、预览和保存报表:以"例 14 教师工资表_计算字段"为名保存报表。

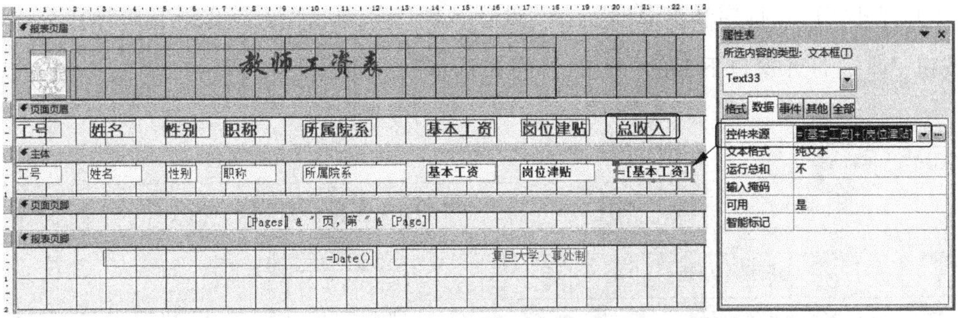

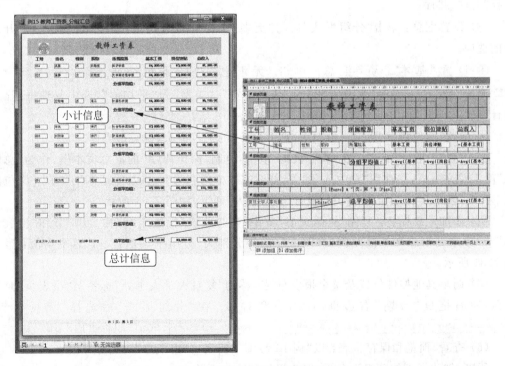

图 7.29 在报表上添加计算字段操作步骤

重要提示——在报表中添加计算字段。

（1）在"设计视图"的"主体"节中，添加"文本框"控件。

（2）在"属性表"窗格的"控件来源"属性中输入计算公式，例如，"＝［基本工资］＋［岗位津贴］"。

7.4.2 报表的分组汇总

报表中也可以显示一些小计或汇总等统计信息，例如，按"性别"分组，统计"男"、"女"教师各项收入的总和；又如，按"职称"进行分组，统计不同职称的教师平均收入情况，如图 7.30所示。

图 7.30 报表的分组汇总（"打印预览"和"设计视图"）

例 7.15 继续或打开例 7.14 中的报表，按"职称"分组，统计各种职称的教师的"基本工资"、"岗位津贴"和"总收入"的平均值，并按"职称"升序排列显示，如图 7.30 所示。

（1）打开"分组、排序和汇总"栏：在"设计视图"下，单击"报表设计工具"的"分组和排序"按钮 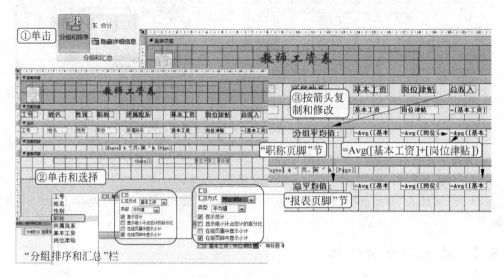，打开窗口下部的"分组、排序和汇总"栏，如图7.31所示。

图7.31　创建报表的分组汇总操作步骤

（2）添加分组、选择分组字段并排序：单击"添加分组"按钮 添加组，选择"职称"字段，选择"升序"排序。

（3）设置汇总：单击"分组形式"后的"更多"字样 分组形式 职称 ▼ 升序 ▼, 更多 ► ，展开后面的选项。

① 设置"基本工资"汇总：单击"无汇总"边的下拉箭头 分组形式 职称 ▼ 升序 ▼，按整个值 ▼, 无汇总 ▼ ，选择"汇总方式"为"基本工资"、"类型"为"平均值"，选中复选框"显示总计"和"在组页脚中显示小计"，如图7.31所示。

② 设置"岗位津贴"汇总：再次单击"汇总"边的下拉箭头，做类似操作。

③ 设置"总收入"汇总：在"职称页脚"节中，复制"岗位津贴"的汇总文本框，作为"总收入"的汇总文本框，移动到"总收入"列下，修改文本框内容为"＝Avg（[基本工资]＋[岗位津贴]）"，再复制到"报表页脚"节中，移动到"总收入"列下，如图7.31所示。

（4）添加汇总标签：复制"页面页眉"节中的"总收入"标签至"职称页脚"节和"报表页脚"节，移动到汇总文本框左侧，修改文字内容分别为"分组平均值："和"总平均值："，如图7.31所示。

（5）调整其他控件位置及整个报表布局：移动"复旦大学人事处"标签至"报表页脚"节左侧，向右拖曳"日期"右边框，以缩小和右移；在"分组形式"后选择"无页眉节" 分组形式 职称 ▼ 升序 ▼, 按整个值 ▼, 汇总 基本工资、岗位津贴 ▼, 有标题 单击添加, 无页眉节 ▼ ，取消"职称页眉"节。

（6）查看、预览和保存报表：以"例15 教师工资表_分组汇总"为名保存报表。

所以，创建报表的分组汇总，一般步操作骤为如下几步。

（1）打开"分组、排序和汇总"栏：单击"报表设计工具"的"分组和排序"按钮 ⬚。

（2）添加分组和选择分组字段并排序：单击"添加分组"按钮 添加组，选择分组和排序字段。

（3）设置汇总：单击"更多"按钮 更多▶ 展开"分组形式"，单击"无汇总"边的下拉箭头 无汇总▾ ，选择汇总字段、汇总类型和汇总信息的显示位置；可以重复该项操作，选择不同字段，实现多字段汇总。

（4）添加汇总标签：一般添加在汇总文本框的左侧。

（5）查看、预览和保存报表。

重要提示——汇总类型和汇总信息的显示位置描述如下。

（1）汇总类型：Access 提供了多种汇总数据的计算方法，包括合计、平均值和计数等，例如，对例 7.14 中的"教师工资表"报表，进一步使用"值计数"和"合计"汇总类型，按"所属院系"分组和升序排序，统计各学院人数和各学院收入总和，如图 7.32（a）所示。

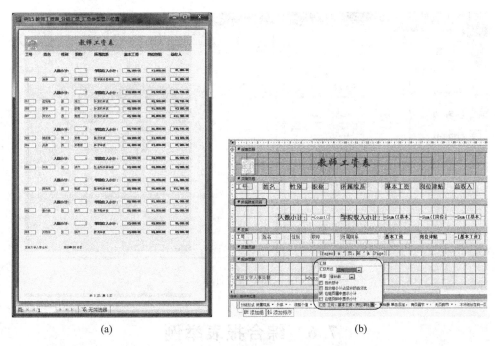

(a)   (b)

图 7.32　报表的汇总类型和汇总信息显示位置（"打印预览"和"设计视图"）

（2）汇总信息的显示位置：每个组的汇总信息，可以显示在组的详细信息之上，如图 7.32（b）所示，即"在组页眉中显示小计"；也可以显示在组的详细信息之下，如图 7.30 和图 7.31 所示，即"在组页脚中显示小计"。

（3）"显示总计"设置：通过选中"显示总计"复选框，可以显示整个报表的汇总信息，如图 7.30 所示；或取消选中"显示总计"复选框，不显示报表总计情况，如图 7.32（b）所示。

7.5　报表打印

在"视图"菜单中，选择"打印预览"视图，如图 7.33 所示，能看到报表的打印效果，同时打开"打印预览"工具栏，可以打印报表或进行打印的各项设置，主要有以下几种。

（1）"打印"按钮 🖨 ：弹出"打印"对话框，单击"确定"按钮，进行报表打印。
打印

(2)"纸张大小"按钮 ：根据报表大小，选择打印纸张大小，默认值为"A4"纸。

(3)"页边距"按钮 ：根据需要选择"宽"、"窄"或"普通"页边距。

(4)"纵向"按钮 和"横向"按钮 ：设置"纵向"打印或"横向"打印。

(5)"显示比例"组：调整预览的显示比例或进行多页显示等。

(6)"关闭打印预览"按钮 ：关闭打印预览，返回"打印预览"前的视图状态。

例如：对例7.14中生成的报表，分别设置"纵向"和"横向"打印，观察不同的打印效果，如图7.33所示。

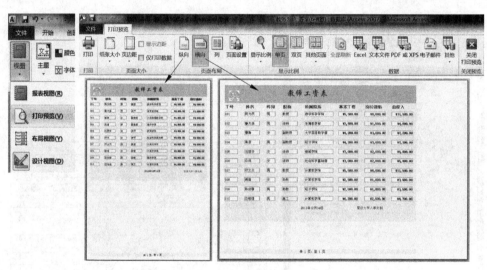

图 7.33 报表打印

7.6 综合报表举例

例 7.16   以"学生信息表"为数据源，创建报表，显示学生信息，并按"院系"统计学生人数和平均绩点，按图7.34所示格式输出报表。

(1)创建报表：单击"报表向导"按钮 ，在弹出的"报表向导"对话框中，选择"表：学生信息表"，选择除"备注"以外的所有字段，单击"完成"按钮，如图7.35所示，然后，关闭"打印预览"。

(2)调整报表布局：切换到"布局视图"，用单击和Ctrl＋单击选中一列，拖曳左、右边框线调整列的位置和宽度，从左至右逐列进行；或选中一列后使用键盘方向键移动，达到如图7.35所示的效果。

(3)添加分组、设置汇总和添加汇总标签：切换到"设计视图"。

①单击"添加组"按钮 ，选择分组字段为"院系"。

②单击"更多"字样 展开"分组形式"，单击"无汇总"边的下拉箭头 ，选

图 7.34　报表综合举例(打印预览)

择"学号"、"值计数",选中复选框"显示总计"和"在页组脚中显示小计",如图 7.35 所示。

③ 再次单击"汇总 学号"边的下拉箭头 汇总 学号 ▼ ,选择"当前绩点(GPA)"、"平均值",选中复选框"显示总计"和"在页组脚中显示小计"。

④ 在"分组形式"后选择"无页眉节" 无页眉节 ▼ ,取消"职称页眉"节。

⑤ 单击"报表设计工具"中的"标签"按钮 Aa ,在"院系页脚"节和"报表页脚"节中,添加"学生人数:"、"学生总人数:"、"平均绩点(GPA):"和"总平均绩点(GPA):"4 个标签,并按图 7.35 所示用键盘方向键移动至适当位置。

(4) 格式化报表:使用"属性表"窗格的"格式"选项卡,进行下列格式设置,并适当增大字段宽度使数据能正常显示。

① 报表标题"学生信息表":"华文行楷"、"深红色"、"28"字体大小、"加粗"、"居中"对齐、"浅绿色"背景和"阴影"特殊效果。

② 标题行:"幼圆"、"深红色"、"14"和"半粗"。

③ 汇总数据:"幼圆"、"深红色"、"14"和"半粗";平均和总平均绩点(GPA):小数点后面 2 位。

(5) 添加其他控件如下。

① 报表小标题"复旦大学教务处":在"报表页眉"节的右下角适当位置添加标签,采用默认字体输入文字"复旦大学教务处"。

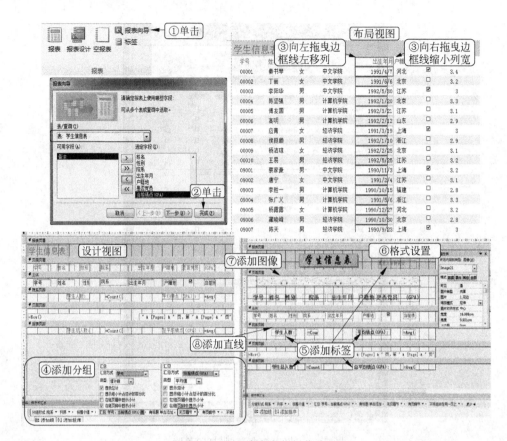

图 7.35　报表综合举例操作步骤

② 添加"花边"图像：选中"页面页眉"节中的所有标签(即列标题)，使用键盘方向键使其下移；在"页面页眉"节空白处单击取消选中，单击"报表设计工具"的"插入图像"按钮，选择图像文件后，在"页面页眉"节上方拖曳出一个扁平型矩形，插入图像，在"属性表"窗格中设置"缩放模式"属性为"拉伸"。

③ 添加直线：将"院系页脚"节中的控件下移，使用"报表设计工具"的"直线"按钮＼，在汇总数据上方拖曳出一条直线。

④ 调整报表整体结构：切换到"布局视图"或"打印预览"，按图 7.34 和图 7.35 所示，调整报表上的各项内容，达到与其基本一致的效果。

(6) 保存报表：以"例 16 学生信息表_综合举例"为名保存报表。

本章重要知识点

1. 报表简介

(1) 报表的主要功能

报表的主要功能是打印和显示用户选定的数据内容，按用户指定的格式打印显示，或对数据进行求和、求平均值等统计计算。

（2）报表类型

报表类型主要有表格型、纵栏型、数据表型、标签型和图表型等。

（3）报表视图

报表视图有"报表视图"、"布局视图"、"设计视图"和"打印预览"，单击"开始"选项卡中的"视图"按钮 ，可以切换不同的视图。

2. 创建报表命令和最简单的创建方法

（1）创建报表的命令

创建报表的命令是使用"创建"选项卡中"报表"组的各个命令按钮，例如：

① "报表"按钮 。

② "报表设计"按钮 。

③ "报表向导"按钮 报表向导。

④ "空报表"按钮 。

（2）创建报表

最简便的创建报表的方法如下。

① 先打开一个数据表；

② 单击"报表"按钮 ，就能为该数据表创建一个报表；

③ 切换到"报表视图"下查看报表；

④ 单击"保存"按钮 保存报表，或在关闭报表时保存报表。

3. 使用向导创建报表

（1）向导创建报表的优点

使用向导创建报表是最常用的创建方法之一，其优点为：操作简便，能选择需要的字段和报表类型。

（2）创建步骤

① 单击"报表向导"按钮 报表向导；

② 选择数据源表和需要在报表上显示的字段；

③ 选择报表布局；

④ 输入或修改报表标题，按向导提示操作，完成报表创建。

系统将自动保存创建的报表。

4. 创建自定义报表

使用"报表设计"按钮 ，能灵活地自定义报表内容和形式，甚至添加图像、文本框等控件。

（1）创建步骤

① 单击"报表设计"按钮 ；

② 单击"添加现有字段"按钮 ，打开字段列表窗格；

③ 双击字段列表窗格中的字段，添加到报表"主体"节中；

④ 选中所有字段标签，"剪切"、"粘贴"到"页面页眉"节，并排列成一行；

⑤ 在"主体"节中，将各字段排列成一行，并缩小"主体"节高度；

⑥ 切换到"布局视图"，调整各字段宽度和位置；

⑦ 切换到"报表视图"或"打印预览"查看报表，并保存报表。

（2）报表的结构及其在各视图下的对应关系

① 报表页眉：每份报表只有一个报表页眉，打印在报表的第一页开始处，一般为报表的总标题（例如：公司名称）。

② 页面页眉：报表中的标题行（即字段名称），其内容会打印在每页的第一行，除了第一页打印在报表页眉下。

③ 主体：显示数据（即记录值），是报表的主要内容，占据了报表的大部分区域。

④ 页面页脚：与页面页眉对应，页面页脚显示或打印在报表每页的底部，常用于显示页码等信息。

⑤ 报表页脚：与报表页眉对应，报表页脚显示或打印在一份报表数据的最后，通常是整个报表的统计、汇总信息或说明信息。

对应关系如图 7.41 所示。

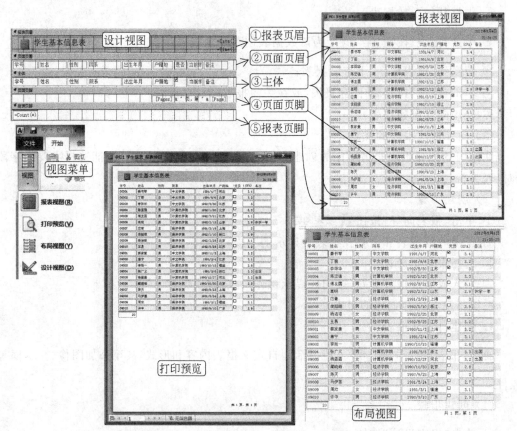

图 7.41　报表结构及其在各视图下的对应关系

5．美化报表

（1）设置报表格式

在"设计视图"下，在属性表的下拉列表中选择控件对象（或直接在报表上选中控件对象），选择"格式"选项卡中相应的属性进行设置，例如：字体、颜色和数据格式等。

（2）添加页眉和页脚

① 在"设计视图"下，单击"报表设计工具"中"页眉/页脚"组的按钮："标题"按钮 ⌗ 标题 、"日期和时间"按钮 📅 日期和时间 和"页码"按钮 ▤页码 ，为报表添加标题、日期和页码；

② 对添加的标题、日期和页码进行格式化。

（3）添加控件

在"设计视图"下，单击"徽标"按钮 🖼 徽标 、"标签"按钮 **Aa** 等，为报表添加徽标、文字信息等内容。

6．报表的计算和分组汇总

（1）添加计算字段

① 在"设计视图"下，在"主体"节中添加一个"文本框"（复制"主体"节中现有的文本框，或单击"报表设计工具"的"文本框"按钮 **abl** ，设置该文本框的"控件来源"属性为计算公式，例如："＝［基本工资］＋［岗位津贴］"；

② 在"页面页眉"节复制（或添加）一个"标签"，用于显示计算字段名称；

③ 查看、预览和保存报表。

（2）报表的分组汇总

报表中可以显示一些小计或汇总等统计信息，主要创建步骤如下。

① 在"设计视图"下，单击"报表设计工具"的"分组和排序"按钮 ⊞ 分组和排序 ，打开窗口下部的"分组、排序和汇总"栏；

② 单击"添加分组"按钮 ⊞添加组 ，添加分组，选择分组字段和排序方式；

③ 单击"分组形式"后的"更多"字样 更多 ▶ ，展开后面的选项，进行汇总设置。

7．报表打印

在"视图"菜单中，选择"打印预览"视图，能看到报表的打印效果，同时系统会打开"打印预览"工具栏，可以打印报表或进行各项打印设置。

上 机 实 验

在第 6 章实验结果基础上（或复制和打开配套光盘中"窗体"一章的实验素材"电脑销售"数据库文件），完成以下实验内容。

1．创建简单报表（参考图 7.5）。

使用"报表"按钮 ▦报表 ，以"销售表"为数据源，创建一个报表，如图 7.36 所示，以"报表1_销售表_报表按钮"为名保存报表（可以将创建好的报表设置为"弹出式"，在"报表视图"下进行预览，得到如图 7.36 所示结果，以下图示实验结果同此设置）。

图 7.36 "销售表"简单报表

提示：

(1) 报表生成后，切换到"布局视图"下修改报表布局：拖曳字段的左、右框线缩小列宽和调整位置，删除报表底部的汇总信息"销售价格 汇总"。

(2) 切换到"设计视图"，缩小报表宽度，左移报表底部的页码使其居中。

2. 创建表格型报表(参考图 7.7)。

使用"报表向导"按钮 📇 **报表向导** ，以"进货表"为数据源，创建一个表格型报表，如图 7.37 所示，以"报表 2_进货表_向导"为名保存报表。

图 7.37 "进货表"表格型报表

提示：

（1）取消报表的"分组"：在向导的第 2 个对话框"是否添加分组级别？"中，单击按钮 `<` ，取消"电脑型号"分组字段（不分组）。

（2）选择"表格"布局方式：在向导的第 4 个对话框中。

（3）完成向导后，关闭报表的"打印预览"。

（4）切换到"布局视图"，修改报表布局：用 Ctrl＋单击同时选中列标题和标题下的一个数据，例如，选中"进货编号"和"J001"，向左拖曳左、右框线缩小列宽并调整其位置。

3．创建简洁型报表（参考图 7.11）。

使用"空报表"按钮 ，以"资料库"为数据源，创建一个报表，如图 7.38 所示，以"报表 3_资料库_空报表按钮"为名保存报表。

电脑型号	类别	参考价格	CPU	内存_GB	硬盘_GB	屏幕尺寸_英寸
戴尔XPS12	笔记本	¥10,000.00	Intel酷睿i5	4	128	12.5
戴尔成就270	台式电脑	¥5,499.00	Intel酷睿i5	4	500	21.5
戴尔成就270S	台式电脑	¥6,499.00	Intel酷睿i5	4	1000	21.5
戴尔灵越14R	笔记本	¥6,999.00	Intel酷睿i7	8	1000	14
戴尔灵越660S	台式电脑	¥3,899.00	Intel酷睿i3	2	500	20
联想ErazerX700	台式电脑	¥20,000.00	Intel酷睿i7	16	2000	27
联想S300-ITH	笔记本	¥3,600.00	Intel酷睿i3	2	500	13.3
联想Y470P-IFI	笔记本	¥4,550.00	Intel酷睿i5	4	500	14
联想Yoga13-IFI	笔记本	¥6,999.00	Intel酷睿i5	4	128	13.3
联想新圆梦F618	台式电脑	¥3,800.00	AMD 速龙II	2	500	21.5
联想扬天T4900D	台式电脑	¥3,700.00	Intel酷睿i3	2	500	20
苹果iMac MC309CH/A	一体机	¥9,298.00	Intel酷睿i5	4	500	21.5
苹果iMac MC814CH/A	一体机	¥15,500.00	Intel酷睿i5	4	1000	27
苹果MC976CH/A	笔记本	¥19,600.00	Intel酷睿i7	8	512	15.4
苹果MD102CH/A	笔记本	¥10,900.00	Intel酷睿i7	8	750	13.3
苹果MD223CH/A	笔记本	¥6,500.00	Intel酷睿i5	4	64	11.6

图 7.38 "资料库"简洁型报表

4．创建多表报表（参考图 7.11）。

使用"空报表"按钮 ，以"销售表"、"进货表"和"资料库"为数据源创建报表，如图 7.39 所示，以"报表 4_多表_空报表按钮"为名保存报表。

5．创建综合报表。

使用"报表设计"按钮 ，参考图 7.40 创建报表，完成后保存报表为"报表 5_综合报表"。

提示（参考图 7.31 添加和编辑"类别页眉"节和"类别页脚"节）：

（1）单击"报表设计"按钮 ，添加报表字段："销售编号"、"进货编号"（进货表）、"电脑型号"、"进货价格"、"销售价格"和"销售数量"，在"页面页眉"节和"主体"节排列成一行，

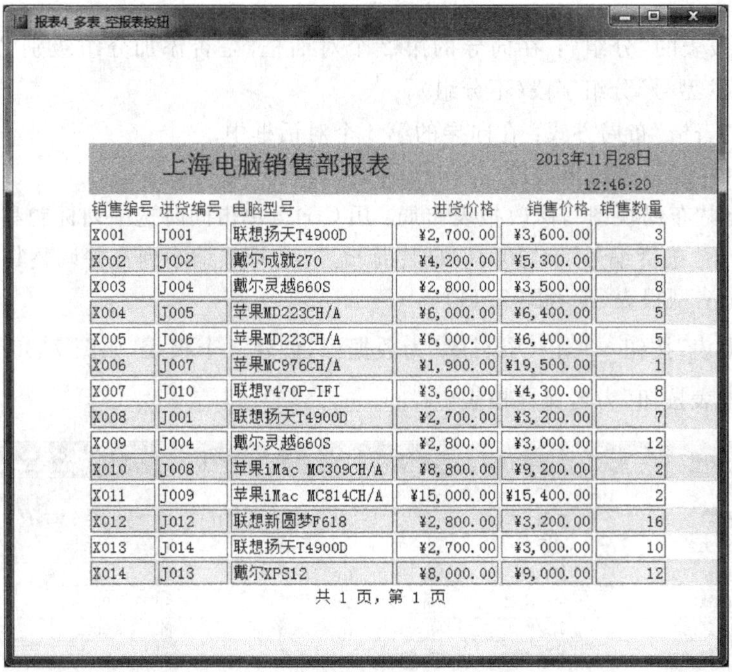

图 7.39 多表报表

缩小节的高度(注意,"进货编号"一定要使用"进货表"中的)。

(2) 添加"销售金额":在"主体"节添加一个文本框控件,设置"控件来源"属性为"=〔销售价格〕×〔销售数量〕",设置"货币"格式属性,文本框标签剪切到"页面页眉"节。

(3) 添加"类别页眉"节:在"主体"节添加"类别"字段,删除"类别"文字标签;单击工具栏"分组和排序"按钮 ,单击窗口底部"添加组" ,选择"类别"字段,添加"类别页眉"节;将"主体"节的"类别"文本框剪切到"类别页眉"节,并设置格式为"深红色"(前景色:♯BA1419)、"加粗"和透明"边框样式"。

(4) 添加"类别页脚"节:单击窗口底部按钮 ,在 无页脚节 下拉列表中选择"有页脚";将"主体"节的"销售金额"文本框(=〔销售价格〕*〔销售数量〕)复制两次、"销售数量"文本框复制一次到"类别页脚"节,调整好位置,修改"控件来源"属性分别为"=Sum(〔销售价格〕*〔销售数量〕)"、"=Avg(〔销售价格〕*〔销售数量〕)"和"=Sum(〔销售数量〕)";复制"页面页眉"节的"销售金额"和"销售数量"文字标签,修改为"销售总计"和"销售平均";将"类别页脚"节的 5 个控件按图 7.40 所示排列好,设置"深蓝色"(前景色:♯2F3699)、"加粗"和透明"边框样式"。

(5) 添加"报表页眉"节和"报表页脚"节:单击工具栏"标题"按钮 标题 和"日期和时间"按钮 日期和时间 添加标题和日期;将"类别页脚"节的 5 个控件都复制到"报表页脚"节,并调整到适当位置。

(6) 在"页面页脚"节添加页码:单击工具栏"页码"按钮 页码,选择"第 N 页 共 M 页"格式和"页面底端"位置。

(7) 添加"直线":使用"报表设计工具"的"控件"组中的"直线"控件╲。

销售报表   2013年11月28日

销售编号	进货编号	电脑型号	进货价格	销售价格	销售数量	销售金额
笔记本						
X014	J013	戴尔XPS12	¥8,000.00	¥9,000.00	12	¥108,000.00
X007	J010	联想Y470P-IFI	¥3,600.00	¥4,300.00	8	¥34,400.00
X006	J007	苹果MC976CH/A	¥1,900.00	¥19,500.00	1	¥19,500.00
X005	J006	苹果MD223CH/A	¥6,000.00	¥6,400.00	5	¥32,000.00
X004	J005	苹果MD223CH/A	¥6,000.00	¥6,400.00	5	¥32,000.00
				销售总计:	31	¥225,900.00
				销售平均:		¥45,180.00
台式电脑						
X013	J014	联想扬天T4900D	¥2,700.00	¥3,000.00	10	¥30,000.00
X012	J012	联想新圆梦F618	¥2,800.00	¥3,200.00	16	¥51,200.00
X009	J004	戴尔灵越660S	¥2,800.00	¥3,000.00	12	¥36,000.00
X008	J001	联想扬天T4900D	¥2,700.00	¥3,200.00	7	¥22,400.00
X003	J004	戴尔灵越660S	¥2,800.00	¥3,500.00	8	¥28,000.00
X002	J002	戴尔成就270	¥4,200.00	¥5,300.00	5	¥26,500.00
X001	J001	联想扬天T4900D	¥2,700.00	¥3,600.00	3	¥10,800.00
				销售总计:	61	¥204,900.00
				销售平均:		¥29,271.43
一体机						
X011	J009	苹果iMac MC814CH/A	¥15,000.00	¥15,400.00	2	¥30,800.00
X010	J008	苹果iMac MC309CH/A	¥8,800.00	¥9,200.00	2	¥18,400.00
				销售总计:	4	¥49,200.00
				销售平均:		¥24,600.00
				销售总计:	96	¥480,000.00
				销售平均:		¥34,285.71

共 1 页，第 1 页

(a)

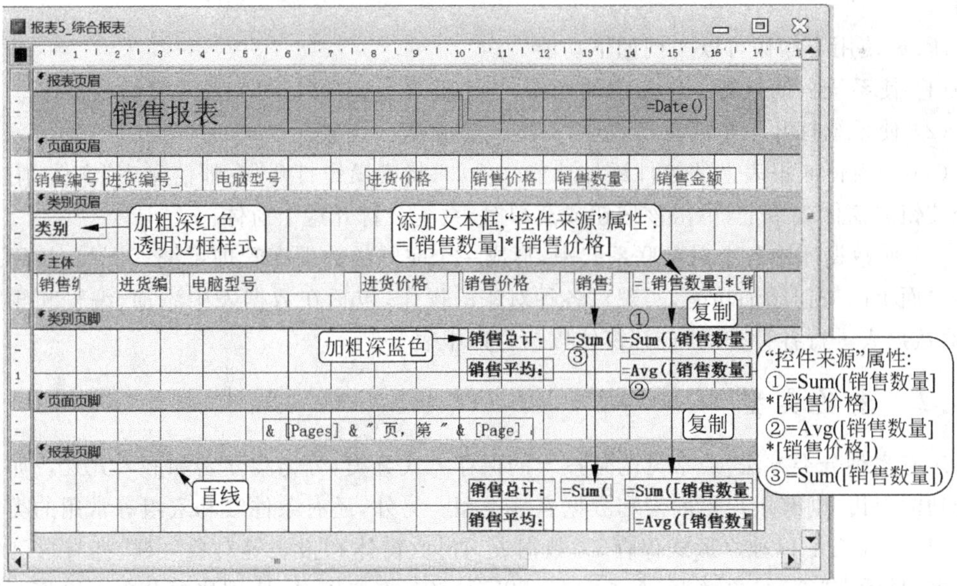

(b)

图 7.40　综合报表（"打印预览"和"设计视图"）

第8章　　　　　　　　　　宏

本章介绍宏的概念、宏的分类以及宏的各种创建方法,教会读者正确使用宏生成器,并了解如何运行和调试宏。宏生成器的用法是本章的重点内容。

8.1　宏　简　介

8.1.1　宏的功能

宏是一些操作的集合。我们可以将一组需要系统执行的操作按顺序排列,定义成一个宏,当这个宏运行的时候,系统将自动执行宏所包含的这组操作,所以,使用宏能使系统自动执行一系列指定的操作,或完成一些重复性的工作。

例如,我们创建一个宏,如图 8.1 所示,其中包含两个操作:打开一个消息框和打开一个窗体,当用户运行这个宏时,弹出"欢迎"消息框,单击"确定"按钮,打开窗体"教师信息表"。

所以,使用宏操作可以实现如下功能。

(1) 使系统自动执行一组指定的操作,当宏被重复运行时,可完成重复性的操作。

(2) 使系统打开一个消息框,显示一些消息或提示信息。

(3) 为窗体或报表上的控件添加功能。例如,将宏操作打开"教师信息表"窗体,附加到一个按钮或窗体菜单上,单击该按钮或菜单时,系统会打开这个窗体。

(4) 使数据库中各个对象联系起来,形成一个完整的数据库管理系统。例如,使用宏为窗体界面上的按钮添加功能,实现对各种对象的操作,包括在数据表中添加、编辑和删除数据,对数据表进行各种查询,打开窗体以及打印报表等。

8.1.2　宏的类型

宏有多种分类方法,最常见的是按宏的保存方式分类,分为独立宏和嵌入式宏。如果从宏的功能上讲,则有用户界面宏和数据宏等类型。另外,还有条件宏和宏组等常用的类型。

(1) 独立宏:以独立形式保存,与数据表、查询、窗体和报表等对象一样,拥有自己独立的宏名,显示在"宏"对象栏下,双击宏名可以运行宏,右击宏名,使用快捷菜单可以打开宏的设计视图,如图 8.2(a)所示。

(2) 嵌入式宏:附加在窗体、报表或按钮的事件属性中,作为一个属性依附于对象保存,没有独立的宏名。例如,为"教师信息表"窗体创建一个宏,单击窗体上的"照片",弹出消息框,显示"真帅!",如图 8.2(b)所示,这个宏被作为"照片"的"单击"事件属性,嵌入和保存

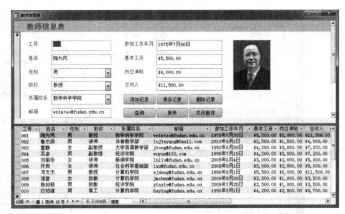

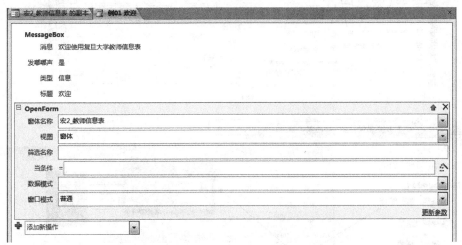

图 8.1　宏功能说明

在窗体中,使用"属性表"窗格的"事件"选项卡,可以查看到该宏。

(3) 条件宏:宏中含有"If"程序流程,宏运行时,需要满足指定的条件,才执行相应的操作,这种宏称为条件宏。例如,为上面的嵌入式宏添加一个条件,单击窗体上的"照片"时,如果无图像,弹出"暂无照片"的消息框,如图 8.2(c)所示,有图像,才弹出"真帅!"的消息框。

(4) 宏组:如果一个宏的名下包含多个宏,该宏称为宏组。例如,例 8.4 中创建的宏组"查询_宏组",包含 3 个子宏"按工号查询"、"按姓名查询"和"按院系查询",每个宏包含不同的操作,分别完成不同的查询工作。

(5) 用户界面宏:附加到用户界面的按钮、文本框等对象上,以实现它们的操作功能。例如,如图 8.1,所示"教师信息表"窗体中的"添加记录"和"关闭窗体"等按钮,都附加了相应的宏来实现按钮功能,在"属性表"窗格的"单击"事件属性中,可以查看到。

(6) 数据宏:是 Access 2010 的新增功能,与上述用户界面宏附加到控件、窗体或报表不同,数据宏附加到数据表,通常用于当数据表发生更改、插入或删除数据等事件时,触发相关操作。例如,例 8.7 中创建的数据宏,当用户将数据表"教师信息表"中的"职称"修改为"教授"时,系统自动更改其"基本工资"为"5500"。

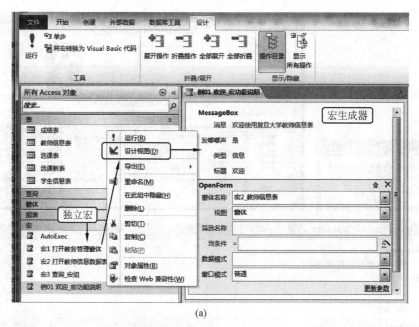

(a)

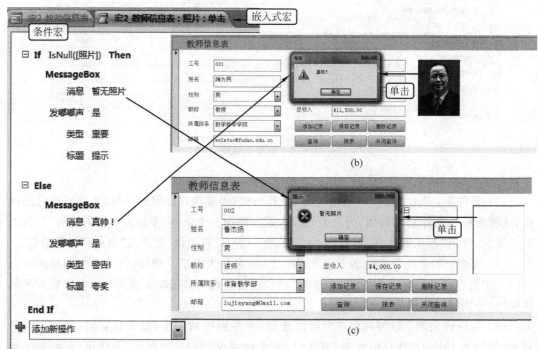

(c)

图 8.2 不同类型的宏

8.1.3 宏的设计视图(宏生成器)

宏的设计视图就是"宏生成器",Access 中宏的创建和编辑都是在"宏生成器"中完成的。

"宏生成器"的打开,有如下两种方法:

(1)单击"创建"选项卡中"宏与代码"组的"宏"按钮 ,可以打开"宏生成器",同时显示"宏工具"栏,如图8.3(a)所示。

图8.3 创建独立宏和嵌入式宏

(2)在"属性表"窗格的"事件"选项卡中,单击某一事件属性(例如,"单击"),单击该栏最右边的 ··· 按钮,也可以打开"宏生成器",如图8.3(b)所示。

在"宏生成器"中创建和编辑宏的操作主要有如下几步。

(1)添加新操作:单击"添加新操作"下拉箭头,选择操作,输入或选择相应的参数,完成一条宏操作。

(2)形成宏操作列表:根据需要,多次进行添加新操作,形成宏操作列表,完成宏的输入和创建。

(3)编辑宏:选中一条宏操作,利用其右边的"上移"、"下移"和"删除"按钮,完成宏的编辑和修改,如图8.3(b)所示。

单击"保存"按钮 ■ 或"宏工具"中的"保存"按钮 可以保存宏,单击"宏工具"中的"关闭" ✕ 按钮,或"宏生成器"右上角"关闭"按钮 ✕ 都能关闭"宏生成器"。

在"宏生成器"的"操作目录"窗格中,按类列出了各种宏操作的清单,如图8.3(a)所示。

常用的宏操作如表 8.1 所示。

表 8.1　常用的宏操作

宏操作名称	功　　能	宏操作名称	功　　能
AddMenu	创建自定义菜单	MessageBox	显示一个警告或提示信息的消息框
ApplyFilter	将筛选或查询应用到数据表、窗体或报表中	OnError	指定宏出现错误误时如何处理
Beep	使系统发出"嘟嘟"声	OpenForm	打开窗体
CancelEvent	取消一个事件	OpenQuery	打开查询
CloseWindow	关闭指定的 Access 窗口	OpenReport	打开报表或将报表发送到打印机
FindRecord	查找符合条件的第一个记录	OpenTable	打开数据表
FindNextRecord	查找下一条符合 FindRecord 指定条件的记录	QuitAccess	退出 Access 2010
GoToRecord	使打开的数据表、窗体或查询结果记录成为当前记录	ExportWith-Formatting	在 Access 中实现数据对象的导出操作
MaximizeWindow	最大化活动窗口	RunMacro	运行宏或宏组
MinimizeWindow	将活动窗口缩小为 Access 窗口底部的一个小标题栏		

8.2　创　建　宏

在 Access 中，可以将宏看成一种简化了的编程语言，用户可以打开"宏生成器"，根据宏要完成的功能，选择一系列需要执行的操作，并输入或选择相应的参数，完成宏的创建。

8.2.1　创建独立宏

例 8.1　复制第 6 章"窗体"中创建的窗体"例 16 教师信息表_综合窗体"，重命名为"宏 2_教师信息表"；然后，创建一个独立宏，运行时，弹出"欢迎"消息框，单击"确定"按钮，打开"宏 2_教师信息表"窗体，如图 8.1 所示。

（1）打开"宏生成器"：单击"创建"选项卡中"宏与代码"组的"宏"按钮 ，如图 8.3(a) 所示。

（2）选择宏操作命令：单击"添加新操作"的下拉箭头，选择宏操作"MessageBox"。

（3）输入或选择相应的参数，如图 8.1 所示。

① 输入"消息"："欢迎使用复旦大学教师信息表"，以指定消息框中显示的提示文字。

② 选择"类型"："信息"，即指定提示文字左边的标志为"i"。

③ 输入"标题"："欢迎"，以指定消息框的标题。

（4）继续添加宏操作：按上述步骤（2）和（3）添加打开窗体的宏操作"OpenForm"，生成如图 8.1 所示的宏。

（5）保存宏：单击"保存"按钮 █ 或关闭"宏生成器"按钮 ×，保存宏为"例 01 欢迎"。

（6）运行宏：单击"宏工具"的"运行"按钮 ！，或关闭"宏生成器"后，在"宏"对象栏中，双击该宏，运行。

所以，创建独立宏的一般步骤有如下几步。

（1）打开"宏生成器"：单击"创建"选项卡的"宏"按钮 ▨ 。

（2）添加和编辑宏：选择宏操作，并输入或选择相应的参数，添加一个或多个宏操作。

（3）保存和运行宏：单击"保存"按钮 █ 保存宏，单击"宏工具"的"运行"按钮 ！，或关闭"宏生成器"后，在"宏"对象栏中双击创建的宏，运行。

重要提示——独立宏的查看和修改描述如下。

（1）查看独立宏：在"宏"对象栏中，右击要查看的独立宏，选择"设计视图"快捷菜单命令，如图 8.2(a)所示，打开"宏生成器"查看宏的内容。

（2）修改宏：在"宏生成器"中，重新选择或输入宏操作及其参数；单击宏操作右边的"删除"按钮 ×，可删除此条宏操作，如图 8.3(b)所示。

8.2.2 创建嵌入式宏

例 8.2 创建一个嵌入式宏，当运行"宏 2_教师信息表"窗体（即在"窗体视图"下显示该窗体），单击窗体上的照片时，弹出消息框，显示"真帅！"，如图 8.2(b)所示。

（1）打开窗体：在"宏"对象栏中，右击"宏 2_教师信息表"窗体，选择"设计视图"菜单命令。

（2）打开"宏生成器"如下。

① 打开"属性表"窗格：单击"窗体设计工具"的"属性表"按钮 ▨ 。

② 打开"宏生成器"：在"属性表"窗格的下拉列表中，选择"照片"，单击"事件"选项卡"单击"属性栏放入插入点，单击右边的 ▨ 按钮，在弹出的对话框中，选择"宏生成器"，如图 8.4 所示。

（3）添加宏：选择宏操作"MessageBox"，输入和选择相应的参数，如图 8.4 所示。

（4）保存和关闭宏：单击"宏工具"的"保存"按钮 █ 和"关闭"按钮 ▨ ，保存宏并返回"宏 2_教师信息表"窗体的"设计视图"。

（5）运行宏：切换到"窗体视图"，单击窗体上的照片，触发和运行宏，查看运行效果。

重要提示——"弹出式"窗体的设置：为使窗体运行效果更佳，可将窗体设置为"弹出式"窗体，设置方式如下。

① 在"设计视图"下，使用"属性表"窗格设置窗体的"弹出方式"属性为"是"（在"其他"选项卡中），切换到"窗体视图"，打开"弹出式"窗体。

② 右击"弹出式"窗体，选择"设计视图"快捷菜单命令，打开"设计视图"，可还原设置。

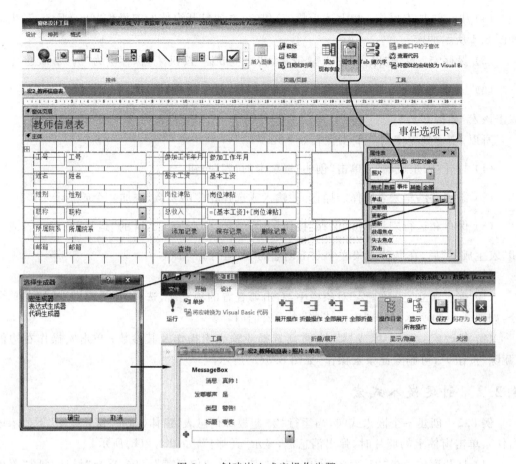

图 8.4　创建嵌入式宏操作步骤

（6）保存窗体及嵌入式宏：单击"保存"按钮 ![按钮]，或关闭窗体时保存窗体，使附加到"照片"的"单击"事件属性宏，作为窗体属性保存在窗体中。

所以，创建嵌入式宏的关键步骤如下。

（1）打开"宏生成器"：在"设计视图"或"布局视图"下，在"属性表"窗格的"事件"选项卡中，单击某一事件（例如，"单击"）放入插入点，单击该栏右边的 ![按钮] 按钮。

（2）编辑和保存宏：添加宏操作及相应的参数；完成宏编辑后，单击"宏工具"的"保存"按钮 ![保存] 和"关闭"按钮 ![关闭] 。

（3）查看运行效果、保存窗体或报表等对象。

嵌入式宏的运行方式与独立式宏的双击启动运行方式不同，通常需要一个能够触发嵌入式宏运行的事件，例如，在"照片"上的"单击"事件，在"属性表"窗格的"事件"选项卡中，可以看到选中对象的所有事件，如图 8.4 所示，单击、双击和更新数据等是最常见的宏触发事件。

重要提示——创建嵌入式宏的重要工具与嵌入式宏的保存和删除描述如下。

（1）"属性表"窗格的"事件"选项卡，是创建嵌入式宏的重要工具，如图 8.4 所示。

（2）嵌入式宏的保存：嵌入式宏作为附加到对象的一个"事件"属性，依附于窗体或报表等对象保存,所以,嵌入式宏的保存不仅要保存宏本身,还要保存"嵌入"的窗体或报表,也就是说,当修改宏以后,除了使用"宏工具"的"保存"按钮 保存 保存宏本身,还要使用"保存"按钮 保存窗体或报表等对象,才能保存嵌入式宏的修改,只保存宏本身是不够的。

（3）嵌入式宏的删除:在"属性表"窗格中,找到宏附加的"事件"属性,清空该属性栏中的内容,例如,清空如图 8.4 所示的"单击"事件属性栏中的内容"[嵌入的宏]",能删除例 8.2 创建的嵌入式宏。

8.2.3　创建条件宏

例 8.3　在例 8.2 基础上修改宏,实现功能:当用户单击窗体上照片时,如果照片是一个无图像的空框,弹出"暂无照片"的消息框,如图 8.2(b)所示。

（1）再次打开"宏生成器":在"宏 2_教师信息表"窗体的"设计视图"或"布局视图"下,单击"照片"框,打开"属性表"窗格的"事件"选项卡,单击"单击"属性栏右边的 ⋯ 按钮。

（2）编辑和修改宏,操作如下。

① 删除"MessageBox"操作:单击选中该行,单击该行右侧的"删除"按钮 ✖。

② 添加新操作"If":选择"If"操作,输入条件"IsNull([照片])"（表示如果"照片"为空）,添加新操作"MessageBox",输入消息"暂无照片",选择类型"重要"。

③ 添加"Else":单击右下角的"添加 Else"字样 添加 Else ,并按图 8.5 所示,将宏编辑修改完整。

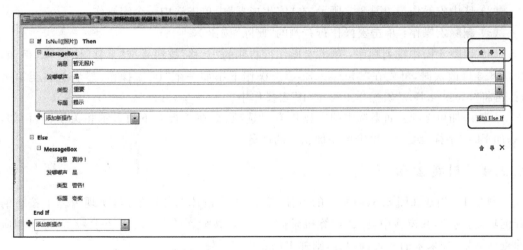

图 8.5　宏的编辑和修改

（3）保存和关闭宏:单击"宏工具"的"保存"按钮 保存 和"关闭"按钮 关闭 。

（4）运行宏:切换到"窗体视图",分别选择有图像和无图像的记录,在"照片"上单击,查看弹出的消息框。

（5）保存窗体：单击"保存"按钮 ，保存窗体以及"嵌入"的宏。

所以，包含"If"操作的宏称为条件宏。在"宏生成器"中，选择"添加新操作"为"If"，输入"条件表达式"和条件成立时的宏操作，在需要时，添加"Else"和添加"Else If"流程。

"If"宏操作的常见格式如下，其中"Else"部分是可选项：

```
If "条件表达式" Then
        条件成立时的宏操作
[Else
        条件不成立时的宏操作]
End If
```

"If"宏操作中"条件表达式"的常见形式如表 8.2 所示。

表 8.2　常见"条件表达式"举例

条件表达式	意　　义
IsNull([姓名])	"姓名"为空
[所属院系]＝"计算机学院"	"所属院系"为"计算机学院"
[岗位津贴]＝6000	"岗位津贴"等于 6000
[基本工资]＞3000 and [基本工资]＜5000	"基本工资"在 3000～5000 之间
[职称]＝"教授" or [职称]＝"副教授"	"职称"为正、副教授
[参加工作年月] Between ♯1990/1/1♯ And ♯2000/12/31♯	"参加工作年月"在 1990-1-1 至 2000-12-31 之间

重要提示——创建条件宏的关键和编辑修改宏的主要操作如下。

（1）条件宏本质上是"If"宏操作，所以，正确的"条件表达式"是创建条件宏的关键。

（2）选中宏操作：如图 8.5 所示，在"宏生成器"中单击选中一个宏操作。

（3）删除宏操作：单击宏操作行右侧的"删除"按钮 ✖ 。

（4）调整宏操作排列顺序：单击宏操作行右侧的"上移"按钮 ♠ 或"下移"按钮 ⬇ ，例如，在例 8.3 修改宏时，可先在"MessageBox"宏操作下添加一个"If"宏操作，然后上移至第一行，再将"MessageBox"宏操作上移至"If"宏操作中。

（5）添加可选项：如果选中的宏操作有可选项，会在该行右下角显示相关字样，例如，"添加 Else"字样 添加 Else ，单击可添加相应的部分。

8.2.4　创建宏组

例 8.4　创建如图 8.6(a)所示的窗体"宏 3_查询窗体"，使用宏组，实现窗体上按钮的查询功能，例如，在窗体中输入"计算机学院"，单击"按院系查询"按钮 按院系查询 ，得到相应的查询结果，如果未输入查询内容，则弹出消息框提示输入。

（1）创建查询窗体：单击"窗体设计"按钮 整体设计 创建一个窗体，单击"窗体设计工具"的"使用控件向导"按钮 使用控件向导(W) （使按钮失效），关闭向导，在窗体上添加 3 个"未绑定"文本框和 4 个按钮，如图 8.6(a)所示，以"宏 3_查询窗体"保存窗体。

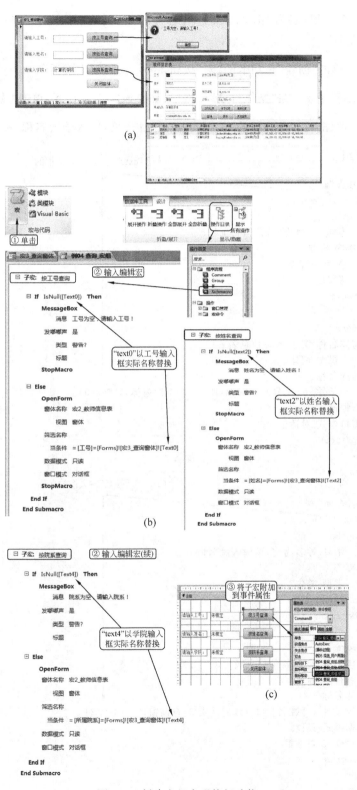

图 8.6 创建宏组实现按钮功能

(2) 创建一个宏组,名为"例 04 查询_宏组",包含 3 个子宏"按工号查询"、"按姓名查询"和"按院系查询"。

① 创建宏:单击"创建"选项卡的"宏"按钮 ,打开"宏生成器"。

② 添加和编辑子宏:在"操作目录"窗格中(如果该窗格未打开,单击"宏工具"的"操作目录"按钮),双击"程序流程"的"Submacro",添加子宏,输入子宏名称,按图 8.6 所示(b)编辑宏,形成宏组。

```
                                              "Text0"为"工号"输入框的名称
子宏:按工号查询
If IsNull(Text0) Then
        MessageBox
                消息 工号为空,请输入工号!
        发出嘟嘟声 是
                类型 警告?
                标题
        StopMacros
    Else
        OpenForm
            窗体名称 宏 2_教师信息表
                视图 窗体
            筛选名称
                当条件 = [工号] = [Forms]![宏 3_查询窗体]![Text0]
            数据模式 只读
            窗口模式 对话框
        StopMacros
    End If
End Submacro
                                              "Text2"为"姓名"输入框的名称
子宏:按姓名查询
If IsNull(Text2) Then
        MessageBox
                消息 姓名为空,请输入姓名!
        发出嘟嘟声 是
                类型 警告?
                标题
        StopMacros
    Else
        OpenForm
            窗体名称 宏 2_教师信息表
                视图 窗体
            筛选名称
                当条件 = [姓名] = [Forms]![宏 3_查询窗体]![Text2]
            数据模式 只读
            窗口模式 对话框
        StopMacros
    End If
End Submacro
```

```
子宏：按院系查询
If IsNull(Text4) Then
        MessageBox
                消息 院系为空,请输入院系!
        发出嘟嘟声 是
                类型 警告?
                标题
        StopMacros
    Else
        OpenForm
            窗体名称 宏 2_教师信息表
                视图 窗体
            筛选名称
                当条件 =[所属院系]=[Forms]![宏 3_查询窗体]![Text4]
            数据模式 只读
            窗口模式 对话框
        StopMacros
    End If
End Submacro
```

③ 保存宏组：单击"保存"按钮 <img>,以"例 04 查询_宏组"为名保存宏组,关闭"宏生成器"。

（3）将子宏附加到按钮的"单击"事件属性中：在"设计视图"下,分别选中窗体上的按钮,在"属性表"窗格的"事件"选项卡中,单击"单击"属性栏的下拉箭头,选择对应的子宏,例如,选中"按工号查询"按钮,在"单击"属性栏下拉列表中,选择"例 04 查询_宏组.按工号查询"子宏,如图 8.6(c)所示。

（4）查看运行效果：切换到"窗体视图",输入查询内容,单击相应的按钮,查看查询结果,当输入内容为空时,弹出如图 8.6(a)所示的提示输入消息框。

重要提示如下。

① 为更好地观察运行效果,建议将窗体设置为"弹出方式"：在"属性表"窗格的"其他"选项卡中。

② 修改宏：在"设计视图"下,选中窗体上的按钮,在"属性表"窗格中,单击"单击"属性栏右边的按钮 <img>,重新打开"宏生成器"修改宏。

（5）保存窗体：单击"保存"按钮 <img>,保存窗体及附加的宏组。

所以,创建宏组的关键步骤为如下几步。

（1）添加子宏：在"宏生成器"中,双击"操作目录"窗格的 Submacro 程序流程（如果该窗格未打开,单击"宏工具"的"操作目录"按钮 <img>），添加子宏,输入和编辑子宏,形成宏组。

（2）将子宏附加到对象：在"属性表"窗格的"事件"选项卡中,选中需要的事件,例如,"单击",单击其右边的下拉箭头,选择相应的子宏。

（3）保存宏组依附的对象,即窗体或报表等。

8.2.5 创建用户界面宏

用户界面宏是附加到用户操作界面对象上的宏,例如,附加到窗体的按钮上,实现按钮的操作功能,或附加到文本框或组合框上,实现用户修改数据时要求确认或进行数据验证的功能,以加强数据库的安全性。

例8.5 为例8.4"宏3_查询窗体"中的"关闭窗体"按钮 关闭窗体 添加关闭窗体的功能。

(1) 添加宏:在"设计视图"下,选择窗体上的"关闭窗体"按钮,在"属性表"窗格中,单击"事件"选项卡"单击"属性栏右边的 ... 按钮,打开"宏生成器",添加 CloseWindow 操作,然后,保存宏,并关闭"宏生成器"。

(2) 查看运行效果并保存窗体:单击"保存"按钮 📖,切换到"窗体视图",单击"关闭窗体"按钮 关闭窗体 。

参照例8.5,为"宏2_教师信息表"窗体的"查询"按钮添加打开"宏3_查询窗体"的功能,如图8.7所示。

图8.7 创建宏以实现按钮功能

例8.6 在"宏2_教师信息表"窗体中,创建一个宏,当更改"职称"时,弹出消息框以确认操作,单击"是"按钮,才能更改数据,如图8.8所示。

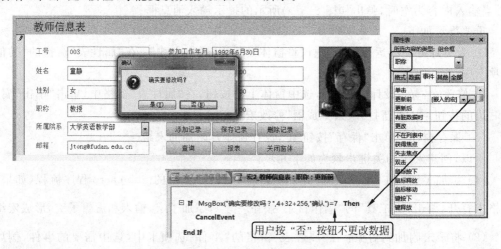

图8.8 创建宏以确认更改数据的操作

(1) 添加宏:在"设计视图"下,选择窗体上的"职称"组合框,在"属性表"窗格中,单击"事件"选项卡"更新前"属性栏右边的 ... 按钮,打开"宏生成器",按图8.8所示,添加操作,然后,保存宏,并关闭"宏生成器"。

重要提示——MsgBox 函数描述如下。

① MsgBox 是一个函数,其作用是弹出一个消息框(当用户单击消息框"是"按钮,MsgBox 函数值为"6",单击"否"按钮,函数值为"7",单击"确认"按钮,函数值为"1")。

② MsgBox 函数的格式为:

MsgBox("提示信息",按钮类型,"标题")

其中,按钮类型有多种形式,如例 8.6 中"4＋32＋256",产生"是"、"否"按钮和"?"标志,"1＋32＋256",产生"确认"、"取消"按钮和"?"标志,如图 8.16 所示。

(2) 查看运行效果,保存窗体:单击"保存"按钮 ▦ 。

参照例 8.6,创建一个宏,当更改"岗位津贴"时,验证数据应在 1000～6000 之间,否则弹出"输入错误"消息框,不予更改数据,如图 8.9 所示。

(a)   (b)

图 8.9　创建宏以进行数据验证

所以,创建用户界面宏的关键步骤——使用"属性表"窗格为对象添加宏,如图 8.10 所示。

图 8.10　用"属性表"窗格附加宏

(1) 选择对象:在"属性表"窗格的下拉列表中选中对象。

(2) 选择事件:在"事件"选项卡中选择"单击"、"更新"等事件。

(3) 打开"宏生成器":单击事件栏右边的 ▦ 按钮。

重要提示——将宏附加到对象的两种方法描述如下。

(1) 将宏作为一个事件属性附加到控件上:使用"属性表"窗格的"事件"选项卡,选中某一事件,例如"单击",单击属性栏右边的 ▦ 按钮,如图 8.10 所示,打开"宏生成器",编辑宏,然后,保存宏并关闭"宏生成器"。

(2) 先创建一个独立宏,然后附加到控件或对象上,步骤如下。

① 单击"创建"选项卡的"宏"按钮 📜 ,打开"宏生成器"创建并保存一个独立宏。

② 在"属性表"窗格中,选择被附加的控件或对象,例如,"岗位津贴"文本框或其他命令按钮,单击"事件"选项卡相应事件属性栏右边的下拉箭头,选择已创建的独立宏,例如,"更新前"事件或"单击"事件,如图 8.10 所示。

8.2.6 创建数据宏

数据宏是直接附加到数据表的宏,Access 2010 为数据表提供了表事件,当用户对数据表进行插入、更改或删除操作时,就会触发对应的事件,如果为这些事件添加数据宏操作,就可以在事件发生时完成这些宏操作。

例 8.7 创建数据宏,当修改数据表"教师信息表"中的"职称"为"教授"时,系统自动更改其"基本工资"为"5500",修改"职称"为"副教授"时,系统自动更改其"基本工资"为"4200"。

(1)打开数据表:在"表"对象栏中,双击"教师信息表"。

(2)打开"宏生成器":在"表格工具"的"表"选项卡中,单击"更改前"按钮 ,如图 8.11 所示。

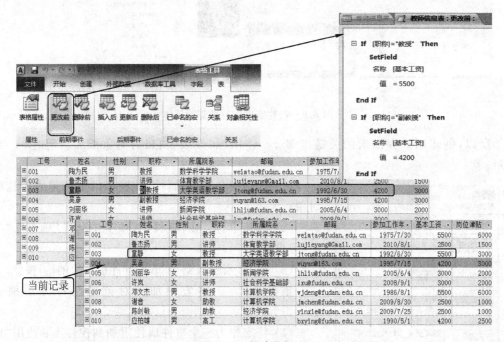

图 8.11　创建数据宏

(3)编辑和保存宏:按图 8.11 所示,添加宏操作,然后,保存宏,关闭"宏生成器"。

(4)查看运行效果:修改"童静"的职称为"教授",确认后,单击"记录显示器" 记录:◄ ◄ 第3项(共 10 项) ► ► ► 的"下一条记录"按钮 ► ,使被修改的记录不再是当前记录,可以看到"童静"的"基本工资"自动更改为"5500"。

所以,创建数据宏的关键步骤为使用"表格工具"的"表"选项卡,如图 8.11 所示。

重要提示——数据宏的运行效果。

例 8.7 中,当修改数据表中的"职称"为"教授"或"副教授"并确认后,要使被修改的记录不再是当前记录时,才能看到"基本工资"的更改。

8.3 运行、调试、编辑和删除宏

8.3.1 运行宏

一般地说,可以使用"宏生成器"中"宏工具"的"运行"按钮 运行宏,但是,宏的类型不同,其运行方法也有所不同。

(1) 独立宏:在"宏"对象栏中,双击一个独立宏,可以使其运行。

(2) 嵌入式宏:通常以响应事件的形式运行。由于嵌入式宏是以一个事件属性嵌入在窗体或报表中的,所以,只有当窗体或报表上有对应事件发生时,才会触发、启动宏的运行。

重要提示——嵌入式宏的运行方式。

如果在"宏生成器"中,单击"运行"按钮 来运行一个嵌入式宏,得到的运行结果可能是不正确的,甚至导致出错信息,因为有些操作不能在这种状态下执行,所以,为了保证得到准确的运行效果,建议关闭"宏生成器",使用事件形式触发和运行嵌入式宏,这点是值得大家注意的。

8.3.2 调试宏

使用"宏生成器"中"宏工具"的"单步"按钮 是调试宏操作的常用手段,如图 8.12 所示,单击"单步"按钮 ,设置系统以"单步"执行方式运行宏。

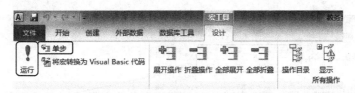

图 8.12 宏工具

例 8.8 创建一个独立宏,对"宏 2_教师信息表"窗体进行打开、最大化、最小化和关闭操作,以"单步"执行方式运行宏,观察运行过程(先设置"宏 2_教师信息表"窗体为弹出式窗体,在"属性表"窗格"其他"选项卡中设置)。

(1) 创建宏:单击"创建"选项卡的"宏"按钮 ,打开"宏生成器",添加宏操作,如图 8.13 所示。

(2) 设定"单步"执行方式:单击"宏工具"的"单步"按钮 ,使"单步"按钮有效,如图 8.13 所示。

(3) 运行宏:单击"运行"按钮 ,以"例 08 教师信息表_单步执行"为名保存宏,在弹出的"单步执行宏"对话框中,多次单击"单步执行"按钮 单步执行(S) 。

(4) 观察运行过程:可以看到每次单击对话框的"单步执行"按钮 单步执行(S) ,系

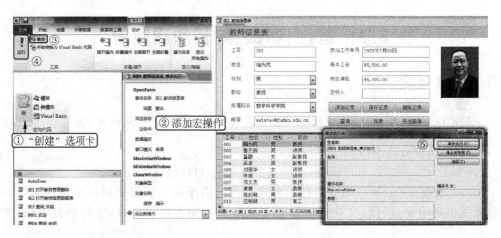

图 8.13 "单步"执行方式运行宏

统只执行一个宏操作,4 次单击才完成整个宏的运行。

(5) 恢复非"单步"执行方式:在"宏"对象栏中,右击"例 08 教师信息表_单步执行",选择"设计视图"快捷菜单命令,重新打开"宏生成器",单击"宏工具"的"单步"按钮 ┗┓单步 ,使该按钮失效,然后,关闭"宏生成器"。

8.3.3 编辑宏

"宏生成器"提供了多种编辑宏的功能,描述如下。

(1) 调整宏操作顺序:选中一个宏操作,在该操作行右边出现"上移"按钮 ⬆ 和"下移"按钮 ⬇ ,单击可移动选中的宏操作,如图 8.14 所示。

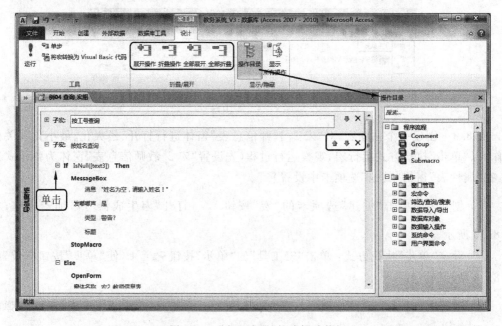

图 8.14 "宏生成器"的编辑功能

（2）删除一条宏操作：选中要删除的宏操作，单击右边的"删除"按钮 ✕，如图 8.14 所示。

（3）展开/折叠显示宏操作：为方便编辑，用户可以灵活地使用"展开"或"折叠"方式来显示宏操作，单击宏操作左边的"－"按钮 ⊟ 和"＋"按钮 ⊞，或单击"宏工具"的"展开/折叠"组中的按钮，可以调整显示方式，如图 8.14 所示。

（4）"操作目录"窗格：单击"宏工具"的"操作目录"按钮 ，可以显示或隐藏"操作目录"窗格，该窗格按类显示了 Access 中的所有宏操作，以方便用户查找和选择，如图 8.14 所示。

8.3.4 删除宏

独立宏的删除，可以在"宏"对象栏中，右击要删除的宏，选择"删除"快捷菜单命令；而嵌入式宏的删除，可以使用"属性表"窗格，在下拉列表中选择宏所附加的对象，然后，在"事件"选项卡对应的事件属性中，清除"［嵌入的宏］"等字样，如图 8.10 所示。

8.4 宏应用举例

8.4.1 制作启动窗体

例 8.9 制作一个启动窗体，如图 8.15 所示，当用户启动"教务系统"数据库文件时，系统自动打开该窗体，单击窗体上"教师管理"按钮 ，打开"宏 2_教师信息表"窗体。

图 8.15 启动窗体

（1）创建窗体：单击"窗体设计"按钮 ，新建一个窗体，按图 8.15 所示添加控件，按表 8.3 所示，在"属性表"窗格的"格式"、"事件"及"其他"选项卡中设置各控件属性，以

"宏 1_教务管理窗体"为名保存窗体。

表 8.3　启动窗体上各控件主要属性

控件名称	主要属性
窗体	① "图片"属性: "宏窗体背景.jpg"("拉伸"缩放模式); ② "弹出方式"属性: "是"
"教务管理系统"标签	"华文行楷"、"26"、"居中"、"深蓝色"
"教师管理"按钮	宽高 4×1cm、"单击"事件属性嵌入宏: 打开窗体"宏 2_教师信息表"(OpenForm)
"学生管理"按钮	宽高 4×1cm、"单击"事件属性: 可自行定义完成
"课程管理"按钮	宽高 4×1cm、"单击"事件属性: 可自行定义完成
"成绩管理"按钮	宽高 4×1cm、"单击"事件属性: 可自行定义完成
"复旦大门"图像框	宽高 1.5×1cm、"单击"事件属性嵌入宏(如图 8.16(a)所示)实现功能: ① 弹出"退出系统确认"消息框 ②关闭数据库

(2) 创建 AutoExec 宏: 单击"创建"选项卡的"宏"按钮 ，在"宏生成器"中, 按图 8.16(b)所示编辑宏, 单击"保存"按钮 ，以 AutoExec 为名保存宏。

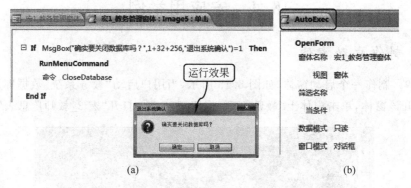

(a)　　　　　　　　　　　　　(b)

图 8.16　启动窗体创建步骤

(3) 查看运行效果: 在"宏"对象栏中, 双击 AutoExec 宏, 或退出 Access, 重新打开数据库文件, 观察启动窗体的运行效果。

8.4.2　使用宏打印报表

例 8.10　为"宏 2_教师信息表"窗体中的"报表"按钮 附加宏, 实现按钮功能: 单击"报表"按钮 时, 能预览第 7 章"报表"中创建的报表"例 02 教师主要信息_向导_纵栏式"的打印效果, 如图 8.17 所示。

(1) 打开"宏生成器"编辑宏, 步骤如下。

① 打开"宏 2_教师信息表"窗体的"设计视图", 选中"报表"按钮, 在"属性表"窗格中, 单击"单击"事件属性栏右边的 按钮, 打开"宏生成器"。

② 编辑宏: 选择"OpenReport"宏操作, 选择"报表名称"为"例 02 教师主要信息_向导_纵栏式", 选择"视图"为"打印预览", 其他参数默认, 如图 8.17 所示。

③ 保存宏, 关闭"宏生成器"。

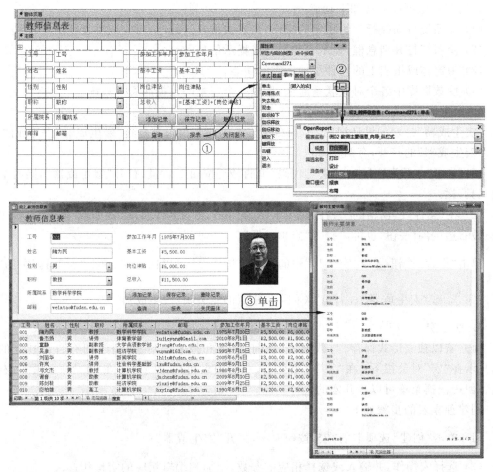

图 8.17　使用宏打印报表

（2）查看运行效果，保存窗体，步骤如下。

① 打开"例 02 教师主要信息_向导_纵栏式"报表"设计视图"，设置报表"弹出方式"属性为"是"，保存后关闭报表。

② 切换到"宏 2_教师信息表"窗体的"窗体视图"，单击"报表"按钮 <u>报表</u>，打开报表的"打印预览"视图，如图 8.17 所示，然后，关闭报表。

③ 单击"保存"按钮 📄，保存窗体。

重要提示——使用宏在打印机上输出报表。

如果在"OpenReport"宏操作中，选择"视图"选项为"打印"，如图 8.17 所示，则运行宏时，报表会直接在打印机上打印出来。

本章重要知识点

1. 宏

可以将一组需要系统执行的操作按顺序排列，定义成一个宏。当这个宏运行的时候，系统将自动执行宏所包含的这组操作。

使用宏操作可以实现如下功能。

(1) 使系统自动执行一组指定的操作,当宏被重复运行时,可完成重复性的操作。

(2) 使系统打开消息框,显示一些消息或提示信息。

(3) 为窗体或报表上的控件添加所需的功能。

(4) 使数据库中各个对象联系起来,形成一个完整的数据库管理系统。

2. 宏生成器

"宏生成器"是宏的设计视图,Access 中宏的创建和编辑都是在"宏生成器"中完成的。"宏生成器"的打开,有两种方法。

(1) 单击"创建"选项卡中"宏与代码"组的"宏"按钮 ,可以打开"宏生成器",同时显示"宏工具"栏。

(2) 在"属性表"窗格的"事件"选项卡中,先单击某一事件属性(例如:"单击"),再单击该栏最右边的 按钮,也可以打开"宏生成器"。

单击"保存"按钮 或"宏工具"中的"保存"按钮 可以保存宏,单击"宏工具"中的"关闭"按钮 或"宏生成器"右上角"关闭"按钮 都能关闭"宏生成器"。

3. 独立宏

独立宏以独立形式保存,与数据表、查询、窗体和报表等对象一样,拥有自己独立的宏名,显示在"宏"对象栏下;在"宏"对象栏下,双击宏名可以运行宏;在"宏"对象栏下,右击宏名,使用快捷菜单可以打开宏的设计视图。

创建独立宏的步骤如下。

(1) 单击"创建"选项卡的"宏"按钮 ,打开"宏生成器";

(2) 选择宏操作,并输入或选择相应的参数,添加和编辑相应的宏操作;

(3) 单击"保存"按钮 保存宏,单击"宏工具"的"运行"按钮 ,或关闭"宏生成器"后,在"宏"对象栏中双击创建的宏,运行宏。

4. 嵌入式宏

嵌入式宏附加在窗体、报表或按钮的事件属性中,作为一个属性依附于对象保存,没有独立的宏名。

创建嵌入式宏的步骤如下。

(1) 在"设计视图"或"布局视图"下,在"属性表"窗格的"事件"选项卡中,先单击所需事件(例如:"单击")放入插入点,再单击该栏右边的 按钮,打开"宏生成器";

(2) 添加宏操作及相应的参数,完成宏编辑后,单击"宏工具"的"保存"按钮 和"关闭"按钮 ;

(3) 产生能够触发嵌入式宏运行的事件(例如:"单击"),查看运行效果,保存包含该嵌入式宏的窗体或报表等对象。

5. 条件宏

如果在宏中含有 if 程序流程,宏运行时,需要满足指定的条件,才执行相应的操作,这种宏称为条件宏。

if 宏操作的常见格式如下，其中 else 部分是可选项：

```
if"条件表达式"then
    条件成立时的宏操作
[else
    条件不成立时的宏操作]
end if
```

条件宏本质上是 if 宏操作，所以，正确的"条件表达式"是创建条件宏的关键。

6. 宏组

如果一个宏的名下包含多个子宏，该宏称为宏组。

创建宏组的关键步骤如下。

（1）在"宏生成器"中，双击"操作目录"窗格的 Submacro 程序流程（如果该窗格未打开，单击"宏工具"的"操作目录"按钮 ），添加子宏，输入和编辑子宏，形成宏组；

（2）在"属性表"窗格的"事件"选项卡中，选中需要的事件（例如："单击"），单击其右边的下拉箭头，选择相应的子宏，将子宏附加到对象；

（3）保存宏组依附的窗体或报表等对象。

7. 用户界面宏

如果将宏附加到用户界面的按钮、文本框等对象上，以实现它们的操作功能，这样的宏称为用户界面宏。

创建用户界面宏的关键步骤是为所需的用户界面对象添加宏，可以使用"属性表"窗格，将宏作为一个事件属性附加到对象上，也可以先创建一个独立宏，然后再附加到对象上。

8. 数据宏

数据宏附加到数据表，通常用于当数据表发生更改、插入或删除数据等事件时，触发相关操作。

Access 为数据表提供了表事件，当用户对数据表进行插入、更改或删除操作时，就会触发对应的事件。使用"表格工具"的"表"选项卡，可以为这些事件添加数据宏操作。

9. 宏的运行

宏的类型不同，其运行方法也有所不同。对于独立宏来说，在"宏"对象栏中，双击一个独立宏，可以使其运行。对于嵌入式宏来说，则通常需以响应事件的形式运行。值得注意的是，如果在"宏生成器"中，单击"运行"按钮 来运行一个嵌入式宏，得到的运行结果可能是不正确的，甚至导致出错信息，因为有些操作不能在这种状态下执行。

10. 宏的调试

使用"宏生成器"中"宏工具"的"单步"按钮 单步，是调试宏操作的常用手段。通过单击"单步"按钮 单步，可以设置系统以"单步"执行方式运行宏，实现对宏的调试。

11. 宏的编辑

宏生成器提供了四种编辑宏的功能。

（1）调整宏操作顺序

选中一个宏操作，在该操作右边出现"上移"按钮 ⬆ 和"下移"按钮 ⬇，单击可移动选中的宏操作。

（2）删除一条宏操作

选中要删除的宏操作，单击右边的"删除"按钮 ✖ ；

（3）展开/折叠显示宏操作

单击宏操作左边的按钮 ⊟ 和按钮 ⊞，或单击"宏工具"的"展开/折叠"组中的按钮，可以调整显示方式。

（4）"操作目录"窗格

单击"宏工具"的"操作目录"按钮 ，可以显示或隐藏"操作目录"窗格，该窗格按类显示了 Access 中的所有宏操作，以方便用户查找和选择。

12. 宏的删除

独立宏的删除，可以在"宏"对象栏中，右击要删除的宏，选择"删除"快捷菜单命令；而嵌入式宏的删除，可以使用"属性表"窗格，在下拉列表中选择宏所附加的对象，然后在"事件"选项卡对应的事件属性中，清除"［嵌入的宏］"等字样。

习　题

1. 使用宏可以实现对数据库中对象的操作，包括（　　）。

    A. 在数据表中添加数据　　　　　　　B. 打开窗体

    C. 对数据表进行查询　　　　　　　　D. 以上都是

2. 关于独立宏，下面说法不正确的是（　　）。

    A. 使用"宏生成器"可以创建独立宏　　B. 独立宏拥有自己独立的宏名

    C. 独立宏不可以被修改　　　　　　　D. 独立宏会显示在"宏"对象栏下

3. 关于嵌入式宏，下面说法不正确的是（　　）。

    A. 嵌入式宏没有独立的宏名

    B. 嵌入式宏可以被编辑和修改

    C. 嵌入式宏不可以被删除

    D. 嵌入式宏的保存不仅要保存宏本身，还要保存"嵌入"的窗体等对象

4. 完成打开窗体功能的宏操作名称是（　　）。

    A. OpenTable　　　　B. OpenQuery　　　　C. MessageBox　　　　D. OpenForm

5. "宏生成器"提供的功能包括（　　）。

    A. 删除一条宏操作　　　　　　　　　B. 调整宏操作顺序

    C. 折叠/展开显示宏操作　　　　　　D. 以上都是

6. 关于宏的运行，下列说法不正确的是（　　）。

    A. 双击一个独立宏，可以使其运行

    B. 嵌入式宏通常以响应事件的形式运行

    C. 不能以"单步"执行方式运行独立宏

D. 当数据库文件被打开时，AutoExec 宏将自动被执行

7. 关于条件宏，下列说法不正确的是（　　）。

    A. 条件宏中含有 if 程序流程

    B. 条件宏运行时，通常需要满足指定的条件

    C. 条件宏中的 then 部分是可选项

    D. 条件宏中的 else 部分是可选项

8. 关于宏组，下列说法不正确的是（　　）。

    A. 宏组中的子宏可以有名称　　　　　　B. 宏组不能有自己的名称

    C. 使用"宏生成器"可以创建宏组　　　　D. 宏组中可以包含多个子宏

9. 关于用户界面宏，下列说法正确的是（　　）。

    A. 可以附加到窗体的按钮上　　　　　　B. 可以附加到窗体的文本框上

    C. 可以附加到窗体的组合框上　　　　　D. 以上都正确

10. 关于数据宏，下列说法不正确的是（　　）。

    A. 数据宏不能被附加到数据表

    B. 可以为数据表的插入数据事件，添加数据宏操作

    C. 可以为数据表的更改数据事件，添加数据宏操作

    D. 可以为数据表的删除数据事件，添加数据宏操作

上 机 实 验

在第 7 章实验结果基础上（或复制和打开配套光盘中"窗体"一章的实验素材"电脑销售"数据库文件），完成以下实验内容。

1. 创建窗体。

使用"窗体设计"按钮 ，按图 8.18 所示，创建弹出式窗体，以"宏_窗体"为名保存窗体。

图 8.18　宏_窗体

提示：

（1）组合框的添加：选择"窗体设计工具"的"组合框"控件，在窗体上单击，在依次弹出的 3 个向导对话框中，分别进行操作，选择"自行键入所需的值"选项，在"第 1 列"中输入

"笔记本"、"台式电脑"和"一体机",输入"组合框指定标签"为"请输入查询类别: ",如图 8.19 所示。

图 8.19　组合框的制作步骤

(2) 组合框的设置: 在"属性表"窗格中,设置"数据"选项卡的"默认值"属性为"笔记本"。

(3) 按钮制作: 选择"窗体设计工具"的"按钮"控件 ,在窗体上单击(如果弹出向导对话框,单击"取消"按钮),输入按钮上的文字,在"属性表"窗格中,设置按钮高度和宽度为"0.705cm"和"3cm"。

(4) 设置窗体背景: 在"属性表"窗格的下拉列表中,选择"窗体",在"格式"选项卡的"图片"属性栏插入背景图片,设置"缩放模式"属性为"拉伸"。

(5) 设置窗体的"弹出方式"属性: 在"属性表"窗格的下拉列表中,选择"窗体",设置"其他"选项卡的"弹出方式"属性为"是"。

2. 用嵌入式宏,实现"宏_窗体"上各按钮的功能,如图 8.20 所示。

(1) 单击"查看资料库"按钮 ,能打开"资料库"数据表。

(2) 单击"打印综合报表"按钮 ,能打开"报表5_综合报表"的打印预览(该报表已在第 7 章"报表"的上机实验中创建)。

(3) 在组合框中选择查询类别,单击"查询" 按钮,能打开"窗体 7_资料库_综合窗体"(该窗体已在第 6 章"窗体"的上机实验中创建),查询到指定类别的数据信息。

(4) 单击"退出"按钮 ,关闭"宏_窗体"。

提示:

在"设计视图"下,选中窗体上的一个按钮,在"属性表"窗格的"单击"事件属性栏中,单

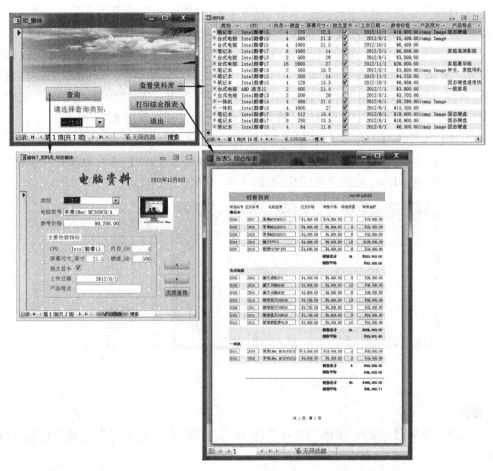

图 8.20 "宏_窗体"功能

击 ⋯ 按钮,打开"宏生成器"。

(1)选择宏操作"OpenTable"、选择"表名称"为"资料库",实现"查看资料库"按钮 查看资料库 的功能,如图 8.21 所示。

图 8.21 按钮的宏

(2) 选择宏操作"OpenReport"、选择"报表名称"为"报表 5_综合报表"、选择"视图"为"打印预览",实现"打印综合报表"按钮 打印综合报表 的功能,如图 8.21 所示。

(3) 选择宏操作"OpenForm"、选择"窗体名称"为"窗体 7_资料库_综合窗体"、在"当条件"栏输入查询条件"[类别]=[Forms]![宏_窗体]![Combo1]"("Combo1"为组合框的"名称"属性,可根据自己窗体上组合框的实际名称替换此项)、选择"数据模式"为"只读"、选择"窗口模式"为"对话框",实现"查询"按钮 查询 的功能,如图 8.21 所示。

(4) 选择宏操作"Close",实现"退出"按钮 退出 的功能,如图 8.21 所示。

3. 制作启动窗体"宏_启动窗体",当用户启动该数据库文件时,系统自动打开该窗体。创建名为 AutoExec 的独立宏实现,如图 8.22 所示。

图 8.22　启动窗体及 AutoExec 宏

提示:

(1) 窗体背景色:设置"主体"节"背景色"属性为"茶色,深色 10%"(主题颜色第 2 行第 3 列)。

(2) 文本框密码格式:在"属性表"窗格的"数据"选项卡,设置其"输入掩码"属性为"密码"。

(3) 创建宏:单击"创建"选项卡中"宏与代码"组的"宏"按钮 ,按图 8.22 所示编辑宏内容,保存宏为 AutoExec。

(4) 预览运行效果:双击宏 AutoExec(或重新打开数据库文件),观察启动窗体。

4. 创建一个宏组,实现启动窗体上按钮的功能:在文本框中输入密码,单击"进入"按钮 进入 ,如果密码正确(等于"1234"),打开窗体"宏_窗体",否则,弹出密码错误提示框;单击"关闭系统"按钮 关闭系统 ,关闭数据库文件,退出 Access,如图 8.24 所示。

提示:

创建宏组,名为"宏 1",包含两个子宏"进入"和"关闭系统",然后,将子宏分别附加到按钮"进入" 进入 和"关闭系统" 关闭系统 的"单击"事件属性中。

(1) 创建宏组及子宏:单击"创建"选项卡中"宏与代码"组的"宏"按钮 ,双击"操作目录"窗格中的 Submacro(如果该窗格未打开,单击"宏工具"的"操作目录"按钮),输入子宏名称,按图 8.23 所示编辑宏。

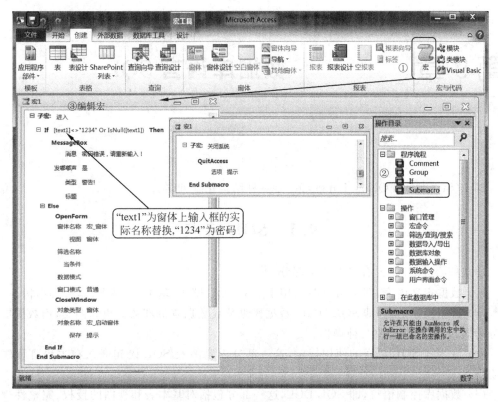

图 8.23　创建和编辑宏组

（2）将子宏附加到按钮的"单击"事件属性中：分别选中按钮，在"属性表"窗格的"事件"选项卡中，单击"单击"属性栏的下拉箭头，选择对应的子宏，如图 8.24 所示。

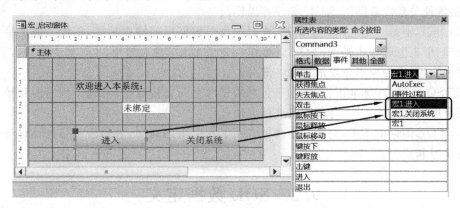

图 8.24　将子宏附加到按钮

第9章 数据库语言 SQL

SQL(Structured Query Language)是一种结构化查询语言。

9.1 SQL 特点

通常核心 SQL 主要有以下 4 个部分。

(1) 数据定义语言,即 SQL DDL,用于定义 SQL 模式、基本表、视图、索引等结构。

(2) 数据操纵语言,即 SQL DML,数据操纵分成数据查询和数据更新两类,而数据更新又分为插入、删除和修改 3 种操作。

(3) 嵌入式 SQL 语言的使用规定,这一部分内容涉及 SQL 语句嵌入在主语言程序中的规则。

(4) 数据库控制语言,即 SQL DCL,这一部分包括对基本表和视图的授权、完整性规则的描述、事务控制等内容。

SQL 具有如下特点:

(1) SQL 具有十分灵活和强大的查询功能,其 SELECT 语句能完成相当复杂的查询操作,包括各种关系代数操作、统计、排序等操作;

(2) SQL 不是一个应用开发语言,它只提供对数据库的操作功能,不能完成屏幕控制、菜单管理、报表生成等功能,但 SQL 既可作为交互式语言独立使用,也可作为子语言嵌入在主语言中使用,成为应用开发语言的一部分;

(3) SQL 是国际标准语言,有利于各种数据库之间交换数据,有利于程序的移植,有利于实现高度的数据独立性,有利于实现标准化;

(4) SQL 的词汇不多,完成核心功能只用了 9 个英语动词,它的语法结构接近英语,因此容易学习和使用。

9.2 SQL 数据定义

本节介绍对 SQL 模式、基本表和索引的创建和撤销等操作。

9.2.1 SQL 模式的创建和撤销

1. SQL 模式的创建

在 SQL 中,一个 SQL 模式定义为基本表的集合。一个 SQL 模式由模式名和模式拥有者的用户名或账号来确定,并包含模式中每一个元素(基本表、视图、索引等)的定义。创建

SQL 模式,就是定义了一个存储空间。

SQL 模式的创建可用 CREATE SCHEMA 语句定义,其基本语法如下:

```
CREATE SCHEMA <模式名> AUTHORIZATION <用户名>;
```

例如,下面语句定义了教学数据库的 SQL 模式:

```
CREATE SCHEMA ST_CO AUTHORIZATION LISMITH;
```

该模式名为 ST_CO,拥有者为 LISMITH。

2. SQL 模式的撤销

当一个 SQL 模式及其所属的基本表、视图等元素都不需要时,可以用 DROP 语句撤销这个 SQL 模式。DROP 语句的语法如下:

```
DROP SCHEMA <模式名> [CASCADE | RESTRICT];
```

其方式有如下两种。

CASCADE(级联式)方式:执行 DROP 语句时,把 SQL 模式及其下属的基本表、视图、索引等所有元素全部撤销。

RESTRICT(约束式)方式:执行 DROP 语句时,只有当 SQL 模式中没有任何下属元素时,才能撤销 SQL 模式,否则拒绝执行 DROP 语句。

例如,要撤销 SQL 模式 ST_CO 及其下属所有的元素时,可用下列语句实现:

```
DROP SCHEMA ST_CO CASCADE;
```

由于"SQL 模式"这个名词学术味太重,因此大多数 DBMS 中不愿采用这个名词,而是采用"数据库"(DATABASE)这个名词。也就是大多数系统中把"创建 SQL 模式"按惯例称为"创建数据库",语句采用"CREATE DATABASE…"和"DROP DATABASE"等字样。

9.2.2 SQL 的基本数据类型

SQL 提供的主要数据类型(也称为"域类型")有:

1. 数值型

INTEGER	长整数(也可写成 INT)
SMALLINT	短整数
REAL	浮点数
DOUBLE PRECISION	双精度浮点数
FLOAT(n)	浮点数,精度至少为 n 位数字
NUMERIC(p,d)	定点数,有 p 位数字(不包括符号、小数点)组成,小数点后面有 d 位数字(也可写成 DECIMAL(p,d)或 DEC(p,d))

2. 字符串型

CHAR(n)	长度为 n 的定长字符串
VARCHAR(n)	具有最大长度为 n 的变长字符串

3. 位串型

BIT(n)	长度为 n 的二进制位串
BIT VARYING(n)	最大长度为 n 的变长二进制位串

4. 时间型

DATE	日期,包含年、月、日,形为 YYYY-MM-DD
TIME	时间,包含一日的时、分、秒,形为 HH:MM:SS

SQL 允许在上面列出的类型的值上进行比较操作,但算术操作只限于数值类型。SQL 还提供一种时间间隔(INTERVAL)的数据类型,例如,两个日期类型值的差,就是一个间隔类型的值。一个日期类型值加上一个间隔型的值,或减去一个间隔型的值,就可得到另外一个日期。

SQL 允许用户使用"CREATE DOMAIN"语句定义新的域,例如,定义一个新的域 PERSON_NAME:

```
CREATE DOMAIN PERSON_NAME CHAR(8);
```

这样我们就可以像使用基本类型一样,用域名 PERSON_NAME 来定性属性的类型。

9.2.3 基本表的创建和撤销

如果在系统中创建了一个数据库,那么就可以在数据库中定义基本表。

对基本表结构的操作有创建、修改和撤销 3 种操作。

1. 基本表的创建

创建基本表,可用 CREATE TABLE 语句实现:

```
CREATE TABLE <基本表名>
(<列名 类型>,
……
<完整性约束>,
…… );
```

表中每个列的类型可以是基本数据类型,也可以是用户预先定义好的域名。完整性约束主要有 3 种子句:主键子句(PRIMARY KEY)、外键子句(FOREIGN KEY)和检查子句(CHECK)。每个基本表的创建定义中包含了若干列的定义和若干个完整性约束。下面举例说明。

例 9.1 对于教学数据库中的 4 个关系:

教师信息表(工号,姓名,性别,职称,所属院系,邮箱,参加工作年月,基本工资,岗位津贴,照片)
选课表(课程代码,课程名称,开课院系,学分,工号,时间,教室,课程类型)
学生信息表(学号,姓名,性别,院系,出生年月,户籍地,是否党员,当前绩点(GPA),备注)
成绩表(学号,课程代码,成绩)

基本表"教师信息表"可用下列语句创建:

```
CREATE TABLE 教师信息表
(工号          CHAR(4)        NOT NULL,
姓名          CHAR(10)       NOT NULL,
性别          CHAR(2),
职称          CHAR(6),
所属院系      CHAR(20),
邮箱          CHAR(36),
参加工作年月   DATE,
```

```
基本工资          REAL,
岗位津贴          REAL,
照片              CHAR(255),
PRIMARY KEY(工号));
```

SQL 允许列值是空值,但当要求某一列的值不允许空值时就应在定义该列时写上 "NOT NULL",就像这里的工号和姓名后有"NOT NULL"字样。但在此处,由于主键子句 (PRIMARY KEY)已定义工号是主键,因此列工号的定义中"NOT NULL"是冗余的,可以不写。但为了提高可读性,写上也不妨。

对于基本"表选课表"、"学生信息表"和"成绩表"可以用下列语句创建:

```
CREATE TABLE 选课表
(课程代码        CHAR(12)          NOT NULL,
课程名称         CHAR(10)          NOT NULL,
开课院系         CHAR(20),
学分             SMALLINT,
工号             CHAR(4),
时间             DATE,
教室             CHAR(12),
课程类型         CHAR(10),
PRIMARY KEY(课程代码),
FOREIGN KEY(工号) REFERENCES 教师信息表(工号));
```

在基本表"选课表"的定义中说明了主键是课程代码,外键是工号,并指出外键工号和基本表"教师信息表"中工号列对应,此处对应的列名恰好同名,实际上也可以不同名,只要指出其对应性即可。外键体现了关系数据库的参照完整性。

```
CREATE TABLE 学生信息表
(学号            CHAR(5)           NOT NULL,
姓名             CHAR(10)          NOT NULL,
性别             CHAR(2),
院系             CHAR(20),
出生年月         DATE,
户籍地           CHAR(10),
是否党员         CHAR(2),
当前绩点(GPA)REAL,
备注             CHAR(255),
PRIMARY KEY(学号));
CREATE TABLE 成绩表
(学号            CHAR(5),
课程代码         CHAR(12),
成绩             REAL,
PRIMARY KEY(学号, 课程代码),
FOREIGN KEY(学号) REFERENCES 学生信息表(学号),
FOREIGN KEY(课程代码) REFERENCES 选课表(课程代码)
);
```

在基本表"成绩表"的定义中说明了主键是(学号,课程代码),还定义了两个外键,并指出外键学号和学生信息表中学号列对应,外键课程代码和选课表中的课程代码列相对应。

在例 9.1 中,每个语句结束时加了分号";"。但读者应注意,在 SQL 标准中,分号不是语句的组成部分。在具体 DBMS 中，有的系统规定必须加分号，表示语句结束，有的系统规定不加。本书为了醒目，特在每个语句结束后加分号。

在用 CREATE 语句创建基本表中，最初只是一个空的框架，接下来，用户可使用 INSERT 命令把数据插入基本表中。关系数据库产品都有数据装载程序，可以把大量原始数据载入基本表。

2. 基本表结构的修改

在基本表建立并使用一段时期后，可以根据实际需要对基本表的结构进行修改，即增加新的列、删除原有的列或修改数据类型、宽度等。

（1）增加新的列用"ALTER…ADD…"语句，其语法如下：

```
ALTER TABLE <基本表名> ADD <列名> <类型>;
```

例 9.2 在基本表"学生信息表"中增加一个地址（ADDRESS）列，可用下列语句：

```
ALTER TABLE 学生信息表 ADD ADDRESS VARCHAR(30);
```

应注意，新增加的列不能定义为"NOT NULL"。基本表在增加一列后，原有元组在新增加的列上的值都被定义为空值（NULL）。

（2）删除原有的列用"ALTER…DROP…"语句，其语法如下：

```
ALTER TABLE <基本表名> DROP <列名> [CASCADE|RESTRICT]
```

此处 CASCADE 方式表示在基本表中删除某列时，所有引用到该列的视图和约束也要一起自动地被删除。而 RESTRICT 方式表示在没有视图或约束引用该属性时，才能在基本表中删除该列，否则拒绝删除操作。

例 9.3 在基本表"学生信息表"中删除备注列，并且把引用该列的所有视图和约束一起删除，可用下列语句：

```
ALTER TABLE 学生信息表 DROP 备注 CASCADE;
```

（3）修改原有列的类型、宽度用"ALTER …MODIFY…"语句，其语法如下：

```
ALTER TABLE <基本表名> MODIFY <列名> <类型>;
```

例 9.4 在基本表"学生信息表"中学号的长度修改为 6，可用下列语句：

```
ALTER TABLE 学生信息表 MODIFY 学号 CHAR(6);
```

3. 基本表的撤销

在基本表不需要时，可以用"DROP TABLE"语句撤销。在一个基本表撤销后，其所有数据也就丢失了。

撤销语句的语法如下：

```
DROP TABLE <基本表名> [CASCADE|RESTRICT];
```

此处的 CASCADE、RESTRICT 的语义同前面语法中的语义一样。

例 9.5 需要撤销基本表"学生信息表"。但只有在没有视图或约束引用学生信息表中的列时才能撤销，否则拒绝撤销。可用下列语句实现：

```
DROP TABLE 学生信息表 RESTRICT;
```

9.2.4 索引的创建和撤销

在 SQL 86 和 SQL 89 标准中，基本表没有关键码概念，用索引机制弥补。索引属于物理存储的路径概念，而不是逻辑的概念。在定义基本表时，还要定义索引，就把数据库的物理结构和逻辑结构混在一起了。因此在 SQL2 中引入了主键概念，用户在创建基本表时用主键子句直接定义主键。

1. 索引的创建

创建索引可用"CREATE INDEX"语句实现。其语法如下：

```
CREATE [UNIQUE] INDEX <索引名> ON <基本表名> (<列名序列>);
```

例 9.6 如果创建"学生基本表"时，未使用主键子句，那么可用建索引的方法来起到主键的作用：

```
CREATE UNIQUE INDEX S♯_INDEX ON 学生信息表(学号);
```

此处关键字 UNIQUE 表示每个索引项对应唯一的数据记录。

SQL 中的索引是非显式索引，也就是在索引创建以后，用户在索引撤销前不会再用到该索引键的名，但是索引在用户查询时会自动起作用。

一个索引键也可以对应多个列。索引排列时可以升序，也可以降序，升序排列用 ASC 表示，降序排列用 DESC 表示，默认时表示升序排序。如，可以对基本表"成绩表"中的(学号，课程代码)建立索引：

```
CREATE UNIQUE INDEX SC_INDEX ON 成绩表 (学号 ASC, 课程代码 DESC).
```

2. 索引的撤销

当索引不需要时，可以用"DROP INDEX"语句撤销，其语法如下：

```
DROP INDEX <索引名>;
```

例 9.7 撤销索引 S♯_INDEX 和 SC_INDEX，可用下列语句：

```
DROP INDEX S♯_INDEX, SC_INDEX;
```

9.3 SQL 数据查询

9.3.1 SELECT 基本句型

SQL 的 SELECT-FROM-WHERE 句型：

```
SELECT A1, …, An
FROM R1, …, Rm
WHERE F;
```

在 WHERE 子句的条件表达式 F 中可使用下列运算符。

(1) 算术比较运算符: $<,<=,>,>=,=,<>$ 或 $!=$。

(2) 逻辑运算符: AND,OR,NOT。

(3) 集合成员资格运算符: IN,NOT IN。

(4) 谓词: EXISTS(存在量词),ALL,SOME,UNIQUE。

(5) 集合函数: AVG(平均值),MIN(最小值),MAX(最大值),SUM(和),COUNT(计数)。

(6) F 中运算对象还可以是另一个 SELECT 语句,即 SELECT 语句可以嵌套。

另外,SELECT 语句的查询结果之间还可以进行集合的并、交、差操作,其运算符是集合运算符: UNION(并),INTERSECT(交),EXCEPT(差)。

9.3.2 SELECT 语句的使用技术

SELECT 语句使用时有 3 种写法: 连接查询、嵌套查询和带存在量词的嵌套查询。

下面例 9.8 中表示了这 3 种写法。例 9.9 是最常用的一些查询写法。

例 9.8 对于教学数据库中的 4 个关系:

教师信息表(工号,姓名,性别,职称,所属院系,邮箱,参加工作年月,基本工资,岗位津贴,照片)
选课表(课程代码,课程名称,开课院系,学分,工号,时间,教室,课程类型)
学生信息表(学号,姓名,性别,院系,出生年月,户籍地,是否党员,当前绩点(GPA),备注)
成绩表(学号,课程代码,成绩)

用户有一个查询语句为检索教学高等数学的教师工号和姓名。

这个查询要从基本表"教师信息表"和"选课表"中检索数据,因此可以有下面 3 种写法。

(1) 第 1 种写法(连接查询):

```
SELECT 教师信息表.工号,姓名
FROM 教师信息表, 选课表
WHERE 教师信息表.工号 = 选课表.工号 AND 课程名称 = '高等数学';
```

这个语句执行时,要先对 FROM 后的基本表"教师信息表"和"选课表"做笛卡儿积操作,然后再做等值连接(教师信息表.工号 = 选课表.工号)、选择(课程名称 ='高等数学')和投影等操作。由于工号在"教师信息表"和"选课表"中都出现,因此引用时需注上基本表名,如教师信息表.工号、选课表.工号等。

(2) 第 2 种写法(嵌套查询):

```
SELECT 工号, 姓名
FROM 教师信息表
WHERE 工号 IN (SELECT 工号
FROM 选课表
WHERE 课程名称 = '高等数学');
```

这里外层 WHERE 子句中嵌有一个 SELECT 语句,SQL 允许多层嵌套。这里嵌套的子查询在外层查询处理之前执行。即先在基本表"选课表"中求出教高等数学的工号值,然后再在表"教师信息表"中据工号值求姓名值。

由此可见,查询涉及多个基本表时用嵌套结构逐次求解层次分明,具有结构程序设计特点。并且嵌套查询的执行效率也比连接查询的笛卡儿积效率高。在嵌套查询中,IN 是常用到的谓词,其结构为"元组 IN(集合)",表示元组在集合内。

这个查询的嵌套写法还可以有另外一种：

```
SELECT 工号,姓名
FROM 教师信息表
WHERE '高等数学' IN(SELECT 课程名称
FROM 选课表
WHERE 选课表.工号 = 教师信息表.工号);
```

此处内层查询称为"相关子查询"，子查询中查询条件依赖于外层查询中的某个值，所以子查询的处理不止一次，要反复求值，以供外层查询使用。

（3）第3种写法（使用存在量词的嵌套查询）：

```
SELECT 工号,姓名
FROM 教师信息表
WHERE EXISTS(SELECT *
FROM 选课表
WHERE 选课表.工号 = 教师信息表.工号 AND 课程名称 = '高等数学');
```

此处"SELECT ＊"表示从表中取出所有列。谓词 EXISTS 表示存在量词符号∃，其语义是内层查询的结果应该为非空（即至少存在一个元组）。

例 9.9 对于教学数据库中 4 个基本表"教师信息表"、"选课表"、"学生信息表"、"成绩表"，下面用 SELECT 语句表达下面各个查询语句。

（1）检索学习课程代码为 ENGL11004.01 的学生学号与成绩。

```
SELECT 学号,成绩
FROM 成绩表
WHERE 课程代码 = 'ENGL11004.01';
```

（2）检索至少选修刘老师所授课程中一门课程的学生学号与姓名。

```
SELECT 学生信息表.学号,姓名
FROM 成绩表,学生信息表,选课表,教师信息表
WHERE 成绩表.学号 = 学生信息表.学号 AND 成绩表.课程代码 = 选课表.课程代码
AND 教师信息表.工号 = 选课表.工号 AND 教师信息表.姓名 = '刘';
```

（3）检索学习课程代码为 ENGL11004.01 或 PEDU11009.01 的学生学号。

```
SELECT 学号
FROM 成绩表
WHERE 课程代码 = 'ENGL11004.01' OR 课程代码 = 'PEDU11009.01';
```

（4）检索至少选修课程号为 ENGL11004.01 和 PEDU11009.01 的学生学号。

```
SELECT X.学号
FROM 成绩表 AS X,成绩表 AS Y
WHERE X.学号 = Y.学号 AND X.课程代码 = 'ENGL11004.01' AND Y.课程代码 = 'PEDU11009.01';
```

同一个基本表"成绩表"在一层中出现了两次，为加以区别，引入别名 X 和 Y。在语句中应用表名对列名加以限定，如 X.学号、Y.学号等。书写时，保留字 AS 在语句中可省略，可直接写成"成绩表 X，成绩表 Y"。

（5）检索不学 PEDU11009.01 课程的学生姓名与院系。

```
SELECT 姓名,院系
FROM 学生信息表
```

```
WHERE 学号 NOT IN(SELECT 学号
FROM 成绩表
WHERE 课程代码 = 'PEDU11009.01');
```

或者:

```
SELECT 姓名,院系
FROM 学生信息表
WHERE NOT EXISTS(SELECT *
FROM 成绩表
WHERE 成绩表.学号 = 学生信息表.学号 AND 课程代码 = 'PEDU11009.01');
```

这个查询不能使用连接查询写法。

(6) 检索学习全部课程的学生姓名。

在"学生信息表"中找学生,要求这个学生学了全部课程。换言之,在"学生信息表"中找学生,在选课表中不存在一门课程,这个学生没有学。按照此语义,就可写出查询语句的 SELECT 表达方式:

```
SELECT 姓名
FROM 学生信息表
WHERE NOT EXISTS
(SELECT *
FROM 选课表
WHERE NOT EXISTS
(SELECT *
FROM 成绩表
WHERE 成绩表.课程代码 = 选课表.课程代码 AND 学生信息表.学号 = 成绩表.学号 ));
```

(7) 检索所学课程包含学号为 00001 学生所学课程的学生学号。

这一查询的写法类似于(6)的写法,其思路如下:

① 在学生信息表中找一个学生(学号),   /* 在学生信息表中找 */

② 对于 00001 学的每一门课(课程代码),   /* 在成绩表中找 */

③ 该学生都学了。   /* 在成绩表中存在一个元组 */

然后,改成双重否定形式:

① 在学生信息表中找一个学生(学号),

② 不存在 00001 学的一门课(课程代码),

③ 该学生没有学。

这样就很容易的写出 SELECT 语句:

```
SELECT 学号
FROM 学生信息表
WHERE NOT EXISTS                              /* 不存在 00001 学的一门课 */
(SELECT *
FROM 成绩表 AS X
WHERE X.学号 = '00001'
AND NOT EXISTS                                /* 该学生没有学 */
(SELECT *
FROM 成绩表 AS Y
WHERE Y.学号 = 学生信息表.学号 AND Y.课程代码 = X.课程代码));
```

9.3.3 SELECT 语句的完整结构

1. 聚合函数

SQL 提供了下列聚合函数：

COUNT(*)　　　　　计算元组的个数。

COUNT(<列名>)　　　对一列中的值计算个数。

SUM(<列名>)　　　　求某一列值的综合(此列的值必须是数值型)。

AVG(<列名>)　　　　求某一列值的平均值(此列的值必须是数值型)。

MAX(<列名>)　　　　求某一列值的最大值。

MIN(<列名>)　　　　求某一列值的最小值。

例 9.10　对教学数据库中的数据进行查询和计算。

(1) 求男学生的总人数和平均绩点。

```
SELECT COUNT( * ),AVG(当前绩点(GPA))
FROM 学生信息表
WHERE 性别 = '男';
```

(2) 统计选修了课程的学生人数。

```
SELECT COUNT(DISTINCT 学号)
FROM 成绩表;
```

这里如果不加保留字 DISTINCT,那么统计出表的值是选修课程的学生人次数。由于有的学生选修了多门课,在统计时只能计作一人,因此在 COUNT 函数的列名前面要加 DISTINCT,统计出来的值才是学生人数。

2. SELECT 语句完整地语法

SELECT 语句完整地语法如下：

```
SELECT <目标表的列名或列表达式序列>
FROM <基本表名和(或)视图序列>
[WHERE <行条件表达式>]
[GROUP BY <列名序列>]
   [HAVING <组条件表达式>]
[ORDER BY [列名 ASC | DESC], …];
```

句法中[ ]表示该成分可有也可无。

整个语句的执行过程如下：

(1) 读取 FROM 子句中基本表、视图的数据,执行笛卡儿积操作。

(2) 选取满足 WHERE 子句中给出的条件表达式的元组。

(3) 按 GROUP 子句中指定列的值分组,同时提取满足 HAVING 子句中组条件表达式的那些组。

(4) 按 SELECT 子句中给出的列名或列表达式求值输出。

(5) ORDER 子句对输出的目标表进行排序,按附加说明 ASC 升序排列,或按 DESC 降序排列。

SELECT 语句中,WHERE 子句称为"行条件子句",GROUP 子句称为"分组子句",HAVING 子句称为"组条件子句",ORDER 子句称为"排序子句"。下面举例说明分组子句和排序子句的用法。

例 9.11 对教学数据库中 4 个基本表"教师信息表"、"选课表"、"学生信息表"、"成绩表"中数据进行查询和计算。

(1) 统计每门课程的学生选修人数。

```
SELECT 选课表.课程代码, 课程名称,COUNT(学号)
FROM 选课表,成绩表
WHERE 选课表.课程代码 = 成绩表.课程代码
GROUP BY 选课表.课程代码;
```

由于要统计每一门课程的学生人数,因此要把满足 WHERE 子句中条件的查询结果按课程代码分组,在每一组中的课程代码相同。此时的 SELECT 子句应对每一分组进行操作,在每一组中,选课表.课程代码只有一个值,统计出的学号值个数就是这一组中的学生人数。

(2) 求每一教师每一课程的学生选修人数(超过 50 人),要求显示教师工号、课程代码和学生人数。显示时,查询结果按人数升序排序,人数相同按工号升序、课程代码降序排序。

```
SELECT 工号, 课程信息表.课程代码,COUNT(学号)
FROM 选课表,成绩表
WHERE 选课表.课程代码 = 成绩表.课程代码
GROUP BY 工号, 选课表.课程代码
HAVING COUNT ( * ) > 50
ORDER BY 3,工号, 选课表.课程代码 DESC;
```

该语句先求出选课表和成绩表中学生选修教师课程的那些元组,然后根据教师工号和课程代码分组,去掉小于等于 50 人的组,对余下的组统计元组个数,再显示余下组的教师工号、课程代码和人数。ORDER BY 子句中数字 3 表示对 SELECT 子句中第 3 个列值(学生人数)进行升序排列,若人数相同,则按工号升序、课程号降序排列。

在 Access 2010 数据库中,使用 SQL 查询功能的过程如图 9.1 所示。

(1) 启动数据库:启动 Access 2010,创建一个空的数据库,或者启动一个已经既存的数据库。

(2) 创建查询:在"创建"选项卡中,单击"查询"组的"查询设计"按钮 。

(3) 创建 SQL 查询:在弹出的"显示表"对话框中,单击"关闭"按钮 ,这时在"设计"选项卡中,出现"SQL 视图"等选项,单击"SQL 视图"按钮 ,就可以在 SQL 的输入区域中输入 SQL 语句。

(4) 运行 SQL:在输入区域中输入正确的 SQL 语句后,单击"运行"按钮 ,就执行所写的 SQL 语句。

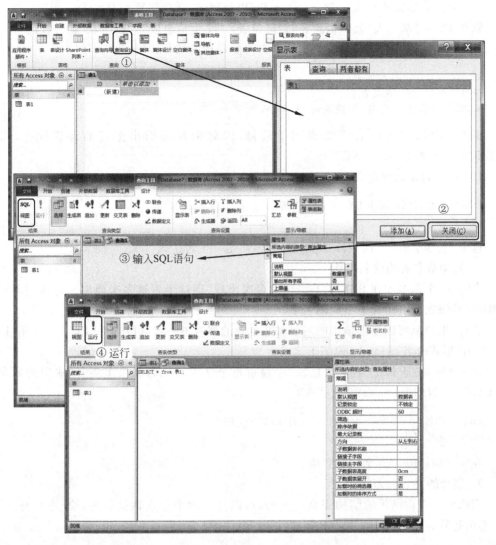

图 9.1　使用 SQL 查询功能

9.3.4　数据查询中的限制和规定

在 SELECT 语句具体使用时,还有许多限制和规定,下面分别叙述。

1. SELECT 子句的规定

SELECT 子句用于描述查询输出的表格结构,即输出值的列名或表达式。其形式如下:

SELECT [ALL | DISTINCT] <列名或列表达式序列> | *

DISTINCT 选项保证重复的行将从结果中去除;而 ALL 选项是默认的,将保证重复的行留在结果中,一般就不必写出。

（1）星号 * 是对于在 FROM 子句中命名表的所有列的简写。

（2）列表达式是对于一个单列求聚合值的表达式。

（3）允许表达式中出现包含＋、－、＊和／以及列名、常数的算术表达式。

例 9.12 对基本表"教师信息表"、"选课表"、"学生信息表"、"成绩表"进行查询。

（1）在基本表"成绩表"中检索男同学选修的课程的课程代码。

```
SELECT DISTINCT 课程代码
FROM 学生信息表,成绩表
WHERE 学生信息表.学号 = 成绩表.学号 AND 性别 = '男';
```

由于一门课程可以有许多男同学选修，因此为避免输出重复的课程代码，需在 SELECT 后面加上 DISTINCT。

（2）检索每个教师的总工资。

```
SELECT 工号,姓名,基本工资 + 岗位津贴
FROM 教师信息表;
```

这里"基本工资 + 岗位津贴"不是列名，而是一个表达式。

2. 列和基本表的改名操作

有时，一个基本表在 SELECT 语句中多次出现，即这个表被多次调用。为区别不同的引用，应给每次的引用标上不同的名字。

有时，用户也可以要求输出的列名和基本表的列名不一致，可在 SELECT 子句用"旧名 AS 新名"形式改名，例 9.13 说明了这点。

例 9.13 在基本表"学生信息表"中检索每个学生的姓名和出生年月，输出的列名为 STUDENT_NAME 和 BIRTH_DAY。

```
SELECT 姓名 AS STUDENT_NAME,出生年月 AS BIRTH_DAY
FROM 学生信息表;
```

在实际应用时，AS 字样可省略。

3. 集合的并、交、差操作

当两个子查询结果的结构完全一致时，可以让这两个子查询执行并、交、差操作。并、交、差的运算符为 UNION、INTERSECT 和 EXCEPT。

```
(SELECT 查询语句 1)
UNION [ALL]
(SELECT 查询语句 2);

(SELECT 查询语句 1)
INTERSECT [ALL]
(SELECT 查询语句 2);

(SELECT 查询语句 1)
EXCEPT [ALL]
(SELECT 查询语句 2);
```

上述操作中不带关键字 ALL 时，返回结果消除了重复元组；而带 ALL 时，返回结果中未消除重复元组。

4. 条件表达式中的比较操作

条件表达式可以用各种运算符组合而成，常用的比较运算符见表 9.1。下面分别介绍。

表 9.1　常用的比较运算符

运算符名称	符号及格式	说　　明
算术比较判断	＜表达式 1＞θ＜表达式 2＞θ 为算术比较运算符	比较两个表达式的值
之间判断	＜表达式 1＞［NOT］BETWEEN＜表达式 2＞AND＜表达式 3＞	搜索(不)在给定范围内的数据
相同判断	＜字符串＞［NOT］LIKE ＜匹配模式＞	查找(不)包含给定模式的值
空值判断	＜表达式＞ IS［NOT］NULL	判断某值是否为空值
之内判断	＜元组＞［NOT］IN（＜集合＞）	判断某元组是否在某集合内
限定比较判断	＜元组＞θ ALL｜SOME｜ANY（＜集合＞）	元组与集合中每(某)一个元组满足 θ 比较
存在判断	［NOT］EXISTS（＜集合＞）	判断集合是否至少存在一个元组
唯一判断	［NOT］UNIQUE（＜集合＞）	判断集合是否没有重复元组

　　1) 算术比较操作

　　条件表达式中可出现算术比较运算符（＜、＜ ＝、＞、＞ ＝、＝、! ＝），也可以用"BETWEEN…AND…"比较运算符限定一个范围。

　　例 9.14　在基本"表学生信息表"中检索 1990 年到 1995 年出生的学生姓名,可用下列语句实现:

```
SELECT 姓名
FROM 学生信息表
WHERE 出生年月 ＞= '1990 - 1 - 1' AND 出生年月 <= '1995 - 12 - 31';
```

　　若使用"BETWEEN…AND…",就更容易理解了。

```
SELECT 姓名
FROM 学生信息表
WHERE 出生年月 BETWEEN '1990 - 1 - 1' AND '1995 - 12 - 31';
```

　　类似的,不在某个范围内可用"NOT BETWEEN…AND…"比较运算符。

　　2) 字符串的匹配操作

　　条件表达式中字符串匹配操作符是"LIKE"。在表达式中可使用以下两个通配符。

　　百分号(％):与零个或多个字符组成的字符串匹配。

　　下划线(_):与单个字符匹配。

　　例 9.15　在基本表"学生信息表"中检索姓名以'张'开头的学生姓名。

```
SELECT 姓名
FROM 学生信息表
WHERE 姓名 LIKE '张 % ';
```

　　在需要时,也可使用"NOT LIKE"比较运算符。

　　为了使字符串中包含特殊字符(即％和_),SQL 允许定义转义字符。转义字符紧靠特殊字符并放在它前面,表示该特殊字符将被当成普通字符。在 LIKE 比较中使用 ESCAPE 保留字来定义转义字符。如果使用反斜线(\)作为转义字符,那么:

　　LIKE 'ab\ ％cd％ 'ESCAPE'\' 匹配所有以"ab％cd"开头的字符串。

　　LIKE 'ab\\cd％'ESCAPE'\' 匹配所有以"ab\cd"开头的字符串。

SQL 允许使用 NOT LIKE 比较运算符搜寻不匹配项。

SQL 还允许在字符上使用多种函数，例如连接（"||"）、提取子串、计算字符串长度、大小写转换操作。

3）空值的比较操作

SQL 中允许列值为空，空值用保留字 NULL 表示。

例 9.16　在基本表"学生信息表"中搜索出生年月为空值的学生姓名。

```
SELECT 姓名
FROM 学生信息表
WHERE 出生年月 IS NULL;
```

这里"IS NULL"测试列值是否为空。如果要测试非空值，可用短语"IS NOT NULL"。

空值的存在增加了算术操作和比较操作的复杂性。SQL 中规定，涉及 ＋、－、＊、／ 的算术表达式中有一个值是空值时，表达式的值也是空值。涉及空值的比较操作的结果认为是 false。

在聚合函数中遇到空值，除了 COUNT（＊）外，都跳过空值而去处理非空值。

4）集合成员资格的比较

SQL 提供 SELECT 语句的嵌套子查询机制。子查询是嵌套在另一个查询中的 SELECT 语句。

判断元组是否在子查询的结果（即集合）中的操作，称为"集合成员资格比较"。其形式如下：

```
<元组> [NOT] IN (<集合>)
```

这里的集合可以是一个 SELECT 查询语句，或者是元组的集合，但其结构应与前面元组的结构相同。IN 操作符表示：如果元组在集合内，那么其逻辑值为 true，否则为 false。这些操作在例 9.8、例 9.9 中已使用过，下面再举一例。

例 9.17　在基本表"学生信息表"和"成绩表"中检索至少不学 PEDU11009.01 和 COMP11003.02 两门课程的学生学号，可用下列形式表示：

```
SELECT 学号
FROM 学生信息表
WHERE 学号 NOT IN(SELECT 学号
FROM 成绩表
WHERE 课程代码 IN ('PEDU11009.01','COMP11003.02'));
```

上式中子查询表示选修 PEDU11009.01 和 COMP11003.02 课程的学生学号。这个查询的否定是表示至少不学 PEDU11009.01 和 COMP11003.02 两门课程的学生学号，就是外层查询的形式。

5）集合成员的算数比较

其形式如下：

```
<元组> θ ALL| SOME | ANY (<集合>)
```

这里要求"元组"与集合中"元组"的结构一致。θ 是算数比较运算符，"θ ALL"操作表示左边那个元组与右边集合中每一个元组满足 θ 运算，"θ SOME"操作表示左边那个元组与右边集合中至少一个元组满足 θ 运算。ANY 和 SOME 是同义词,早期的 SQL 标准用 ANY,为避免与英语中 ANY 意思混淆,后来的标准都改为 SOME。

这里应该注意的是,元组比较操作与字符串比较类似。例如(a_1,a_2)$<=$(b_1,b_2),其意义与 $a_1 < b_1$ OR (($a_1 = b_1$) AND ($a_2 <= b_2$))等价。两个元组相等,则要求其对应的列值都相等。

例 9.18 对基本表"教师信息表"、"选课表"、"学生信息表"、"成绩表"进行检索。

(1)检索学习课程代码为 COMP11003.02 课程的学生学号和姓名。

此查询在例 9.8 中用 IN 表达。实际上 IN 可用"=SOME"代替:

```
SELECT 学号,姓名
FROM 学生信息表
WHERE 学号 = SOME(SELECT 学号
FROM 成绩表
WHERE 课程代码 = 'COMP11003.02');
```

(2)检索至少有一门成绩超过学生 00006 一门成绩的学生学号。

```
SELECT DISTINCT 学号
FROM 成绩表
WHERE 成绩 >= SOME(SELECT 成绩
FROM 成绩表
WHERE 学号 = '00006');
```

(3)检索不学 COMP11003.02 课程的学生姓名和出生年月。

```
SELECT 学生姓名,出生年月
FROM 学生信息表
WHERE 学号 <> ALL (SELECT 学号
FROM 成绩表
WHERE 课程代码 = 'COMP11003.02');
```

(4)检索平均成绩最高的学生学号。

```
SELECT 学号
FROM 成绩表
GROUP BY 学号
HAVING AVG(成绩) >= ALL (SELECT AVG(成绩)
FROM 成绩表
GROUP BY 学号);
```

在 SQL 中,不允许对聚合函数进行复合运算,因此不能写成"SELECT MAX(AVG(成绩))"形式。

6)集合空否的测试

可以用谓词 EXISTS 来测试一个集合是否为非空,或空。其形式如下:

```
[NOT] EXISTS (<集合>)
```

不带 NOT 的操作,当集合非空时(即至少存在一个元组),其逻辑值为 true,否则为 false。带 NOT 的操作,当集合为空时,其值为 true,否则为 false。

7)集合中重复元组存在与否的测试

可以用谓词 UNIQUE 来测试一个集合里是否有重复元组存在。形式如下:

[NOT] UNIQUE (<集合>)

不带 NOT 的操作,当集合中不存在重复元组时,其逻辑值为 true,否则为 false。带 NOT 的操作,当集合中存在重复元组时,其逻辑值为 true,否则为 false。

例 9.19 在基本表"教师信息表"和"选课表"中检索只开设了一门课程的教师工号和姓名。

```
SELECT 教师工号,姓名
FROM 教师信息表
WHERE UNIQUE(SELECT 工号
FROM 选课表
WHERE 选课表.工号 = 教师信息表.工号);
```

9.3.5 嵌套查询的改进写法

由于 SELECT 语句中可以嵌套,使得查询非常复杂,并且难于理解。为降低复杂度,SQL 标准提供了两个方法来改进:导出表和临时视图。这两种数据结构只在自身的语句中有效。

1. 导出表的使用

SQL2 允许在 FROM 子句中使用子查询。如果在 FROM 子句中使用了子查询,那么要给子查询的结果起个表名和相应的列名。

例 9.20 在基本表"成绩表"中检索平均成绩最高的学生学号。

这个查询在例 9.18(4)中使用嵌套的方法书写。现在可以把子查询定义为导出表(命名为 RESULT),移到外层查询的 FROM 子句,得到如下形式:

```
SELECT 成绩表.学号
FROM 成绩表,(SELECT AVG(成绩)
FROM 成绩表
GROUP BY 学号) AS RESULT(AVG_SCORE)
GROUP BY 成绩表.学号
HAVING AVG(成绩) >= ALL(RESULT.AVG_SCORE);
```

2. WITH 子句和临时视图

SQL3 允许用户用 WITH 子句定义一个临时视图(即子查询),置于 SELECT 语句的开始处。而临时视图本身是用 SELECT 语句定义的。

例 9.21 例 9.20 的 SELECT 语句还可以改写成使用 WITH 子句的形式。也就是把子查询定义成临时视图(RESULT),置于 SELECT 语句的开始处,得到如下形式:

```
WITH RESULT(AVG_SCORE) AS
    SELECT AVG(成绩)
    FROM 成绩表
    GROUP BY 学号
SELECT 学号
FROM 成绩表,RESULT
```

```
GROUP BY 学号
HAVING AVG(成绩) >= ALL(RESULT.AVG_SCORE);
```

用 FROM 子句或 WHERE 子句中的嵌套子查询,在阅读时有些难懂。把子查询组织成 WITH 子句可以使查询在逻辑上更加清晰。

9.3.6 基本表的连接操作

现在的 SQL 标准可以用较为直接的形式表示各式各样的连接操作(包括自然连接操作),这些操作可在 FROM 子句中以直接的形式指出。

在书写两个关系的连接操作时,SQL2 把连接操作符分成连接类型和连接条件两部分(如表 9.2 所示)。连接类型决定了如何处理连接条件中不匹配的元组。连接条件决定了两个关系中哪些元组应该匹配,以及连接结果中出现哪些属性。

表 9.2(a) 连接类型

连 接 类 型	
INNER JOIN	(内连接)
LEFT OUTER JOIN	(左外连接)
RIGHT OUTER JOIN	(右外连接)
FULL OUTER JOIN	(完全外连接)

表 9.2(b) 连接条件

连 接 条 件	
NATURAL	(应写在连接类型的左边)
ON 等值连接条件	(应写在连接类型的右边)
USING(A1,A2,…,An)	(应写在连接类型的右边)

下面是与连接操作有关的解释和说明。

连接类型分成内连接和外连接两种。内连接是等值连接,外连接又分成左、右、完全外连接 3 种。连接类型中 INNER、OUTER 字样可不写。

连接条件分成 3 种:

(1) NATURAL:表示两个关系执行自然连接操作,即在两个关系的公共属性上作等值连接,运算结果中公共属性只出现一次。

(2) ON 等值连接条件:具体列出两个关系在哪些相应属性上做等值连接。

(3) USING(A1,A2,…,An):类似于 NATURAL 形式,这里 A1,A2,…,An 是两个关系上的公共属性,但可以不是全部公共属性。在连接的结果中,公共属性 A1,A2,…,An 只出现一次。

若连接操作是"INNER JOIN",未提及连接条件,那么这个操作等价于笛卡儿积,SQL2 把此操作定义为"CROSS JOIN"操作。

若连接操作是"FULL OUTER JOIN ON false",这里连接的条件总是 false,操作结果要把两个关系的属性全部包括进去。SQL2 把此操作定义为"UNION JOIN"操作。

例 9.22 设有关系 R 和 S(表 9.3(a)和(b))。表 9.3 的(c),(d),(e)分别表示下面 3 个连接操作的结果。

E1:R NATURAL LEFT OUTER JOIN S

E2:R LEFT OUTER JOIN S ON R.B = S.B AND R.C = S.C

E3:R LEFT OUTER JOIN S USING (B)

表 9.3　关系的连接操作

(a) 关系 R		
A	B	C
a1	b1	c1
a2	b2	c2
a3	b3	c3

(b) 关系 S		
B	C	D
b1	c1	d1
b2	c2	d2
b4	c4	d4

(c) E1			
A	B	C	D
a1	b1	c1	d1
a2	b2	c2	d2
a3	b3	c3	Null

(d) E2					
A	R.B	R.C	S.B	S.C	D
a1	b1	c1	b1	c1	d1
a2	b2	c2	b2	c2	d2
a3	b3	c3	null	null	null

(e) E3				
A	B	R.C	S.C	D
a1	b1	c1	c1	d1
a2	b2	c2	c2	d2
a3	b3	c3	null	null

9.4　SQL 数据更新

SQL 的数据更新包括数据插入、删除和修改 3 种操作,下面分别介绍。

9.4.1　数据插入

往 SQL 基本表中插入数据的语句是 INSERT 语句。在 SQL3 中,有以下 4 种方式。

(1) 单元组的插入。

```
INSERT INTO <基本表名> [( <列名序列> )]
VALUES ( <元组值> )
```

(2) 多元组的插入。

```
INSERT INTO <基本表名> [( <列名序列> )]
VALUES ( <元组值> ), ( <元组值> ),…, ( <元组值> )
```

(3) 查询结果的插入。

```
INSERT INTO <基本表名> [( <列名序列> )]
< SELECT 查询语句 >
```

这个语句可把一个 SELECT 语句的查询结果插到某个基本表中。

(4) 表的插入。

```
INSERT INTO <基本表名 1> [( <列名序列> )]
    TABLE <基本表名 2>
```

这个语句可把基本表 2 的值插入到基本表 1 中。

在上述各种插入语句中,如果插入的值在属性个数、顺序与基本表的结构完全一致,那么基本表后的(＜列名序列＞)可省略,否则必须详细列出。

例 9.23　下面是往教学数据库的基本表中插入元组的若干例子。

(1) 往基本表"学生信息"表中插入一个元组('00001','秦书琴','女',' 中文学院',

1991-4-7),可用下列语句实现:

```
INSERT INTO 学生信息表(学号,姓名,性别,院系,出生年月)
VALUES('00001','秦书琴', '女', '中文学院','1991－4－7');
```

（2）往基本表"成绩表"中插入一个选课元组（'00001'，'PEDU11009.01'），此处成绩值为空值，可用下列语句实现:

```
INSERT INTO 成绩表(学号,课程代码)
VALUES('00001','PEDU11009.01');
```

（3）往"成绩表"连续插入三个元组，可用下列语句实现:

```
INSERT INTO 成绩表
VALUES('00001','PEDU11009.01', 75),
('00002','COMP11003.02', 90),
('00003','ENGL11004.01', 86);
```

（4）在基本表"成绩表"中，把平均成绩大于 80 分的男学生的学号和平均成绩存入另一个已存在的基本表优秀成绩表（学号，平均成绩）中，可用下列语句实现:

```
INSERT INTO 优秀成绩表(学号,平均成绩)
SELECT 学号,AVG(成绩)
FROM 成绩表
WHERE 学号 IN
(SELECT 学号 FROM 学生信息表 WHERE 性别 = '男')
GROUP BY 学号
HAVING AVG(成绩) > 80;
```

（5）某一个班级的选课情况已在基本表班级选课表（学号，课程代码）中，把"班级选课表"的数据插入到"成绩表"中，可用下列语句实现:

```
INSERT INTO 成绩表(学号,课程代码)
TABLE 班级选课表;
```

9.4.2　数据删除

SQL 的删除操作是指从基本表中删除元组，其语法如下:

```
DELETE FROM <基本表名>
[WHERE <条件表达式>];
```

该语句与 SELECT 查询语句非常类似。删除语句实际上是"SELECT ＊ FROM ＜基本表名＞［WHERE ＜条件表达式＞］"操作和 DELETE 操作的结合，执行时首先从基本表中找出所有满足条件的元组，然后把他们从基本表中删去。

应该注意的是，DELETE 语句只能从一个基本表中删除元组。如果想从多个基本表中删除元组，则必须为每一个基本表写一条 DELETE 语句。WHERE 子句中的条件可以和 SELECT 语句的 WHERE 子句中条件一样复杂，可以嵌套，也可以是来自几个基本表的复合条件。

如果省略 WHERE 子句，则基本表中所有元组被删除，用户使用起来要慎重，现在大多数系统在此时还要用户再次确认后才执行。

例 9.24

(1) 把课程代码为 ENGL11004.01 的成绩从基本表"成绩表"中删除。

```
DELETE FROM 成绩表
WHERE 课程代码 = 'ENGL11004.01';
```

(2) 把 ENGL11004.01 课程中小于该课程平均成绩的成绩元组从基本表"成绩表"中删除。

```
DELETE FROM 成绩表
WHERE 课程代码 = ENGL11004.01
AND 成绩 <(SELECT AVG(成绩)
FROM 成绩表
WHERE 课程代码 = 'ENGL11004.01');
```

这里,在 WHERE 子句中又引用了一次 DELETE 子句中出现的基本表"成绩表",但这两次引用是不相关的。也就是说,删除语句执行时,先执行 WHERE 子句中的子查询,然后再对查找到的元组执行删除操作。这样的删除操作在语义上是不会出问题的。

9.4.3 数据修改

当需要修改基本表中元组的某些列值时,可以用 UPDATE 语句实现,其语法如下:

```
UPDATE <基本表名>
SET <列名> = <值表达式> [,<列名> = <值表达式>…] | ROW = ( <元组> )
[WHERE <条件表达式>];
```

其语义是:修改基本表中满足条件表达式的那些元组中的列值,需修改的列值在 SET 子句中指出。SET 子句中第一种格式是对符合条件元组中的列值进行修改,第二种格式是可对符合条件的元组中每个列值进行修改。

例 9.25 对基本表"成绩表"和"选课表"中的值进行修改。

(1) 把 ENGL11004.01 课程的课程名称改为 DB。

```
UPDATE 选课表
SET 课程名称 = 'DB'
WHERE 课程代码 = 'ENGL11004.01';
```

(2) 把女同学的成绩提高 10%。

```
UPDATE 成绩表
SET 成绩 = 成绩 * 1.1
WHERE 学号 IN(SELECT 学号
FROM 学生信息表
WHERE 性别 = '女');
```

(3) 当 ENGL11004.01 的课程成绩低于该门课程平均成绩时,将成绩提高 5%。

```
UPDATE 成绩表
SET 成绩 = 成绩 * 1.05
WHERE 课程代码 = 'ENGL11004.01'
AND 成绩 < (SELECT AVG(成绩)
```

```
FROM 成绩表
WHERE 课程代码 = 'ENGL11004.01');
```

此处两次引用成绩表是不相关的。也就是说,内层 SELECT 语句在初始时做了一次,随后对成绩的修改都以初始平均成绩为依据。

(4) 在成绩表中,把课程代码为 ENGL11004.01,学号为 00096 的元组修改为('ENGL11004.01','00006',95)。

```
UPDATE 成绩表
SET ROW = ('ENGL11004.01','00006',95)
WHERE 课程代码 = 'ENGL11004.01' AND 学号 = '00096';
```

9.5 视图的定义及操作

9.5.1 视图的创建和撤销

在 SQL 中,外模式这级的数据结构的基本单位是视图(View),视图是从若干基本表和(或)其他视图构造出来的表。这种构造方法采用 SELECT 语句实现。在我们创建一个视图时,只是把其视图的定义存放在数据字典中,而不存储视图对应的数据,在用户使用视图时才去求对应的数据。因此,视图被称为"虚表",基本表就称为"实表"。

1. 视图的创建

创建视图可用"CREATE VIEW"语句实现。其语法如下:

```
CREATE VIEW <视图名> (<列表序列>)
AS < SELECT 查询语句>;
```

例 9.26 对于教学数据库中 4 个基本表"教师信息表"、"选课表"、"学生信息表"、"成绩表",用户经常要用到学号、姓名、课程名称、成绩等列的数据,那么可用下列语句建立视图:

```
CREATE VIEW STUDENT_SCORE(学号,姓名,课程名称,成绩)
AS SELECT 学生信息表.学号,姓名,课程名称,成绩
FROM 学生信息表,成绩表, 选课表
WHERE 学生信息表.学号 = 成绩表.学号 AND 成绩表.课程代码 = 选课表.课程代码;
```

此处,视图中列名、顺序与 SELECT 子句中的列名、顺序一致,因此视图名 STUDENT_SCORE 后的列名可省略。

2. 视图的撤销

在视图不需要时,可以用"DROP VIEW"语句把其从系统中撤销,其语法如下:

```
DROP VIEW <视图名>;
```

例 9.27 撤销 STUDENT_SCORE 视图,可用下列语句实现:

```
DROP VIEW STUDENT_SCORE;
```

9.5.2 对视图的操作

在视图定义以后,对于视图的查询(SELECT)操作,与基本表一样,没有什么区别。但

对于视图中元组的更新操作就不一样了。

由于视图并不像基本表那样实际存在,因此如何将对视图的更新转换成对基本表的更新,是系统应该解决的问题。为简单起见,现在一般只对"行列子集视图"才能更新。

定义 9.1 如果视图是从单个基本表只使用选择、投影操作导出的,并且包含了基本表的主键,那么这样的视图称为"行列子集视图",并且可以被执行更新操作。允许用户更新的视图在定义时必须加上"WITH CHECK OPTION"短语。

据上述定义可知,定义在多个基本表上的视图,或者使用聚合操作的视图,或者不包含基本表主键的视图都是不允许更新的。

例 9.28 如果定义了一个有关男学生的视图:

```
CREATE VIEW S_MALE
AS SELECT 学号,姓名,出生年月
FROM 学生信息表
WHERE 性别 = '男'
WITH CHECK OPTION;
```

由于这个视图是从单个关系只使用选择和投影导出的,并且包含主键学号,因此是行列子集视图,是可更新的。此时,定义中又加上"WITH CHECK OPTION"短语,就能允许用户对视图进行插入、删除和修改操作。如,执行插入操作:

```
INSERT INTO S_MALE
VALUES('00001','秦书琴','1991 - 4 - 7');
```

系统自动会把它转变成下列语句:

```
INSERT INTO 学生信息表
VALUES('00001','秦书琴','1991 - 4 - 7','男');
```

9.6 嵌入式 SQL

SQL 是一种强有力的说明性查询语言。实现同样的查询用 SQL 书写比单纯用通用编程语言(如 C)编码要简单得多。然而,使用通用编程语言访问数据库仍是必要的。SQL 不能提供屏幕控制、菜单管理、图像管理、报表生成等动作。而这些功能要靠 C、COBOL、Pascal、Java、PL/1、FORTRAN 等语言实现。这些语言称为主语言。在主语言中使用的 SQL 结构称为嵌入式 SQL。

9.6.1 嵌入式 SQL 的实现方式

SQL 语言有两种使用方式:一种是在终端交互方式下使用,称为交互式 SQL;另一种是嵌入在主语言的程序中使用,称为嵌入式 SQL。

嵌入式 SQL 的实现,有两种处理方式:一种是扩充主语言的编译程序,使之能处理 SQL 语句;另一种是采用预处理方式。目前多数系统采用后一种方式。

预处理方式是先用预处理程序对源程序进行扫描,识别出 SQL 语句,并处理成主语言的函数调用形式;然后再用主语言的编译程序编译成目标程序。通常 DBMS 制造商提供一个 SQL 函数定义库,供编译时使用。源程序的预处理和编译的具体过程如图 9.2 所示。

源程序(用主语言和嵌入式SQL编写)

预处理程序

预处理过的源程序(嵌入的SQL语句已转换成函数调用形式)

主语言的编译程序 ← SQL函数定义库

目标程序

图 9.2 预处理方式的实现过程

存储设备上的数据库是用 SQL 语句存放的,数据库和主语言程序间信息的传递是通过共享变量实现的。这些共享变量要用 SQL 的 DECLARE 语句说明,随后 SQL 语句就可引用这些变量。共享变量也就成了 SQL 和主语言的接口。

SQL2 规定,SQL_STATE 是一个特殊的共享变量,起着解释 SQL 语句执行状况的作用,它是一个由 5 个字符组成的字符数组。当一个 SQL 语句执行成功时,系统自动给 SQL_STATE 赋上全零值(即"00000"),表示未发生错误;否则其值为非全零,表示执行 SQL 语句时发生的各种错误情况。如"02000"用来表示未找到元组。在执行一个 SQL 语句后,程序可根据 SQL_STATE 的值转向不同的分支,以控制程序的流向。

9.6.2 嵌入式 SQL 的使用规定

在主语言的程序中使用 SQL 语句有以下规定。

1. 在程序中要区分 SQL 语句与主语言语句

所有 SQL 语句前必须加上前缀标识"EXEC SQL",并以"END_EXEC"作为语句结束标志。嵌入的 SQL 语句的格式如下:

EXEC SQL < SQL 语句> END_EXEC

结束标志在不同的主语言中是不同的,在 C 和 Pascal 语言程序中规定结束标志不用 END_EXEC,而使用分号";"。

2. 允许嵌入的 SQL 语句引用主语言的程序变量(称为共享变量)

允许嵌入的 SQL 语句引用主语句的程序变量。但有两条规定:

(1) 引用时,这些变量前必须加冒号":"作为前缀标识,以示与数据库中变量(如属性名)有区别。

(2) 这些变量要用 SQL 的 DECLARE 语句说明。例如,在 C 语言程序中可用下列形式说明共享变量。

```
EXEC SQL BEGIN DECLARE SECTION;
char sno[5],name[9];
char SQL_STATE[6];
EXEC SQL END DECLARE SECTION;
```

上面 4 行语句组成一个说明节,第 2 行和第 3 行说明了 3 个共享变量。其中,共享变量 SQL_STATE 的长度为 6,而不是 5,这是由于 C 语言中规定变量值在作字符串使用时应有结束符"\0"引起的。

9.6.3 SQL 的集合处理方式与主语言单记录处理方式之间的协调

由于 SQL 语句处理的是记录集合,而主语言语句一次只能处理一个记录,因此需要用游标(Cursor)机制,把集合操作转换成单记录处理方式。与游标有关的 SQL 语句有下列 4 个。

(1)游标定义语句(DECLARE)。游标是与某一查询结果相联系的符号名,游标用 SQL 的 DECLARE 语句定义,语法如下:

```
EXEC SQL BEGIN DECLARE <游标名> CURSOR FOR
< SELECT 语句>
END_EXEC
```

游标定义语句是一个说明语句,定义中的 SELECT 语句并不立即执行。

(2)游标打开语句(OPEN)。该语句执行游标定义中的 SELECT 语句,同时游标处于活动状态。游标是一个指针,此时指向查询结果的第一行之前。OPEN 语句语法如下:

```
EXEC SQL OPEN <游标名> END_EXEC
```

(3)游标推进语句(FETCH)。此时游标推进一行,并把游标指向的行(称为当前行)中的值取出,送到共享变量。其语法如下:

```
EXEC SQL FETCH FROM <游标名> INTO <变量表> END_EXEC
```

变量表是由用逗号分开的共享变量组成。FETCH 语句常置于主语言程序的循环结构中,并借助主语言的处理语句逐一处理查询结果中的一个个元组。

(4)游标关系语句(CLOSE)。关闭游标,使它不再和查询结果相联系。关闭了的游标,可以再次打开,与新的查询结果相联系。该语句语法如下:

```
EXEC SQL CLOSE <游标名> END_EXEC
```

在游标处于活动状态时,可以修改和删除游标指向的元组。

9.6.4 嵌入式 SQL 的使用技术

SQL DDL 语句,只要加上前缀标识"EXEC SQL"和结束标志"END_EXEC",就能嵌入在主语言程序中使用。SQL DML 语句在嵌入使用时,要注意是否使用了游标机制。下面就是否使用游标分别介绍 SQL DML 的嵌入使用技术。

1. 不涉及游标的 SQL DML 语句

由于 INSERT、DELETE 和 UPDATE 语句不返回数据结果,只是对数据库进行操作,因此只要加上前缀标识"EXEC SQL"和结束标志"END_EXEC",就能嵌入在主语言程序中使用。对于 SELECT 语句,如果已知查询结果肯定是单元组时,在加上前缀和结束标志后,也可直接嵌入在主程序中使用,此时应在 SELECT 语句中再增加一个 INTO 子句,指出找到的值应送到相应的共享变量中去。

例 9.29 给出在 C 程序中不涉及游标的嵌入式 SQL DML 语句的使用例子。

（1）在基本表"学生信息表"中，根据共享变量 givensno 的值检索学生的姓名、出生年月和性别。

```
EXEC SQL SELECT 姓名,出生年月,性别
INTO :sn,:sa,:ss
FROM 学生信息表
WHERE 学号 = :givensno;
```

此处 sn,sa,ss,givensno 都是共享变量，在使用时加上"："作为前缀标识，以示与数据库中变量有区别。程序已预先给 givensno 赋值，而 SELECT 查询结果（单元组）将送到变量 sn,sa,ss 中。

（2）在基本表"学生信息表"中插入一个新学生，诸属性值已在相应的共享变量中。

```
EXEC SQL INSERT INTO 学生信息表(学号,姓名,出生年月)
VALUES(:givensno,:sn,:sa);
```

这里学生的性别未给出值，将自动置为空值。

（3）从基本表"学生信息表"中删除一个学生的各个成绩，这个学生的姓名在共享变量 sn 中给出。

```
EXEC SQL DELETE FROM 成绩表
WHERE 学号 = (SELECT 学号
FROM 学生信息表
WHERE 姓名 = :sn);
```

（4）把课程代码为 ENGL11004.01 的成绩增加某个值（该值在共享变量 raise 中给出）。

```
EXEC SQL UPDATE 成绩表
SET SCORE = SCORE + :raise
WHERE 课程代码 = 'ENGL11004.01';
```

2. 涉及游标的 SQL DML 语句

1）SELECT 语句的使用方式

当 SELECT 语句查询结果是多个元组时，此时主语言程序无法使用，一定要用游标机制把多个元组一次一个地传送给主语言程序处理。

具体过程如下：

先用游标定义语句定义一个游标与某个 SELECT 语句对应。

游标先用 OPEN 语句打开后，处于活动状态，此时游标指向查询结果第一个元组之前。

每执行一次 FETCH 语句，游标指向下一个元组，并把其值送到共享变量，供程序处理。如此重复，直至所有查询结果处理完毕。

最后用 CLOSE 语句关闭游标。关闭的游标可以被重新打开，与新的查询结果相联系，但在没有被打开前，不能使用。

例 9.30 在基本表"成绩表"中检索某学生（学号由共享变量 givensno 给出）的学习成绩信息（学号，课程代码，成绩），下面是该查询的一个 C 函数。

```
#define NO_MORE_TUPLES !(strcmp(SQLSTATE,"02000"))
```

```
void sel( )
{ EXEC SQL BEGIN DECLARE SECTION;
   char sno[5],cno[20],givensno[5];
int g;
char SQLSTATE[6];
EXEC SQL END DECLARE SECTION;
scanf(" % s",givensno);
EXEC SQL DECLARE scx CURSOR FOR
SELECT 学号,课程代码,成绩
FROM 成绩表
WHERE 学号 = :givensno;
EXEC SQL OPEN scx;
while(1)
{
EXEC SQL FETCH FROM scx
INTO :sno, :cno, :g;
if(NO_MORE_TUPLES) break;
printf(" % s, % s, % d\ n",sno,cno,g);
}
EXEC SQL CLOSE scx;
}
```

这里使用了 C 语言中的宏定义 NO_MORE_TUPLES,表示找不到元组时,其值为 1。

2) 对游标指向元组的修改或删除操作

在游标处于活动状态时,可以修改或删除游标指向的元组。

例 9.31 在例 9.30 中,如果对找到的成绩作如下处理: 删除不及格的成绩,60~69 分的成绩修改为 70 分,再显示该学生的成绩信息,那么例中的"while(1) { …… }"语句应改写为下列形式:

```
while(1)
{ EXEC SQL FETCH FROM scx
INTO :sno, :cno, :g;
if(NO_MORE_TUPLES) break;
if(g < 60)
EXEC SQL DELETE FROM 成绩表
WHERE CURRENT OF scx;
else
{if(g < 70)
{EXEC SQL UPDATE 成绩表
    SET SCORE = 70
    WHERE CURRENT OF scx;
    g = 70;
    }
    printf(" % s, % s, % d\ n",sno,cno,g);
  }
}
```

本章重要知识点

1. 结构化查询语言 SQL 主要由数据定义、数据操纵、嵌入式 SQL 和数据控制等四个部分组成。

2. SQL 的定义部分包括对 SQL 模式、基本表、视图、索引的创建和撤销。

3. SQL 的数据操纵分成数据查询和数据更新两部分。

4. QL 的数据查询是用 SELECT 语句实现。SELECT 语句的格式有三种：连接查询、嵌套查询和存在量词查询方式。语句中聚集函数、分组子句、排序子句的使用技术，SELECT 语句中的各种限定用法。

5. SQL 的数据更新包括插入、删除和修改等三种操作。在视图中只有行列子集视图是可以更新的。

6. 嵌入式 SQL 在主语言中的使用规定，SQL 的集合处理方式与主语言单记录处理方式之间的协调：游标机制；嵌入式 SQL 的使用技术。

习　　题

1. 名词解释。

基本表　视图　实表　虚表　相关子查询　连接查询　嵌套查询　交互式 SQL
嵌入式 SQL　游标

2. 设教学数据库中有 4 个关系：

教师信息表(工号,姓名,性别,职称,所属院系,邮箱,参加工作年月,基本工资,岗位津贴,照片)
选课表(课程代码,课程名称,开课院系,学分,工号,时间,教室,课程类型)
学生信息表(学号,姓名,性别,院系,出生年月,户籍地,是否党员,当前绩点(GPA),备注)
成绩表(学号,课程代码,成绩)

试用 SQL 的查询语句表示下列查询：

(1) 检索年龄小于 17 岁的女学生的学号和姓名；

(2) 检索男学生所学课程的课程号和成绩；

(3) 检索男学生所学课程的任课老师的工号和姓名；

(4) 检索至少选修两门课程的学生学号；

(5) 检索至少有学号为 000002 和 000004 学生选修的课程的课程号；

(6) 检索学生名为 WANG 的同学不学的课程的课程号；

(7) 检索全部学生都选修的课程的课程号和课程名。

3. 设教学数据库中有如上题所述 4 个关系，试用 SQL 的查询语句表示下列查询：

(1) 统计有学生选修的课程门数；

(2) 求教师姓名为刘的老师所授课程的每门课程的平均成绩；

(3) 统计每门课程的学生选修人数(超过 10 人的课程才统计)，要求显示课程号和人数,查询结果按人数降序排列,若人数相同,按课程号升序排列；

(4) 检索学号比王同学小,而年龄比他大的学生姓名；

(5) 检索姓名以陈打头的所有学生的姓名。

4. 试用 SQL 更新语句对上题的教学数据库关系进行如下更新操作:

(1) 往关系选课表中插入一个课程元组('MATH01.1','高等数学','李书豪');

(2) 检索所授每门课程平均成绩均大于 80 分的教师姓名,并把检索到的值送往另一个已存在的表 FACULTY(TNAME);

(3) 在成绩表中删除尚无成绩的选课元组;

(4) 把选修刘老师课程的女同学选课元组全部删去;

(5) 把课程名为 MATHS 的不及格成绩全改为 60 分;

(6) 把低于所有课程总平均成绩的女同学成绩提高 5%;

(7) 在成绩表中修改课程代码为 ENGL11004.01 课程的成绩,若成绩小于等于 70 分时提高 5%,若成绩大于 70 分时提高 4%;

(8) 在成绩表中,当某个成绩低于全部课程的平均成绩时,提高 5%。

第10章 数据的导入导出

通过对本章的学习，了解 Access 数据库的数据与其他类型数据的交互方法，能够熟练地将 Access 数据库中的数据导成所需要的格式文件，并且能将外部数据导入 Access 数据库中。

10.1 外部数据简介

通过前面章节的学习，我们知道 Access 数据库对象由表（Table）、查询（Query）、窗体（Form）、报表（Report）、宏（Macro）和模块（Module）6 种组成，除此之外的数据对象，都是 Access 数据库的外部数据。Access 是一种开放式数据库，不但支持同其他类型数据库之间的数据交换，而且也支持与 Word、Excel、文本文件、XML、Outlook 等类型的外部数据进行交互。

虽然在 Office 的其他软件中，可以使用"文件"选项卡的"另存为"命令，将文档另存为其他格式的文件，但是 Access 不能简单地将打开的数据库另存为其他格式的外部数据。在 Access 中，"另存为"功能分为"对象另存为"和"数据库另存为"两种，其中"对象另存为"可以将 Access 对象另存为 Access 的表、窗体、查询、报表等其他类型的数据对象；"数据库另存为"可以将打开的 Access 数据库文件另存为其他名称的 Access 数据库文件，但这两种"另存为"功能都不可以将 Access 数据库对象另存为诸如电子表格、文本、PDF 等格式的文件，并且也不能将电子表格、文本、PDF 等格式文件，另存为 Access 的 ACCDB 文件。如果需要将 Access 对象转换成外部数据，或外部数据转换成 Access 文件的对象，应该使用 Access 中的"外部数据"选项卡上的命令，实现数据导入或数据导出。

需要指出的是，在"外部数据"选项卡的导入功能中，包含导入和链接两种方式。这两种方式的区别是：导入数据就如同在 Access 数据库内建立一个新的数据对象一样，导入后的数据与外部数据源没有任何联系。从外部链接数据，则是在自己的数据库中形成一个链接对象，该链接对象只是对外部数据源的引用，用户并不能在 Access 数据库中修改链接对象的内容，而链接进来的数据将随着外部源数据的变动而变动。

Access 数据库能够对多种格式的文件进行导入、导出。表 10.1 说明了可否导入、导出或链接的文件类型。

表 10.1　可否从 Access 导入、导出、链接的文件类型

文件类型	导入可否	导出可否	链接可否
Excel 文件	可	可	可
文本文件	可	可	可
XML 文件	可	可	否
PDF 或 XPS 文件	否	可	否
电子邮件（文件附件）	否	可	否
Access 文件	可	可	可
Word 文件	否,但可以将 Word 文件另存为文本文件,然后导入此文本文件	可（可以导出为 Word 合并或格式文本）	否,但可以将 Word 文件另存为文本文件,然后链接到此文本文件
SharePoint 列表	可	可	可
ODBC 数据库	可	可	可
HTML 文档	可	可	可
dBASE 文件	可	可	可
Outlook 文件夹	可	否,但可以导出为文本文件,然后将此文本文件导入到 Outlook	可

10.2　导 入 数 据

我们可以在 Access 数据库中创建表,然后通过窗体或者直接打开数据库表,向其输入数据,也可以利用 Access 数据库提供的"外部数据"选项卡的"导入并链接"功能,方便地将外部数据批量导入到当前的数据库中。在"导入并链接"功能中,能够导入 Excel 文件、Access 文件、ODBC 数据库、文本文件、XML 文件以及其他类型文件,如图 10.1 所示。

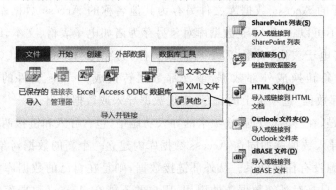

图 10.1　可导入并链接的文件类型

在使用"导入并链接"功能时,通常按照导入向导的提示,来完成导入操作。

10.2.1　导入 Excel 文件

Excel 是电子表格软件,它具有强大的数据处理能力。现在大多数人对 Excel 工具比

较熟悉,习惯用 Excel 软件存储数据,但是由于 Excel 在处理数据之间的关系方面比不上数据库方便,因此用 Excel 软件输入数据,然后将 Excel 文件导入数据库中,不失为建立数据库的一种方便途径。Access 数据库提供了将数据库数据与 Excel 文件互相交换的功能。

例 10.1 以配套光盘中本章的"教务系统素材_导入导出"数据库为素材,介绍将 E:\Access\目录下的"学生信息表. xlsx"文件导入数据库中,作为"学生信息表"的操作过程。

(1) 准备好 Excel 源文件:打开配套光盘中本章的"教务系统素材_导入导出"数据库文件,准备好 Excel 数据源,保证 Excel 数据正确。为保证能够正确地将 Excel 文件中的数据导入数据库中,对 Excel 源文件有如下要求。

① 因为 Access 在一个表单中支持的最大字段数为 255,所以 Excel 表单的列数不能超过 255。

② 如果工作表中含有合并的单元格,则单元格的内容放到与数据库相对应的最左列字段中,其他字段值为空。

③ 保持 Excel 每一列的源数据类型都相同,否则 Access 可能无法向该列分配正确的数据类型。

④ 为避免导入不正确的数据,要删除表单中的空白行,如果一个字段的"必填字段"属性为"否"、并且它的"有效性规则"属性设置允许空值,则该字段能够接受空值。

(2) 执行导入 Excel 文件操作:单击"外部数据"选项卡中的"导入并链接"组中的"Excel"按钮 。

(3) 指定数据源:单击"获取外部数据－Excel 电子表格"对话框的"浏览"按钮 ，在"打开"文件对话框中,选择路径"E:\Access\"下要导入的 Excel 目标文件"学生信息表. xlsx",单击"打开"按钮 ，返回到"获取外部数据－Excel 电子表格"对话框中,此时,"确定"按钮 变为可用,如图 10.2 所示。

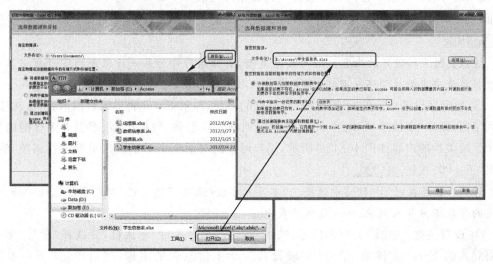

图 10.2　选择数据源和目标

数据的导入导出

在"选择数据源和目标"对话框的"指定数据在当前数据库中的存储方式和存储位置"选项中，有"将源数据导入当前数据库的新表中"、"向表中追加一份记录的副本"和"通过创建链表来链接到数据源"3 个选项，分别说明如下。

① 若选择"将源数据导入当前数据库的新表中"选项，则为数据库添加了一个新表，并将选中的 Excel 文件表单的内容导入新表中，如果数据库已经有同名的表，则原来的表被覆盖。

② 若选择"向表中追加一份记录的副本"选项，如果数据库中指定的数据表已经存在，则会向表中添加记录；如果指定的数据库表不存在，则会创建该表；如果向表中追加记录时键值发生冲突，则会导致追加记录操作失败。

图 10.3　通过创建链接表来
链接到数据

③ 若选择"通过创建链接表来链接到数据源"选项，则将 Excel 文件链入到 Access 数据库中，其结果如图 10.3 所示，这时，在 Access 数据库表中不能修改数据源，而外部 Excel 文件内容一旦被修改了，就会反映到数据库表的文件中。

（4）启动导入电子表格向导：单击图 10.2 的"确定"按钮 确定 ，启动导入电子表格向导，按照如图 10.4 所示的步骤进行导入操作。

① 选择工作表或区域：如图 10.4（a）所示，单击 ⊙ 显示工作表(W) 或 ○ 显示命名区域(R) 单选框，选定要导入的 Excel 文件数据所在的工作表或指定的区域进行操作，单击"下一步"按钮 下一步(N) > 。

注意：执行导入 Excel 文件操作时，一次只能导入一个工作表的数据，而如果需要导入整个工作簿中的所有表单的数据，需要重复执行导入操作。

② 指定第一行是否包含列标题：如图 10.4（b）所示，如果选中 ☑ 第一行包含列标题(I) 复选框，则 Excel 表中的第一行内容不被导入到数据库的表中；如果不选中 ☐ 第一行包含列标题(I) 复选框，则 Excel 表中的第一行内容被作为第一条记录导入到数据表中，单击"下一步"按钮 下一步(N) > 。

注意：因为标题行的内容一般为文本类型，当标题行作为第一行记录的字段数据类型，与数据库表要求的类型不一致时，则会在导入数据时出错，导致导入操作失败。

③ 指定字段选项：在"字段选项"对话框的下部，显示 Excel 表单的数据内容，依次选择各列字段，则在"字段选项"内容中，出现相应列的字段名称、数据类型、索引有无等的内容，每个字段类型的内容如图 10.4（c）所示，用户可在此对话框中对字段的类型进行调整，然后单击"下一步"按钮 下一步(N) > 。

注意：如果在图 10.4（c）中选择了"不导入字段（跳过）"复选框，则在字段选项对话框中指定的字段不被导入到 Access 数据库表中。

④ 设置主键：如图 10.4（d）所示，选中"我自己选择主键"单选框，并选择"学号"字段，则将导入的 Excel 文件的"学号"字段设置为学生信息表的主键，然后单击"下一步"按钮 下一步(N) > 。

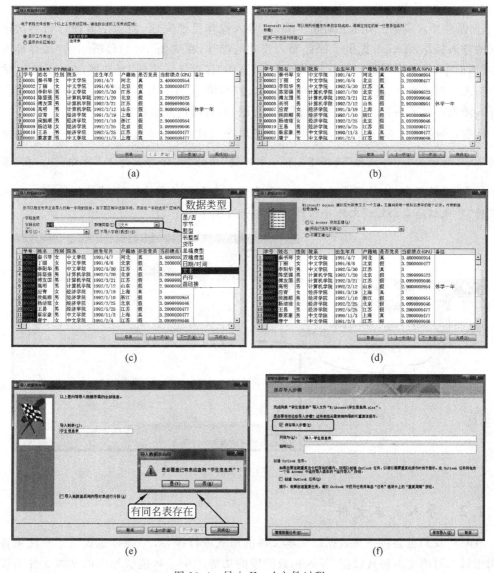

图 10.4 导入 Excel 文件过程

注意：如果选择"我自己选择主键"选项，则在该选项右边的下拉列表中出现 Excel 文件中所有字段的名称，用户可以选择自己所需的字段作为主键，如果选择"让 Access 添加主键"选项，则在导入的数据库表中会将数据类型为"自动编号"的字段设为主键，将其添加为数据库表中的第一个字段，并且用从 1 开始的唯一 ID 值自动填充，如果选择"不要主键"选项，则在导入到数据库的表中没有主键。

⑤ 确定导入数据库表的名称：如图 10.4(e)所示，输入导入到数据库中的表名(默认为 Excel 文件的名字)，然后单击"完成"按钮 完成(F) ，到此，Excel 文件的内容就被导入 Access 数据库中的"学生信息表"中。

注意：如果在数据库中已经有同名表存在，则 Access 会显示一条提示信息，询问是否要覆盖表中现有的内容，单击"是"按钮 是(Y) ，覆盖原来的数据库表，单击"否"按钮否(N)，可为目标表指定其他名称。

⑥ 保存导入步骤：实际上到此步骤时，导入操作已经完成，但为了方便以后再次进行相同的导入操作，Access 提供了保存导入步骤的操作，在如图 10.4(f)所示的"保存导入步骤"对话框中，如果需要定期执行相同操作，请选中"保存导入步骤"复选框，在"另存为"输入框中输入适当的文字(此例为"导入-学生信息表")，单击"保存导入"按钮 保存导入(S)，就将整个导入步骤存储下来，如果不需要保存导入步骤，则可跳过此步骤。

注意：如果有了保存的导入步骤，则在下次导入时，可不必使用导入向导，而直接单击如图 10.5 所示的"外部数据"选项卡"导入并链接"中的"已保存的导入"按钮，在"管理数据任务"对话框中，选择保存的"导入—学生信息表"，然后单击"运行"按钮 运行(R)，快速实现将"学生信息表.xlsx"文件导入到数据库中的操作。

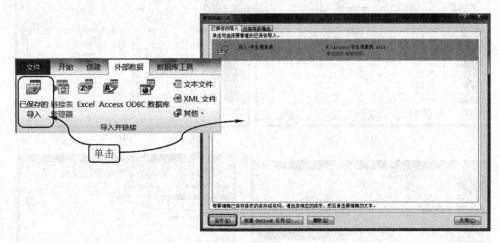

图 10.5　使用已保存的导入

10.2.2　导入文本文件

有时候我们也会将一些数据以文本文件的格式进行保存，Access 也提供了将使用各种编辑工具编写的文本格式数据，导入到数据库的功能。Access 能够导入的文本文件不仅包括.txt 格式的文件，也包括.csv、.tab、.asc 等格式的文本文件。

例 10.2　说明如何将一个文本文件导入到 Access 数据库的操作过程。

(1) 准备文本文件数据源：保证文本文件数据正确。

为保证能够正确地将文本文件中的数据导入到数据库中，对源文件的字段、类型、空行等的要求与 Excel 源文件的要求相似。

(2) 指定数据源：单击"外部数据"选项卡中"导入并链接"组的"文本文件"按钮 文本文件 ，在"获取外部数据"对话框中，仿照例 10.1 的做法，选择要导入的文件"教师信息表.txt"单击"确定"按钮 确定 。

(3) 启动导入文本文件向导操作步骤如下。

下面在按向导操作的每一步出现的对话框中，都有"高级"按钮 高级(V)... ，单击高级(V)... 按钮，会出现图 10.6 所示的"导入规格"对话框，该对话框提供了"文件格式"(确定字段之间如何分隔)、"语言"、"代码页"(确定文字的编码)、"日期、时间和数字"、"字段信息"等选项,用户可以在"字段信息"内容中,调整字段的类型、是否索引等,为用户正确地导入数据提供帮助。

图 10.6 "导入规格"对话框

导入文本文件向导的操作过程如图 10.7 所示。

① 分析分隔符格式:系统分析要导入的文本数据的格式,对分隔符格式进行猜测,如图 10.7(a)所示,用户选择恰当的文本文件的分隔方式,单击"下一步"按钮 下一步(N) > 。

② 选择分隔符:在图 10.7(b)所示的"选择字段分隔符"对话框中,根据源数据是逗号","分隔符的情况,选择以","为分隔符选项,并选中"第一行包含字段名称"复选框,然后单击"下一步"按钮 下一步(N) > 。

③ 指定字段选项:在图 10.7(c)所示的"字段选项"对话框的下部,显示文本文件的数据内容,依次选择各列字段,则在"字段选项"内容中,出现相应列的字段名称、数据类型、索引有无等的内容,如果在对话框中选择了"不导入字段(跳过)"复选框,则不导入指定的字段。在指定了各字段的数据类型后,单击"下一步"按钮 下一步(N) > 。

④ 设置主键:如图 10.7(d)所示,选中"我自己选择主键"单选框,并选择"工号"字段,则将导入的文本文件的"工号"字段设置为"教师信息表"的主键,然后单击"下一步"按钮 下一步(N) > 。

⑤ 确定导入数据库表的名称:如图 10.7(e)所示,输入导入到数据库中的表名(默认为文本文件的名字),然后单击"完成"按钮 完成(F) ,到此,文本文件的内容就被导入到 Access 数据库中的"教师信息表"中。

⑥ 保存导入步骤:在如图 10.7(f)所示的"保存导入步骤"对话框中,如果需要定期执行相同操作,请选中"保存导入步骤"复选框,在"另存为"输入框中输入适当的文字(此例为

"导入-教师信息表"),单击"保存导入"按钮 保存导入(S) ,就将整个导入步骤存储下来。

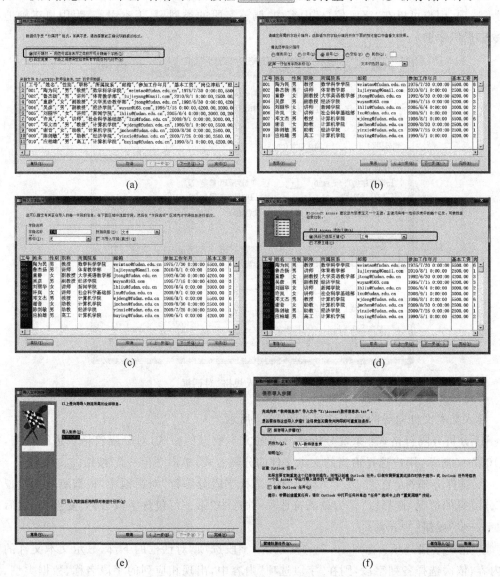

图 10.7　导入文本文件向导

有了保存的导入步骤,也可像快速导入 Excel 文件一样,快速导入文本文件。

10.2.3　导入 Access 数据库文件

与单纯导入其他格式文件的数据不同,Access 数据库在导入其他的 Access 数据库文件时,能够同时导入表、查询、窗体、报表、宏、模块等对象。

例 10.3　说明如何使用 Access 的外部数据导入向导,将一个 Access 文件导入到当前数据库的操作过程。

(1) 准备好要导入的 Access 数据源:确保要导入的 Access 数据库存在。

（2）指定数据源：单击"外部数据"选项卡中"导入并链接"中的"Access"按钮 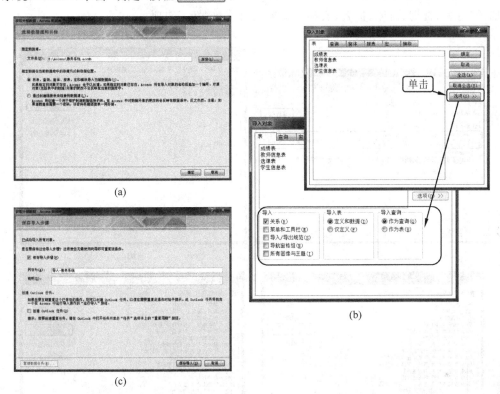，在如图 10.8(a)所示的"获取外部数据"对话框中，仿照例 10.1 的做法，选择要导入的文件"教务系统.accdb"，单击"确定"按钮 确定 。

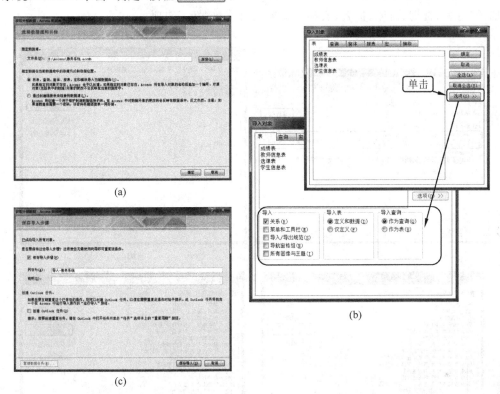

图 10.8 导入 Access 数据库

（3）选择导入对象：在如图 10.8(b)所示的"导入对象"对话框中，有针对表、查询、窗体、报表、宏、模块等进行选择导入的选项卡，用户可在每个选项卡中，同时选择单个或多个（或不选）要导入的对象。单击图 10.8(b)的"选项"按钮 选项(O) >> ，会在"导入对象"对话框的下部显示与导入操作相关的各种选项，供用户选择。在导入表时，既可以导入所选表的定义和数据，也可以仅导入表的定义；在导入查询时，既可以将查询导入，也可以将查询的结果作为表来导入。对"导入对象"对话框的各选项卡中的选项进行相应的选择，单击"确定"按钮 确定 后，Access 就开始执行导入操作了。如果导入的对象较多，在图 10.8(b)中还会逐个显示正在执行的导入对象过程的信息，并提示可随时按 Ctrl＋Break 键停止导入操作。

（4）保存导入步骤：在如图 10.8(c)所示的"保存导入步骤"对话框中，如果需要定期执行相同操作，请选中"保存导入步骤"复选框，在"另存为"输入框中输入适当的文字（此例为"导入－教务系统"），单击"保存导入"按钮 保存导入(S) ，就将整个导入步骤存储下来。

有了上述步骤（4）的保存导入操作，也可像前述的例 10.1、例 10.2 一样，快速导入 Access 文件。

例 10.4 说明将第 5 章和第 8 章的数据库例题的对象合并的过程。

（1）打开数据库：复制和打开配套光盘中本章的"教务系统素材_1"数据库文件。

（2）指定数据源：复制配套光盘中本章的"教务系统素材_2"数据库文件，单击"外部数据"选项卡中"导入并链接"中的"Access"按钮 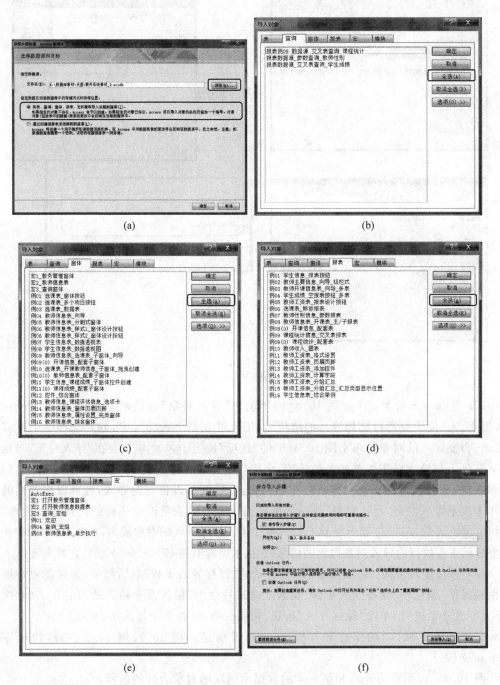，单击如图 10.9(a)所示"获取外部数据-Access 数据库"对话框的"浏览"按钮，选择要导入的文件"教务系统素材_2.accdb"，并选择"将表、查询、窗体、报表、宏和模块导入当前数据库"选项。

(a)

(b)

(c)

(d)

(e)

(f)

图 10.9　导入 Access 数据库的所有对象

（3）选择查询对象：在导入对象对话框中，选择"查询"选项卡，如图 10.9(b)所示，单击"全选"按钮 全选(A)，选中要导入的所有查询对象。

（4）选择窗体对象：在导入对象对话框中，选择"窗体"选项卡，如图 10.9(c)所示，单击"全选"按钮 全选(A)，选中要导入的所有窗体对象。

（5）选择报表对象：在导入对象对话框中，选择"报表"选项卡，如图 10.9(d)所示，单击"全选"按钮 全选(A)，选中要导入的所有报表对象。

（6）选择宏：在导入对象对话框中，选择"宏"选项卡，单击"全选"按钮 全选(A)，如图 10.9(e)所示，选中要导入的所有宏，然后单击"确定"按钮 确定。

（7）保存导入步骤：在如图 10.9(f)所示的"保存导入步骤"对话框中，如果需要定期执行相同操作，请选中"保存导入步骤"复选框，在"另存为"输入框中输入适当的文字（此例为"导入－教务系统"），单击"保存导入"按钮 保存导入(S)，就将整个导入步骤存储下来。

10.3　导　出　数　据

为了对 Access 数据库中的数据进行备份，或更方便地共享数据，需要对 Access 的数据进行导出操作。我们可以利用 Access 数据库提供的"外部数据"选项卡的"导出"功能，方便地将 Access 数据导出到外部数据文件中。

可导出的文件格式既有 Excel 文件、文本文件、XML 文件、PDF 或 XPS、电子邮件、Access 文件、与 Word 合并，也能导其他类型文件，如图 10.10 所示。

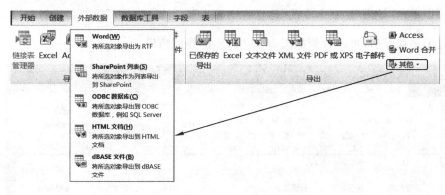

图 10.10　能导出的文件类型

需要注意的是：ODBC(Open Database Connectivity，开放数据库互连)数据库并不是真正的数据库，它是微软公司推出的基于 SQL 的应用软件与数据库之间的访问标准。

10.3.1　导出为 Excel 文件

例 10.5　以导出"选课表.xlsx"为例，说明导出 Excel 文件的操作过程。

（1）选择要导出的数据库表：打开"教务系统素材_1"数据库，选择"选课表"；

（2）指定导出文件名：单击"外部数据"选项卡中"导出"组的"Excel"按钮 Excel，在"选择数据导出操作的目标"对话框中，单击"浏览"按钮 浏览(R)...，在"打开"文件对话框中，选择路径"E:\Access\"及导出的 Excel 目标文件"选课表.xlsx",单击如图 10.11(a)所示的对话框的"确定"按钮 确定 ，数据库的"选课表"中的数据就被导出到"选课表.xlsx"文件中。

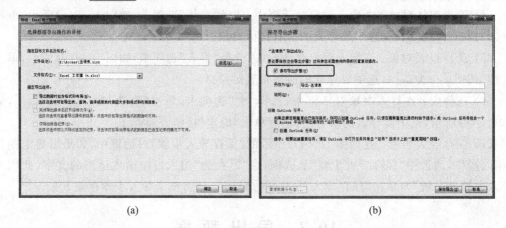

(a)   (b)

图 10.11 导出到 Excel 文件过程

注意：如果当前目录中已经存在同名文件时，会弹出"对象'选课表'已经存在。是否用正在导出的对象替换现有对象?"的消息框，此时，单击消息框的"是"按钮，就覆盖了原来的文件。

(3) 保存导出步骤：在如图 10.11(b)所示的"保存导出步骤"对话框中，如果需要定期执行相同操作，请选中"保存导出步骤"复选框，在"另存为"输入框中输入适当的文字(系统默认为"导出-选课表")，单击"保存导出"按钮 保存导出(S) ，就将整个导出步骤存储下来。以后用户可以单击"导出"选项卡上的"已保存的导出" 按钮，便可重新运行导出操作。

经过上述操作后，可以看到如图 10.12 所示的导出结果。

图 10.12 导出的 Excel 文件结果

10.3.2 导出为文本文件

例 10.6 以导出"成绩表.txt"为例,如图 10.13 所示,说明导出文本文件的操作过程。

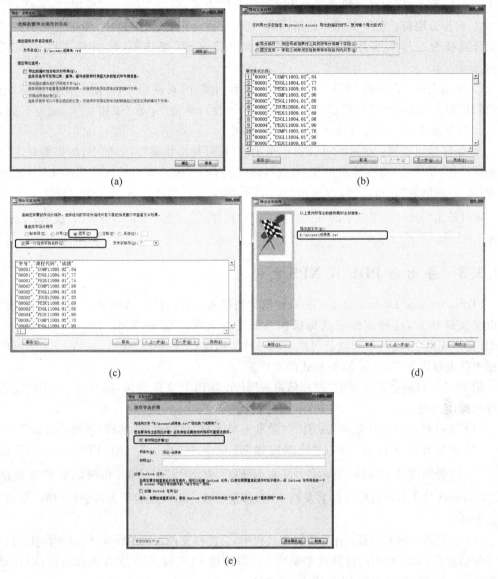

(a)   (b)

(c)   (d)

(e)

图 10.13　导出文本文件过程

（1）选择要导出的数据库表：打开"教务系统素材_1"数据库,选择"成绩表"。

（2）指定导出目标文件名：单击"外部数据"选项卡"导出"组的"文本文件"按钮 ,

出现如图 10.13(a)所示的"导出文本文件"对话框,选择路径"E:\Access\"及导出的文本文件名"成绩表.txt",然后单击对话框中的"确定"按钮 [确定]。

注意：如果当前目录中已经存在同名文件时,会弹出"这个文件'E:\Access\成绩表.txt'已经存在。是否替换已有的文件?"的消息框,此时,单击消息框中的"是"按钮,覆盖原来的文件。

(3) 启动导出文本文件向导,操作步骤如下。

① 分析分隔符格式:系统分析要导出的文本数据的格式,对分隔符格式进行猜测,如图 10.13(b)所示,用户选择恰当的文本文件的分隔方式,单击"下一步"按钮 下一步(N) > 。

② 选择分隔符:在图 10.13(c)所示的"选择字段分隔符"对话框中,指定要导出数据之间的分隔符为逗号",",并选中"第一行包含字段名称"复选框,然后单击"下一步"按钮 下一步(N) > 。

③ 导出完成:在如图 10.13(d)所示的"导出到文件"对话框中,显示了在步骤(2)中选定的路径和文件名(可以对路径和文件名进行修改),单击"完成"按钮 完成(F) ,到此,Access 数据库表中的内容就导出到了文本文件中。

④ 保存导出步骤:在如图 10.13(e)所示的"保存导出步骤"对话框中,如果需要定期执行相同操作,请选中"保存导出步骤"复选框,在"另存为"输入框中输入适当的文字(系统默认为"导出-成绩表"),单击"保存导出"按钮 保存导出(S) ,就将整个导出步骤存储下来。以后用户可以单击"导出"选项卡上的"已保存的导出"按钮 ,便可重新运行导出"成绩表.txt"的操作。

10.3.3 导出为 PDF 或 XPS 文件

PDF(Portable Document Format,便携文档格式)文件,是由 Adobe 公司开发而成的一种电子文件格式,这种文件格式与操作系统平台无关;XPS (XML Paper Specification,XML 文件规格书)文件是微软公司推出的一种文档保存与查看的规范,在 Access 中可以将数据库的表导出为 PDF 或 XPS 格式的文件。

例 10.7 以将数据库中的"教师信息表"导出为 PDF 文件为例,说明导出 PDF 或 XPS 文件的操作过程。

(1) 选择要导出的数据库表:打开"教务系统素材_1"数据库,选择"教师信息表"。

(2) 指定导出文件名:单击"外部数据"选项卡中"导出"组的"PDF 或 XPS"按钮 PDF 或 XPS,出现如图 10.14(a)所示的"发布为 PDF 或 XPS"对话框,在对话框中选择路径"E:\Access\",导出的目标文件名及格式"教师信息表.pdf",然后单击对话框中的"发布"按钮 发布(S) 。

(3) 文件格式转换过程:在导出操作过程中,会进行文件格式的转换,闪过如图 10.14(b)所示的信息框,如果所用的计算机中安装了可以阅读 PDF 或 XPS 文件的阅读器,则在导出结束后,会自动打开导出的 PDF 或 XPS 文件。

(4) 保存导出步骤:在图 10.14(c)所示的"保存导出步骤"对话框中,如果需要定期执行相同操作,请选中"保存导出步骤"复选框,在"另存为"输入框中输入适当的文字(系统默认为"导出-教师信息表"),单击"保存导出"按钮 保存导出(S) ,就将整个导出步骤存储下来。如果保存导出步骤的名称"导出-教师信息表"已经存在,则会出现如图 10.14(d)所示的名称已被使用消息框,提示用户重新命名。如果正确保存了导出步骤,以后用户可以单击"导出"选项卡的"已保存的导出"按钮 ,在如图 10.15 所示的对话框中,选择要导出的文件,单击"运行"按钮,便可重新执行导出操作。

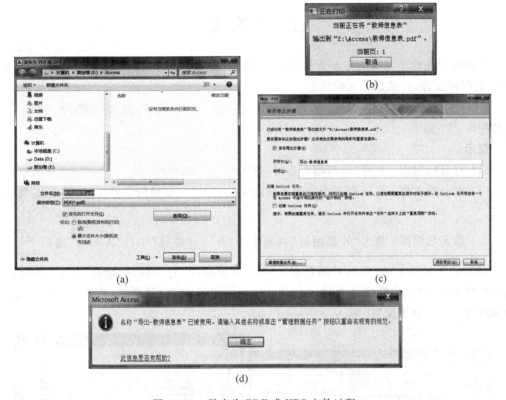

(a)　　　　(b)

(c)

(d)

图 10.14　导出为 PDF 或 XPS 文件过程

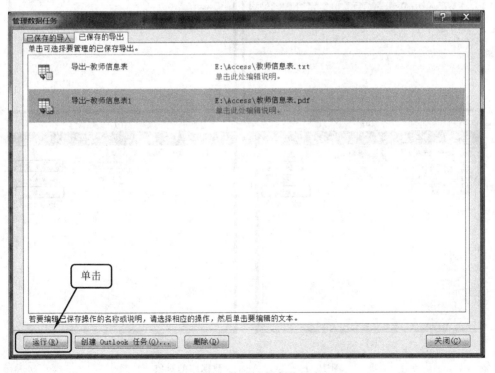

图 10.15　使用已保存的导出

数据的导入导出

上机实验

　　复制配套光盘中本章的实验素材"电脑销售素材_导入导出 1"、"电脑销售素材_导入导出 2"数据库文件,完成以下实验内容。

　　1. 将"电脑销售素材_导入导出 2"数据库文件中的所有窗体、报表和宏,导入到电脑销售数据库。

　　提示:

　　(1)打开数据库:打开"电脑销售素材_导入导出 1"数据库。

　　(2)准备源文件:复制配套光盘中本章的实验素材"电脑销售素材_导入导出 2"数据库文件。

　　(3)指定数据源:单击"外部数据"选项卡中"导入并链接"中的"Access"按钮，单击如图 10.16(a)所示的"获取外部数据－Access 数据库"对话框的"浏览"按钮，选择要导入的文件"电脑销售素材_导入导出 2.accdb",并选择"将表、查询、窗体、报表、宏和模块导入当前数据库"选项。

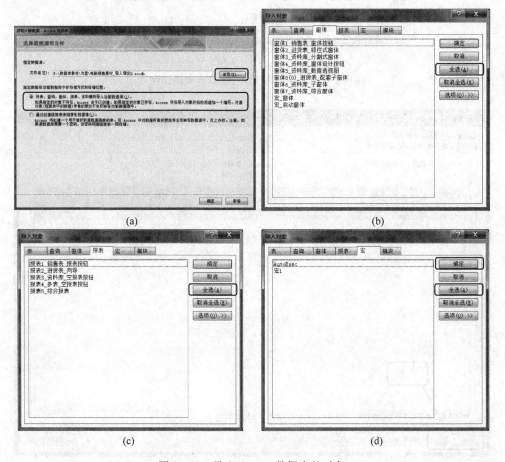

図 10.16　导入 Access 数据库的对象

（4）选择窗体对象：在导入对象对话框中，选择"窗体"选项卡，如图 10.16(b)所示，单击"全选"按钮 全选(A) ，选中要导入的所有窗体对象。

（5）选择报表对象：在导入对象对话框中，选择"报表"选项卡，如图 10.16(c)所示，单击"全选"按钮 全选(A) ，选中要导入的所有报表对象。

（6）选择宏：在导入对象对话框中，选择"宏"选项卡，单击"全选"按钮 全选(A) ，如图 10.16(d)所示，选中要导入的所有宏，然后单击"确定"按钮 确定 。

（7）保存导入步骤：在"保存导入步骤"对话框中，如果需要定期执行相同操作，请选中"保存导入步骤"复选框，在"另存为"输入框中输入适当的文字，单击"保存导入"按钮 保存导入(S) ，将整个导入步骤存储下来。

（8）修改数据库名称：经过上述操作，选择导入的所有数据库对象已经在"电脑销售素材_导入导出1"数据库中，关闭本数据库，将数据库重新命名为"电脑销售"。

2. 在将上题数据库文件中的"进货表"导出到一个文本文件，要求：导出文件存放在桌面，字段之间以分号";"分隔，导出数据的第一行不包含标题。

提示：

（1）选择要导出的数据库表：打开"电脑销售"数据库，选择"进货表"。

（2）指定导出目标文件名：单击"外部数据"菜单"导出"组的"文本文件"按钮 文本文件 ，文件存放的路径选择为桌面，文件名为"进货表.txt"，然后单击对话框的"确定"按钮 确定 。

（3）启动导出文本文件向导，操作步骤如下。

① 分析分隔符格式：因为要求用分号作为分隔符，则如图 10.17(a)所示，"带分隔符"选项，单击"下一步"按钮 下一步(N) > 。

② 选择分隔符：在图 10.17(b)所示的"选择字段分隔符"对话框中，指定要导出数据之间的分隔符为分号";"，并指定第一行不包含字段名称，并然后单击"下一步"按钮 下一步(N) > 。

③ 导出完成：单击"完成"按钮 完成(F) ，到此，Access 数据库"进货表"中的内容就导出到了桌面上"进货表.txt"文本文件中了。

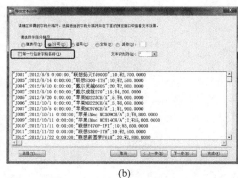

(a)   (b)

图 10.17　导出"进货表"

第 10 章

数据的导入导出

(c)

图 10.17 （续）

④ 不保存导出步骤：直接单击保存导出步骤对话框中的"关闭"按钮 关闭(C)，整个导出操作完成。导出的"进货表.txt"文件内容如图 10.17(c)所示。

第11章 数据库安全与管理

数据库担负着存储和管理数据信息的任务,要保证数据库系统能安全可靠地运行,必须考虑其安全性。本章主要介绍数据库安全的重要性,对数据库进行加密和解密,以及为了更好地管理数据库,怎样对数据库进行压缩和修复,如何备份和恢复数据库等内容。

11.1　Access 数据库的安全性

数据库的安全性指不允许未经授权而对数据库进行存取与修改,以及防止数据库遭受恶意侵害。通常情况下,对数据库的破坏因素来自因数据库系统崩溃而造成的系统故障,对数据库中的数据非法访问、篡改或破坏的行为,当数据库更新时发生错误而造成数据的不一致等。因此,要保证数据库安全并正确地运行,就要将数据库中需要保护的部分与非保护部分进行隔离,对数据库进行加密/解密,以保证只有合法用户才能登录到数据库。另外,用户应该定期对数据库进行备份,以便在数据库发生问题时,能够及时恢复。

11.1.1　Access 数据库的安全体系

在早期版本的 Access 中,有用户级安全管理机制,利用用户级安全机制可以对数据库及其表、查询、窗体、报表和宏建立不同的访问级别,然而,用户级安全功能创建的权限并不能阻止具有恶意的用户来访问数据库,因此,在 Access 2010 版本中不再提供用户级安全机制,但若是在 Access 2010 中打开由早期版本创建的数据库,并且该数据库应用了用户级安全,那么这些设置仍然保持有效。

Access 数据库是由表、查询、窗体、报表、宏、模块等一组对象构成的文件,这些对象之间通常会相互依赖、共同作用。例如,查询就是以数据库表中的数据为数据源,根据用户给定的条件从指定的数据表或者查询中检索出数据,形成一个新的数据集合。由于查询、宏、VBA 代码等都会造成安全风险,Access 实际上并不能等同于 Excel 工作簿或 Word 文件,因此保证 Access 数据库的安全更加重要。

Access 的安全性保证体现在:

(1) 使用信任中心进行安全检查;

(2) 对数据库进行打包、签名和分发;

(3) 使用密码对数据库进行加密或解密;

(4) 对数据库进行压缩和恢复。

11.1.2 信任中心

1. 了解信任中心

信任中心的作用是允许用户查看和配置安全设置和隐私设置,它实际上是一个对话框,为用户提供了一个能够集中创建、修改 Access 数据库安全设置的控制界面。

有些 Access 组件会带来安全风险,这些组件包括动作查询(用于插入、删除或更改数据的查询)、宏、表达式(返回单个值的函数)和 VBA 代码。每当初次打开一个 .accdb 或 .accde 数据库文件时,Access 都会将该数据库的位置提交给信任中心,执行一系列安全检查,系统会根据接受检查文件的位置,执行相应的功能。

例 11.1 复制配套光盘中本章的"教务系统"数据库文件,本例说明打开一个文件时,所要接受的信任位置检查的过程。

(1) 在受信任位置:如果信任中心确定该文件的位置可信,则 Access 数据库就运行该文件的完整功能。

(2) 不在受信任位置:如果打开的文件不在受信任位置,则打开数据库时,出现如图 11.1(a)所示的安全警告提示信息。

① 如果单击如图 11.1(a)所示的"启用内容"按钮 [启用内容] 后,Access 将启用所有禁用的内容,下次打开该数据库,就不再进行信任检查了。

注意:一旦被禁用的内容破坏了数据或计算机,Access 将无法弥补这些损失。

② 单击图 11.1(a)中的"部分活动内容已被禁用,单击此处了解详细信息"的链接,会链接到图 11.1(b)所示的"文件"选项卡的"信息"选项。

③ 单击图 11.1(b)所示对话框中的"启用内容"按钮 [启用内容] ,则会出现如图 11.1(c)所示的"启用内容"的选项。

④ 如果用户选择了"启用所用内容"选项 [启用所有内容(C)] ,则该数据库文件成为受信任的文档,以后再打开这个文件时,就不再会出现如图 11.1(a)所示的提示信息。

⑤ 如果用户选择了"高级选项"选项 [高级选项(O)] ,则出现如图 11.1(d)所示的安全警告对话框,单击对话框中的"确定"按钮 [确定] ,则本次操作禁止了 VBA 等可能有害的内容,下次启动该数据库时,仍然要做信任检查。

在 Access 禁用模式下,会禁用下列组件:

(1) VBA 代码和 VBA 代码中的任何引用,以及任何不安全的表达式;

(2) 所有宏中的不安全操作,"不安全"操作是指可能允许用户修改数据库或对数据库以外的资源获得访问权限的任何操作;

(3) 动作查询;

(4) ActiveX 控件。

2. 信任中心设置

在信任中心可以对表 11.1 所示的安全项目进行设置。

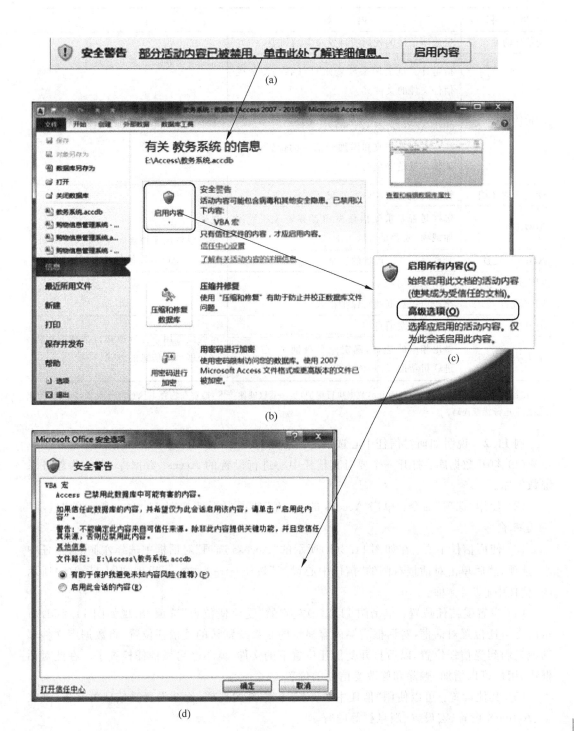

图 11.1　信任中心检查文件过程

数据库安全与管理

表 11.1　设置安全项目

项　　目	内　　容	备　　注
受信任的发布者	生成所信任的代码项目发布者的列表	这些设置用于指定安全内容
受信任位置	指定计算机上用来放置来自可靠来源的受信任文件的文件夹 默认位置：C：\ Program　Files \ Microsoft Office\Office14\ACCWIZ\ 注：如果要修改和添加受信任的位置，要保证新位置是安全的	
受信任的文档	管理文档的活动内容的交互方式	这些设置用于控制高风险内容(例如，加载项、ActiveX 控件和宏)的行为
加载项	选择是否要求受信任发布者签署应用程序加载项，或者是否禁用加载项	
ActiveX 设置	管理 ActiveX 控件的安全	
宏设置	启用或禁用宏	
DEP 设置	是否启用数据执行保护模式	
消息栏	显示或隐藏消息栏	这些设置用于控制通知行为和应用程序处理个人信息的方式
个人信息选项	做出相应的选择，确定隐私级别、获取和改进联机帮助，客户体验改善计划等	

注：DEP(Data Execution Prevention，数据执行保护)是一套软硬件技术，能够在内存上执行额外检查，以帮助防止在系统上运行恶意代码。

例 11.2　说明如何对信任中心选项的内容进行设置，具体操作步骤如下。

(1) 打开数据库：打开一个要对其信任中心进行设置的 Access 数据库，本例为教务系统数据库。

(2) 使用"选项"命令：单击 Access 的"文件"选项卡下部如图 11.2(a)所示的"选项" ▤ 选项 命令。

(3) 使用信任中心：在如图 11.2(b)所示的"Access 选项"对话框中选择左侧的"信任中心"选项，然后单击对话框右侧的"信任中心设置"按钮 [信任中心设置(T)...]，出现如图 11.2(c)所示的"信任中心"对话框。

(4) 设置受信任位置：单击图 11.2(c)左侧的"受信任位置"选项，出现如图 11.2(d)所示的受信任位置对话框，对话框右侧内容显示的是系统默认的受信任位置，将数据库文件移动或复制到受信任位置，以后打开受信任位置下的文件，就不必再做信任检查了。在此对话框中，用户可以增加、删除和修改受信任的位置。

(5) 其他设置：可以使用"信任中心"对话框左部的选项，逐个设置受信任的文档、加载项、ActiveX 设置、宏设置、消息栏等内容。

注意：对安全和隐私的设置要谨慎进行，因为修改信任中心设置，会降低或提高计算机、数据、网络数据以及网络中其他计算机的安全性，因此，应在充分考虑和评估风险后，再对信任中心设置进行修改。

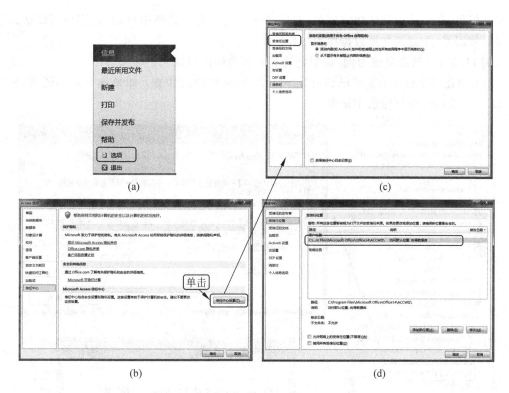

图 11.2　信任中心设置

11.1.3　数据库打包、签名和分发

对指定的数据库进行打包和签名,表明用户认为该数据库的内容是可信的,数据库是安全的。对数据库打包和签名前,首先要获得数字证书,这相当于给数据库加盖了印章,如果用于个人目的而创建数字证书,能够通过使用 Microsoft Office Professional 2010 提供的工具完成,如果是用于商业目的要获取数字证书时,则需要向商业证书颁发机构(CA)申请获得。

在使用打包、签名和发布功能时,要注意以下事项:

(1) 一个包中只能添加一个数据库;

(2) 将数据库打包并对包进行签名只是一种传达信任的方式,并没有对数据库进行更改;

(3) Access 2010 只能对.accdb、.accdc 或.accde 文件格式的数据库使用"打包并签署"工具,对使用早期文件格式创建的数据库,Access 也提供了对它们进行签名和分发所需的旧版工具;

(4) 该过程将会对数据库中的所有对象进行签名,而不仅仅局限于宏或代码模块;

(5) 从包中提取数据库后,签名包与提取的数据库之间将不再有关系;

(6) 可以从 Windows SharePoint Services 3.0 服务器上的包文件中提取数据库。

1. 创建签名包

在创建了.accdb 文件或.accde 文件后,可以使用 Access"打包并签署"工具,方便地将该文件打包,并对该包创建数字签名,然后将签名包分发给其他用户,其他用户可以从该包中提取数据库,并直接在该数据库中工作。

例 11.3 以教务系统为例,说明创建签名包的操作步骤。

(1)创建数字证书:如果已经有数字证书,则可省略此步骤;如果没有数字证书,则按图 11.3 所示的过程创建数字证书。

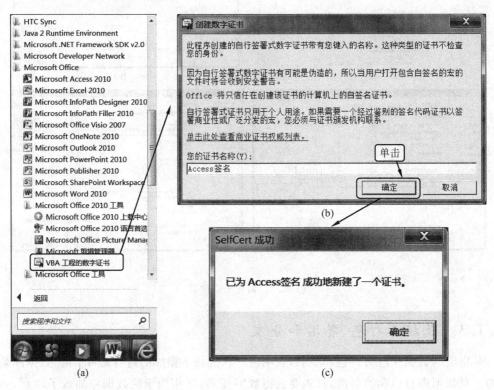

图 11.3 创建数字证书

① 单击 Windows 操作系统的"开始"按钮 ,指向"所有程序",依次选择 Microsoft Office、"Microsoft Office 2010 工具"、"VBA 工程的数字证书"选项。

② 在弹出的"创建数字证书"对话框中,为证书创建一个描述性名称,例如"Access 签名"。

③ 然后单击对话框的"确定"按钮 确定 ,会出现"SelfCert 成功"对话框,表明已经成功创建了一个数字证书。

(2)打开数据库:打开教务系统 Access 数据库。

(3)使用"打包并签署"选项:在"文件"选项卡中,选择"保存与发布"选项,并选中"文件类型"为"数据库另存为"选项,出现如图 11.4(a)所示的"文件"选项窗体,双击窗体右侧的"打包并签署"选项。

(4)选择数字证书:在出现如图 11.4(b)所示的"Windows 安全"对话框中,选择证书,然后单击"确定"按钮 确定 。

(5)创建签名包:在出现如图 11.4(c)所示的"创建 Microsoft Access 签名包"对话框中,选择适当的位置,并在"文件名"输入框中输入文件名(默认为打开的数据库名称),单击"创建"按钮 创建(C) ,则在指定的位置创建了以.accdc 为扩展名的签名包。

(a)

(b)   (c)

图 11.4   创建签名包过程

2. 提取并使用签名包

例 11.4   说明提取签名包的过程,具体操作步骤如下。

(1) 启动数据库:单击 Windows 操作系统的"开始"按钮 ,指向"所有程序",依次选择 Microsoft Office、Microsoft Access 2010,就启动了 Access 数据库。

(2) 打开文件:单击 Access 的"文件"选项卡中的"打开"选项,在如图 11.5(a)所示的"打开"对话框,选择"Microsoft Access 签名包(*.accdc)"作为文件类型,选择所要打开的文件名,单击"打开"按钮 打开(O) 。

(3) 选择安全声明内容:初次提取签名包时,会弹出如图 11.5(b)所示的"Microsoft Access 安全声明"对话框,单击"信任来自发布者的所有内容"按钮,一旦选择了"信任来自发布者的所有内容"按钮,下次执行该操作时,则不再出现如图 11.5(b)所示的对话框。

(4) 提取数据库:在如图 11.5(c)所示的"将数据库提取到"对话框中,为提取的数据库选择一个位置,然后在文件名下拉框中输入文件名称,单击"确定"按钮 确定 ,即可提取出数据库。

如果是通过 Windows 资源管理器,找到签名包文件,双击该文件后,就会省略了上述的步骤(1)、(2),直接出现步骤(3),用户可以在此基础上继续下一步的操作,完成对数据库的提取工作。

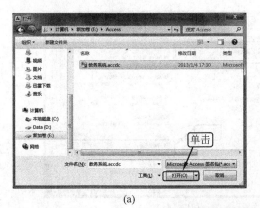

(a)

(c)

(b)

图 11.5　提取数据库过程

11.2　设置数据库密码

给数据库设置密码,阻止非法用户打开数据库,是对数据库的一种简单而有效的保护措施。在 Access 中,要为数据库设置和撤销密码,必须以独占的方式打开数据库。

例 11.5　说明设置数据库密码和撤销数据库密码的操作方法。

1. 设置数据库密码

(1) 以独占的方式打开数据库,操作步骤如下。

① 启动数据库:启动 Access 数据库。

② 使用"打开"选项:在"文件"选项卡中,单击"打开"选项。

③ 选择要打开的数据库:在"打开"对话框中,选中要打开的数据库,然后单击在对话框中的"打开"按钮 打开(O) ▼ 右边的向下箭头 ▼ ,出现如图 11.6 所示的供选择的打开模式,选择右下角的"以独占方式打开"模式选项。如果不是以独占方式打开一个数据库,要对其设置密码时,会出现如图 11.7 所示的消息框。

(2) 设置数据库密码:如图 11.8(a)所示"文件"选项卡对话框中,单击"用密码进行加密"按钮 用密码进行加密 ,出现如图 11.8(b)所示的"设置数据库密码"对话框,在密码栏和验证栏输入相同的密码,单击"确定"按钮 确定 后,密码就被成功设置了。

图 11.6 "打开"对话框

图 11.7 Access 消息框

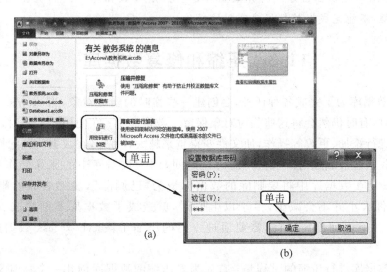

(a)

(b)

图 11.8 设置数据库密码

数据库安全与管理

此后如果要使用该数据库,则每次都会出现如图 11.9 所示的"要求输入密码"对话框,只有用户正确输入了密码后,方可打开设置过密码的数据库。

2. 撤销数据库密码

(1)以独占方式打开设置密码的数据库:打开方式参照设置数据库密码的操作步骤(1)。

(2)撤销数据库密码:在如图 11.10(a)所示的"文件"选项卡对话框中,单击"解密数据库"按钮  ,出现如图 11.10(b)所示的"撤销数据库

图 11.9 "要求输入密码"对话框

密码"对话框,在密码栏中输入正确的密码,单击"确定"按钮 ,后,原来设置的密码就被解除了。

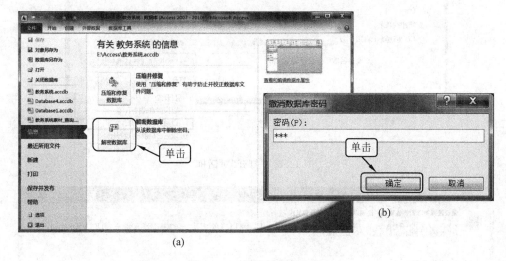

图 11.10 撤销数据库密码

注意:如果不是以独占方式打开数据库,使用"解密数据库"功能,也会弹出如图 11.7 所示的消息框,不能完成撤销数据库密码的操作。

11.3 压缩和修复数据库

Access 数据库为了完成各种任务,会创建一些临时的隐藏对象,当 Access 不再需要这些临时对象时,有时仍然会将这些临时对象保留在数据库中;在使用数据库时,会不断地对数据或对象进行添加、更改等操作,使文件变得越来越大;另外,在数据的删除操作中,系统不会自动回收这些被删除对象所占用的磁盘空间,因为数据库中的删除操作并不是进行真正删除,只是在数据库中将要删除的数据标记为"已删除",虽然表面上删除了数据,而实际上文件大小并不会减少,由于以上原因,就造成了数据库不断膨胀、性能逐渐降低,影响数据库响应速度。因此,需要通过专门的压缩手段,对 Access 数据库性能进行优化。

系统对数据库进行压缩的过程是:首先为要压缩的数据库创建一个临时文件,将原数

据库的文件中的所有数据、对象等全部复制到该临时文件中,重新组织文件在磁盘上的存储方式,然后将原文件删除,再将临时文件重命名为原来的数据库文件名,并移回原来的目录。

对数据库的压缩分为自动压缩和手动压缩两种方式。

1. 自动压缩数据库

例 11.6   通过设置数据库选项参数,在关闭数据库时,对数据库进行自动压缩,其操作过程为如下几步。

(1) 打开数据库:打开"教务系统"数据库。

(2) 选择选项:单击"文件"选项卡下部的如图 11.11(a)所示的"选项"内容。

(3) 进行设置:在出现如图 11.11(b)的"Access 选项"对话框中,选中"Access 选项"对话框左侧的"当前数据库"选项,出现"用于当前数据库的选项"内容,选中其中的"关闭时压缩"选项 ☐ 关闭时压缩(C)   (默认为未选中),单击"确定"按钮 确定 。

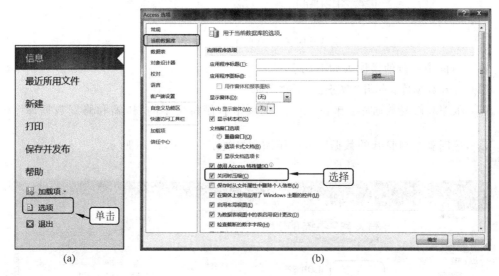

(a)   (b)

图 11.11   设置自动压缩数据库

经过上述参数设置后,每当数据库关闭时,会自动对数据库进行压缩。

由于此选项参数只对当前打开的数据库有效,对于要自动压缩和修复的每个数据库,都必须单独设置该选项参数。对数据库的压缩不会影响 Access 项目中的自动编号,但是,如果删除了含有"自动编号"字段的表的结尾记录,压缩数据库会重新设置"自动编号"字段的值,以保证添加的下一个记录的"自动编号"字段值,大于数据库表中最后一次未删除的记录的"自动编号"字段值。

2. 手动压缩和修复数据库

正在操作数据库时碰到断电等造成意外关机、用户没有正常关闭数据库软件以及因网络的不稳定导致无法访问网络资源而造成数据包丢失等,都有可能使数据库文件遭到破坏。在打开 Access 数据库文件时,系统会检测该文件是否损坏,如果发现数据库文件损坏了,能够使用"压缩和修复数据库"工具进行修复。

使用 Access 数据库修复工具虽然能够修复数据库中部分被损坏的表、窗体、报表或模块,以及找回特定窗体、报表或模块所丢失的信息,但是压缩和修复数据库工具并不是万能的。培养良好的操作习惯,定期对数据库进行压缩和修复、定期备份数据库文件,尽量避免因为突然关机等因素意外退出 Access 系统,是保护数据库的一个重要环节。

例 11.7 通过手动方式对数据库进行压缩和修复,可以分别在"文件"和"数据库工具"的菜单中进行。

在"数据库工具"选项卡中进行的操作为如下几步。

(1) 打开数据库:打开需要压缩和修复的"教务系统"数据库。

(2) 使用压缩工具:在如图 11.12 所示的"数据库工具"选项卡中,单击"压缩和修复数据库"按钮,就能对数据库进行压缩和修复了。

图 11.12 "数据库工具"选项

在"文件"中进行的操作为如下几步。

(1) 打开数据库:打开"教务系统"数据库。

(2) 压缩和修复数据库:单击"文件"选项卡右侧窗格中的"压缩和修复数据库"按钮,这时就会对打开的数据库进行压缩和修复了,如图 11.13 所示。

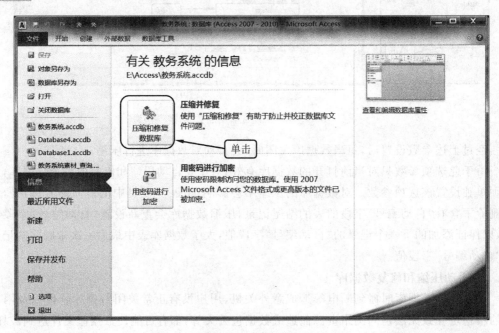

图 11.13 压缩和修复数据库

在进行对数据库手动压缩时,会在状态栏中显示压缩进度,压缩完成后,状态栏显示"就绪"。

11.4　备份和恢复数据库

虽然数据库的修复功能可解决一些因误操作导致的数据库不能正常使用的问题,但是并不是所有的数据库问题都能够得到修复的,养成定期备份数据库的好习惯,能避免发生数据丢失或数据库损坏所造成的损失。

例 11.8　说明备份数据库和恢复数据库的操作步骤。

1. 备份数据库

(1) 打开数据库:打开要备份的"教务系统"数据库。

(2) 选择选项:如图 11.14(a)所示,在 Access 数据库的"文件"选项卡中,选择"保存与发布"选项,并选中"文件类型"为"数据库另存为"选项。

(3) 备份数据库:双击"备份数据库"命令,出现如图 11.14(b)所示的"另存为"对话框,Access 在备份数据库时,自动给出默认备份数据库名,默认的备份数据库名的构成为原数据库名＋下划线＋当前系统日期。选择备份文件的保存位置,然后单击"保存"按钮 保存(S),数据库的备份就生成了。

(a)　　　　　　　　　　　　　　(b)

图 11.14　备份数据库

因为备份操作相当于对当前数据库文件制作了一个副本,因此备份操作完成后,仍然保持当前数据库的打开状态。

在 Access 的"文件"选项卡中,也可以选择"数据库另存为"选项,达到备份的目的。但"数据库另存为"与上述"备份数据库"选项做法有如下的区别。

(1) 默认的文件名为:原数据库名＋从 1 开始的顺序数字,如图 11.15(b)所示。

(2) 单击"另存为"对话框的"保存"按钮 保存(S) 后,则打开的是备份数据库(例如打开的是教务系统 1.accdb),而原来打开的数据库被关闭了。

2. 恢复数据库

1) 如果数据库文件已丢失

如果数据库文件已经不复存在,则需要将备份的数据库复制到数据库应在的位置,将数据库名称修改成需要的文件名。将备份数据库文件放回原来位置,是因为如果其他数据库或程序中有链接指向原数据库中的对象,则必须将数据库还原到正确的位置,否则,指向这些数据库对象的链接将失效,必须重新创建。

318

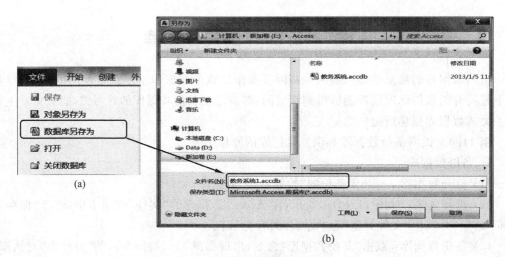

图 11.15　数据库另存为

2）如果数据库文件已被破坏

如果数据库文件存在,其中的对象遭到破坏,则需要删除损坏的对象,并用导入数据库备份文件的方式,恢复数据库。具体做法可参考第 10 章的"导入并链接"的导入"Access"选项的操作过程,在如图 11.16 所示的对话框中,通过单击"浏览"按钮 浏览(R)... ,指定备份数据源的存储位置,然后按照向导完成数据库的恢复。

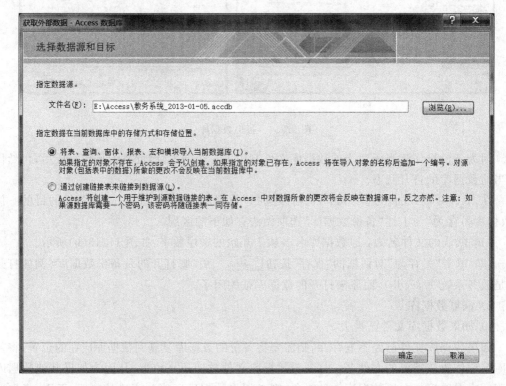

图 11.16　"获取外部数据—Access 数据库"对话框

11.5　生成 ACCDE 文件

1. 什么是 ACCDE 文件

我们有时会在 Access 文件中编写一些 VBA 代码或宏，来辅助进行数据库的操作。为保护数据库中的代码不被随意查看、修改，以及防止用户创建的窗体、报表等被误修改和删除，提高数据库的安全性，Access 2010 也提供了将 ACCDB 格式的文件转换成 ACCDE 格式的功能，该功能与 Access 2007 以前版本的将 MDB 文件转换成 MDE 文件的做法相似。

ACCDB 文件与 ACCDE 文件在数据库表、窗体、代码的使用方面没有区别，而不同的是：在 ACCDB 文件中，可以随时对窗体、报表、VBA 或宏代码进行增加、变更或删除。因此，我们将 ACCDE 文件理解为是经过编译的、处于"执行"模式的文件，即 ACCDE 文件中只能允许用户执行正常的数据库操作，运行 VBA 或宏代码，也允许对数据库表、查询和宏的导入、导出操作，但是禁止以下操作：

（1）在设计模式下，查看、修改或创建窗体、报表；

（2）查看或修改 VBA；

（3）对窗体、报表、模块的导入导出操作。

一旦一个 ACCDB 文件使用了密码加密，则生成的 ACCDE 文件也会使用相同的密码加密，解除 ACCDE 文件密码的操作，与解除 ACCDB 文件密码的方式相同。

2. 生成 ACCDE 文件

例 11.9　生成 ACCDE 文件，其具体操作如下。

（1）打开数据库文件：打开"教务系统"数据库文件。

（2）生成 ACCDE 文件：单击"文件"选项卡中"保存并发布"选项，并选中"文件类型"为"数据库另存为"选项，双击如图 11.17(a)所示的"生成 ACCDE"选项。

（3）输入文件名：在弹出如图 11.17(b)所示的"另存为"对话框中，给定要生成的 ACCDE 文件名（默认为原来打开的数据库文件名），单击"保存"按钮 保存(S) 。

　(a)

　(b)

图 11.17　生成 ACCDE 文件

3. 使用 ACCDE 文件

例 11.10　说明使用 ACCDE 文件的过程，具体步骤如下。

（1）打开 ACCDE 文件：打开已经生成的"教务系统.accde"文件。

第 11 章

数据库安全与管理

(2) 操作窗体或报表:打开"宏 2_教师信息表"窗体或打开"例 02 教师主要信息_向导_纵栏式"报表,都能够正常使用,但是不能对它们进行修改或删除。

如果试图将窗体、报表或模块等导出到其他 Access 文件中,则会出现如图 11.18 所示的 Access 消息栏。

图 11.18　Access 消息栏

图 11.19 说明"教务系统"数据库中的"例 14 教师信息表_窗体页眉页脚"窗体和"例 01 学生信息_报表按钮"报表,分别在 ACCDB 文件和 ACCDE 文件的"设计视图"模式下,显示不同的菜单内容,因而也说明了在 ACCDE 文件中,只能使用窗体、报表对象而无法修改这些对象。

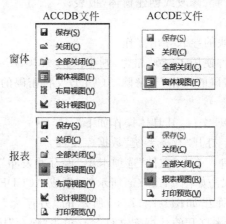

图 11.19　ACCDB 文件与 ACCDE 文件的"设计视图"菜单内容比较

上 机 实 验

复制配套光盘中本章的实验素材"电脑销售"数据库文件,完成以下实验内容。

1. 为"电脑销售"数据库创建并撤销密码。

提示:

加密过程如图 11.20 所示。

(1) 以独占方式打开"电脑销售"数据库;

(2) 使用"文件"选项卡中的"用密码进行加密"按钮 进行加密。

提示:

撤销密码:

(1) 以独占方式打开"电脑销售"数据库;

(2) 使用"文件"选项卡中的"解密数据库"按钮 进行密码撤销。

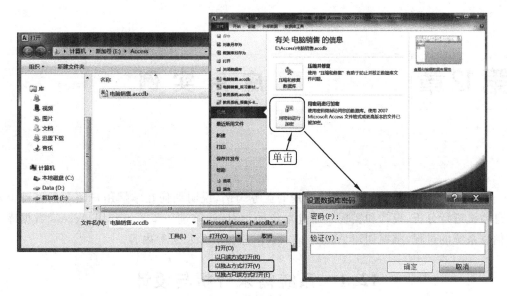

图 11.20　数据库加密过程

2. 对电脑销售数据库进行手动压缩和备份。

提示：

压缩数据库：

（1）打开"电脑销售"数据库；

（2）使用"数据库工具"选项卡中的"压缩和修复数据库"按钮。

备份数据库：

（1）打开"电脑销售"数据库；

（2）在数据库的"文件"选项卡中，选择"保存与发布"选项，并选中"文件类型"为"数据库另存为"选项；双击"备份数据库"命令；

（3）在"另存为"对话框中，以"原数据库名＋下划线＋当前系统日期"的系统默认的文件名，为数据库备份。

3. 为"电脑销售"数据库创建签名包，并提取和使用签名包。

提示：

创建签名包：

（1）创建数字证书；

（2）打开"电脑销售"数据库；

（3）使用"文件"选项卡中的"保存并发布"选项中的"打包并签署"选项；

（4）选择数字证书；

（5）创建"电脑销售"数据库的签名包。

提取签名包：

（1）利用 Windows 资源管理器，找到"电脑销售"数据库签名包；

（2）对"Microsoft Access 安全声明"对话框，选择"信任来自发布者的所有内容"按钮；

（3）在"将数据库提取到"对话框中，为提取的数据库选择一个合适的位置，完成数据库的提取并能使用该数据库。

第12章 应用实例

本章以对客户的购物信息进行管理的业务为例,说明如何在掌握用户需求的基础上对信息系统进行分析、设计和实现。通过本章的学习,能够进一步了解利用 Access 数据库开发信息系统的过程,掌握创建 Access 表、窗体、查询、报表、宏等内容。

12.1 系统需求分析与设计

一个销售企业如果掌握了大量的客户购物信息,就拥有了再次销售的潜在对象,因此,对企业来说,客户的购物信息无疑是一笔巨大的财富。将客户的购物信息电子化不仅能够使一个企业从繁琐的客户管理工作中解脱出来,而且随着计算机技术的发展,可以不断地对客户购物信息进行分析和挖掘,能够帮助企业更好地了解客户的喜好和购物习惯,有针对性地向客户提供商品信息,提高销售的成功率。

12.1.1 需求分析

本章的实例用 Access 数据库实现了一个销售企业对客户的购物信息、与该销售企业相关的供货商、配送商等进行管理的系统。用户的需求体现在对各种信息的录入、修改、保存、查询以及对业务流程的管控等方面,对数据库系统进行分析和设计时,应充分了解用户各方面的需求,为用户提供信息的输入/查询界面、报表输出以及流程处理功能。本系统由客户信息管理、商品信息管理、客户订单管理、商品采购管理、供货商管理、配送商管理、配送管理等模块组成。

1. 客户信息管理模块

管理购买商品的客户信息。为便于联系客户,需要记录客户的姓名、联系电话、电子邮件、地址、所在省份、客户备注等基本信息,该模块可以对客户信息进行添加、删除,并提供快速查询客户信息以及报表打印等操作。

2. 商品信息管理模块

管理商品的基本信息。记录商品名称、分类、成本价、销售价、商品的生产商等信息,该模块实现商品信息的添加、删除、查询、打印商品信息等功能。

3. 客户订单管理模块

实现对客户的购物信息全方位管理。记录客户每一次购物的时间、金额、付款状况、发货时间等,并与订单详细情况相联动,可查询每一笔订单的详细内容,并能实现按照订单编号打印客户的订单详细内容,以及按照客户编号输出统计客户订货内容、订货金额的统计报表;并且能够提供客户购买量的排序结果。

4. 商品采购管理模块

作为销售企业,除了为客户提供销售服务外,还要保证有充足的商品,因此对商品的采购管理也十分重要。本模块与客户订单管理模块相似,实现销售商对商品进行采购的订单、订单明细管理,可进行对商品采购订单信息的录入、删除、查询以及报表打印等操作。

5. 供货商管理模块

管理为销售企业提供货物的企业信息。需要记录供货商的公司名称、联系人、联系人职务、联系电话、电子邮件、传真号、公司地址、所在省份、公司网页、备注等基本信息,该模块可以对供货商信息进行添加、删除、快速查询以及报表打印等操作。

6. 配送商管理模块

对客户购买商品的配送,也是为客户提供更好的服务的手段之一。随着电子商务的快速发展,配送业务也会随之增加,因此,管理好提供配送服务的企业也是销售产业链上重要的一个环节。配送商管理模块,记录配送商的公司名称、联系人、联系人职务、联系电话、电子邮件、传真号、公司地址、所在省份、公司网页、备注等基本信息,该模块可以对配送商信息进行添加、删除、查询以及报表打印等操作。

7. 配送管理模块

管理对客户所购商品的配送过程。本模块记录了对每一个客户订单的配送过程的详细信息,这样可以查询到每一个订单的每一步配送的细节,便于销售企业跟踪配送的整个过程,可随时了解客户的物品配送的各环节,也能起到对配送企业的监督作用。

购物信息管理系统的模块如图 12.1 所示。

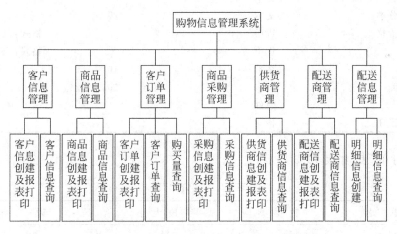

图 12.1　购物信息管理系统的构成

12.1.2　系统设计

在明确了系统各模块的功能后,就可以进行数据库表结构、表与表之间关系的设计了,数据库表结构设计的好坏,会直接影响数据库的性能和复杂度。根据购物信息管理系统的业务需求,设计了客户、商品、订单、订单明细、采购订单、采购订单明细、供货商、配送商、配送明细等数据库表。

1. 数据库表结构的设计

购物信息管理系统中的各数据库表的设计如下。

(1)"客户"表,如表 12.1 所示。

表 12.1 "客户"表

字 段 名	数 据 类 型	字 段 大 小	说 明
客户 ID	自动编号	长整型	主键
姓名	文本	30	
性别	文本	4	
电子邮件地址	文本	30	
住宅电话	文本	30	
移动电话	文本	30	
地址	文本	80	
省/市/自治区	文本	20	
邮政编码	文本	15	
备注	备注		

(2)"商品"表,如表 12.2 所示。

表 12.2 "商品"表

字 段 名	数 据 类 型	字 段 大 小	说 明
商品 ID	自动编号	长整型	主键
商品编码	文本	20	
商品名称	文本	50	
商品分类	文本	20	
成本价格	货币		格式:￥#,##0.00
单价	货币		格式:￥#,##0.00
单位	文本	10	
生产商	文本	50	
附件	附件		
商品说明	备注		

(3)"订单"表,如表 12.3 所示。

表 12.3 "订单"表

字 段 名	数 据 类 型	字 段 大 小	说 明
订单 ID	数字	长整型	主键
客户 ID	数字	长整型	与客户信息表中的客户 ID 相同
订购日期	日期/时间	短日期	
预计到货日期	日期/时间	短日期	
发货日期	日期/时间	短日期	
配送商 ID	数字	长整型	与配送商表中的配送商 ID 相同
付款日期	日期/时间	短日期	
付款额	货币		格式:￥#,##0.00
付款方式	文本	20	
运费	货币		格式:￥#,##0.00
备注	备注		

（4）"订单明细"表，如表 12.4 所示。

表 12.4 "订单明细"表

字　段　名	数据类型	字段大小	说　　明
ID	自动编号	长整型	主键
订单 ID	数字	长整型	与客户订单表中的订单 ID 相同
商品 ID	数字	长整型	与商品信息表中的商品 ID 相同
数量	数字	小数	
单价	货币		格式：￥＃，＃＃0.00

（5）"采购订单"表，如表 12.5 所示。

表 12.5 "采购订单"表

字　段　名	数据类型	字段大小	说　　明
采购订单 ID	数字	长整型	主键
供货商 ID	数字	长整型	与供货商表中的供货商 ID 相同
采购日期	日期/时间	短日期	
付款日期	日期/时间	短日期	
付款额	货币		格式：￥＃，＃＃0.00
付款方式	文本	50	货到付现金、货到刷 POS 机、网上银行、支付宝、支票、邮政汇款
运费	货币		格式：￥＃，＃＃0.00
备注	备注		

（6）"采购订单明细"表，如表 12.6 所示。

表 12.6 "采购订单明细"表

字　段　名	数据类型	字段大小	说　　明
ID	自动编号	长整型	主键
订单 ID	数字	长整型	与客户订单表中的订单 ID 相同
商品 ID	数字	长整型	与商品信息表中的商品 ID 相同
数量	数字	小数	
成本价格	货币		格式：￥＃，＃＃0.00

（7）"供货商"表，如表 12.7 所示。

表 12.7 "供货商"表

字　段　名	数据类型	字段大小	说　　明
ID	自动编号	长整型	主键
公司名称	文本	50	
联系人	文本	20	
联系人职务	文本	20	
电子邮件地址	文本	30	
业务电话	文本	30	

续表

字 段 名	数 据 类 型	字 段 大 小	说 明
移动电话	文本	30	
传真号	文本	30	
地址	文本	80	
省/市/自治区	文本	20	
邮政编码	文本	15	
公司网页	超链接		
备注	备注		

(8)"配送商"表,如表 12.8 所示。

表 12.8 "配送商"表

字 段 名	数 据 类 型	字 段 大 小	说 明
ID	自动编号	长整型	主键
公司名称	文本	50	
联系人	文本	20	
联系人职务	文本	20	
电子邮件地址	文本	30	
业务电话	文本	30	
移动电话	文本	30	
传真号	文本	30	
地址	文本	80	
省/市/自治区	文本	20	
邮政编码	文本	15	
公司网页	超链接		
备注	备注		

(9)"配送明细"表,如表 12.9 所示。

表 12.9 "配送明细"表

字 段 名	数 据 类 型	字 段 大 小	说 明
ID	自动编号	长整型	主键
订单 ID	数字	长整型	与客户订单表中的订单 ID 相同
配送内容	文本	50	
配送时间	日期/时间	常规日期	
配送人	文本	30	
联系方式	文本	30	
配送商 ID	数字	长整型	与配送商表中的配送商 ID 相同
备注	备注		

2. 数据库表的建立

完成数据库表的设计后,在建立数据库表的关系之前,需要先做好创建表的准备工作,然后在此基础上,对创建的数据库表建立数据库表的关系。

例 **12.1** 创建订单表。

(1) 打开数据库：复制并打开配套光盘中本章的"购物信息管理系统素材"数据库。

(2) 创建"订单"表：单击"创建"菜单选项卡"表格"组中的"表设计"按钮 ，在出现的表设计界面中，输入订单 ID 字段的名称、数据类型、长度等内容。

(3) 创建客户 ID 的名称显示方式：创建客户 ID 字段时，虽然客户 ID 的类型为数字，但为了方便在窗体、查询、报表中查看客户名称，将客户 ID 的显示控件设置为组合框（即单击"字段属性"详细内容的"查阅"选项卡 查阅 ，将其"显示控件"项目的内容设置为"组合框"），然后单击"查阅"选项卡"行来源"的按钮 ⋯ ，通过查询生成器建立了显示客户 ID 的客户名称（查询语句为，SELECT 客户.客户 ID，客户.姓名 FROM 客户 ORDER BY 客户.客户 ID；）。实际上客户 ID 有两列内容，但是因为在"查阅"选项卡中，将列宽栏中的显示列宽设为 0cm；2.801cm 的缘故，以后显示的内容只有客户姓名了（本章内容中，出现的商品 ID、供货商 ID、配送商 ID 等都以此方法来处理）。创建客户 ID 字段的结果如图 12.2 所示。

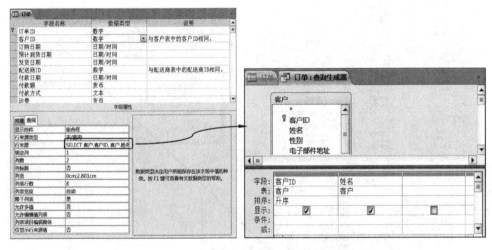

图 12.2　客户 ID 的显示设置

(4) 其他字段的创建：依次输入其他字段名称、数据类型、长度等内容。

(5) 设置主键：将"订单 ID"字段设置为表的主键。

(6) 保存表设计：此例中将表名称命名为"订单"。

参照第 10 章内容，将配套光盘中本章的"订单.xlsx"文件的数据导入"订单"表中。

3. 数据库表关系的设计

为防止数据库数据的冗余，在设计数据库表时会按照业务分类，将数据库表拆分成多个，以便尽量保证除了关键字段外，其他每个字段只出现一次，表与表之间通过关键字段进行连接，将用户所需要的信息组合在一起，这种做法就建立了数据表的关系。

通过重复上述的操作步骤，创建完所有数据库的表后，还需要建立数据库表之间的关系。

例 **12.2**　建立购物信息管理系统的关系。操作步骤如下。

(1) 建立数据库表关系，步骤如下。

① 单击"数据库工具"选项卡中"关系"组中的"关系"按钮 ，弹出显示表对话框。

② 选择表名,单击"添加"按钮 [添加(A)],将表添加到关系区域,依次进行此操作,直至将所有的表添加到关系区域中(也可以在显示表对话框中,按住 Shift 键,单击所有表,单击"添加"按钮 [添加(A)] 一次性将所有表添加到关系区域)。

(2) 建立表与表之间的相互关联关系,步骤如下。

① 在"订单"表中选中"订单 ID"字段,按住鼠标左键将其拖到"订单明细"表的"订单 ID"字段上,这时会弹出"编辑关系"对话框。

② 选中"实施参照完整性"和"级联更新相关字段"复选框,然后单击"创建"按钮 [创建(C)]。

③ 按照上述操作,依次为相关表建立关系。为美观起见,可适当调整各表在关系区域的位置。

(3) 保存关系:保存建立的关系,建立关系后的结果如图 12.3 所示。

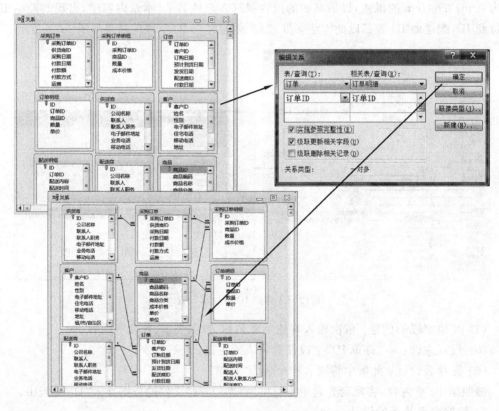

图 12.3 建立关系

在购物管理信息系统中,各表之间的关系如表 12.10 所示。

表 12.10 关系表

表　名	字　段　名	相关表名	相关表的字段名
客户	客户 ID	订单	客户 ID
商品	商品 ID	订单明细	商品 ID
商品	商品 ID	采购订单明细	商品 ID

表　　名	字　段　名	相关表名	相关表的字段名
订单	订单 ID	订单明细	订单 ID
订单	订单 ID	配送明细	订单 ID
采购订单	采购订单 ID	采购订单明细	采购订单 ID
供货商	ID	采购订单	供货商 ID
配送商	ID	配送明细	配货商 ID
配送商	ID	订单	配送商 ID

12.2　用户界面的创建

创建了数据库表、表关系后,需要通过界面来实现数据库和用户之间的交互,Access 的用户界面是以窗体的方式实现的。为本章的各功能模块创建一个或多个窗体,然后使用宏,将各个窗体链接起来,完成系统的操作流程,用户可以在窗体界面中进行新建、编辑、删除、查询等操作,这样就能构建出一个完整的信息系统。

12.2.1　创建登录界面

一个好的信息系统要能对使用该系统的人员进行限制,因此需要创建用户的登录界面,在本章实例中,我们使用嵌入宏来完成登录界面的创建。如果读者能够使用 VBA 代码编写登录功能,可另行增加功能更加强大的用户管理模块。

例 12.3　创建用户登录界面,步骤如下。

(1) 创建用户登录窗体,步骤如下。

① 单击"创建"选项卡中"窗体"组的"空白窗体"按钮 ，生成一个空白窗体。

② 选择"设计视图",为窗体添加文本框和按钮等控件。

③ 将窗体保存为"登录"。

(2) 创建显示欢迎信息的宏:为登录界面编写打开窗体时的欢迎信息的宏。

① 在登录界面窗体的"属性表"窗格中,单击"事件"选项卡中"打开"属性栏的 按钮。

② 在弹出的"选择生成器"对话框中选择"宏生成器",然后单击"确定"按钮。

③ 在宏生成器中编写相应的语句,如图 12.4 所示。

(3) 为"登录"按钮创建宏:当用户在登录界面中输入正确的登录名和密码并单击"登录"按钮后,能进行下一步操作,需要为"登录"按钮编写嵌入宏,编写宏的过程与步骤(2)相同,如图 12.4 所示。

(4) 保存宏:单击"保存"按钮 或"宏工具"中的"保存"按钮 可以保存宏。

启动登录界面后,如果用户输入正确的用户名和密码,单击"登录"按钮后,就进入下一个界面,如果没有输入正确的用户名和密码,会弹出显示错误信息的信息框,登录界面的创建过程如图 12.4 所示。

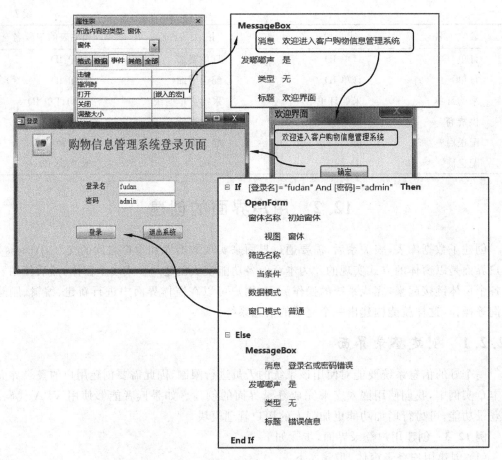

图 12.4　创建登录界面

12.2.2　创建显示商品信息单个记录的窗体

例 12.4　创建每次显示单个商品信息记录的窗体,操作步骤如下。

(1) 选择数据源:在导航窗格的"对象"栏中选择"商品"表作为窗体的数据源。

(2) 创建窗体步骤如下。

① 单击"创建"选项卡"窗体"组中的"窗体向导"按钮 ，出现窗体向导对话框。

② 在对话框的"表/查询"组合框中,选择"商品"表,然后按照窗体向导所引导的步骤,进行操作,将窗体的布局设为"纵栏表",最后单击"完成"按钮 ，如图 12.5 所示。

(3) 调整窗体控件:将生成的纵栏式窗体切换到"设计视图",重新调整窗体的窗体页眉、主体的背景、主体中各字段的位置、字号、对齐方式等。

(4) 为窗体添加按钮,步骤如下。

以添加"保存记录"按钮为例,说明添加按钮操作的步骤。

① 在"窗体设计工具"选项卡的"设计"组中,单击"按钮"按钮 ，然后单击窗体主体的区域,这时弹出"命令按钮向导"对话框,在对话框的类别选项中选择"记录操作",在"操

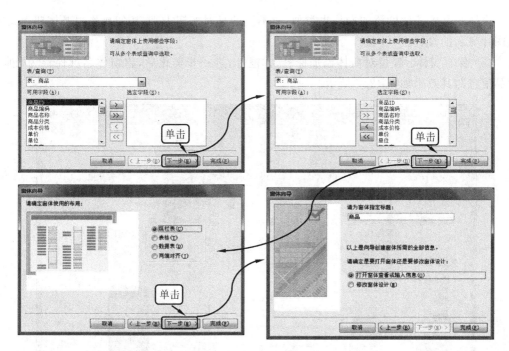

图 12.5　窗体向导操作过程

作"选项中选择"保存记录",单击"下一步"按钮 下一步(N) > 。

　　② 选择"文本"选项,单击"下一步"按钮 下一步(N) > 。

　　③ 单击"完成"按钮 完成(F) ,这样就在窗体上添加了一个"保存记录"按钮,添加按钮过程如图 12.6 所示。

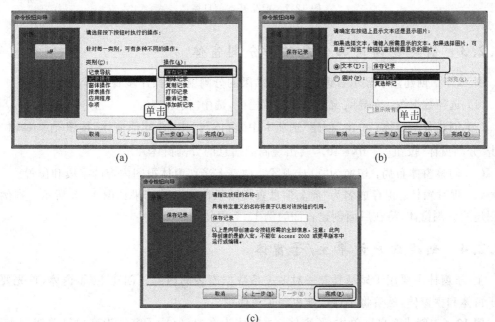

图 12.6　添加按钮过程

窗体中其他按钮的添加操作也类似，所不同的是对按钮类别、按钮操作以及按钮上文字或图片显示的设置。

（5）保存窗体：经过对窗体添加标签、方框等，进一步美化后，将窗体名称保存为"创建商品信息"，其效果如图 12.7 所示。

图 12.7　商品基本信息窗体

12.2.3　创建查询商品信息结果分割窗体

例 12.5　创建用于显示查询商品信息结果的分割窗体，操作步骤如下。

（1）选择数据源：在导航窗格的"对象"栏中，选中"商品"表。

（2）创建分割窗体：单击"创建"选项卡中"窗体"组中的"其他窗体"按钮 其他窗体 ，单击"分割窗体"按钮 分割窗体(P) ，就出现商品信息的分割窗体。

（3）调整窗体布局：切换为"设计视图"，调整上半部窗体视图内容的字段和位置。

（4）保存窗体：保存成名为"商品信息查询结果窗体"，其结果如图 12.8 所示。本例中所创建的分割窗体，将在后面创建查询的例 12.7 中使用。

12.2.4　创建客户订单主/子窗体

主/子窗体主要用于显示具有一对多关系数据库表的内容。创建主/子窗体，首先要设计子窗体和主窗体，然后将子窗体拖曳到主窗体中。

例 12.6　创建客户订单主/子窗体：主窗体为客户订单，子窗体为客户订单明细查询。因此在创建窗体前，首先要创建订单明细查询，然后才能完成创建客户订单主/子窗体的工作。

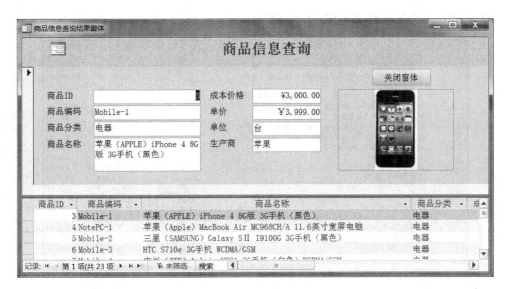

图 12.8　分割窗体的结果

1. 创建订单明细查询

本查询的创建为设计订单明细子窗体做准备。创建查询的步骤如下。

（1）创建订单明细查询的步骤如下。

① 单击"创建"选项卡中"查询"组中的"查询设计"按钮 ，弹出"显示表"对话框。

② 在对话框中选择"订单明细"表，单击"添加"按钮 Σ 合计 。

③ 在字段明细选项中，选择要显示的字段，并且增加一个"金额"字段，将该字段的值设为"金额：[数量]＊[单价]"，并且在"属性表"窗格中，将"金额"字段的数据格式设置为"货币"，操作结果如图 12.9 所示。

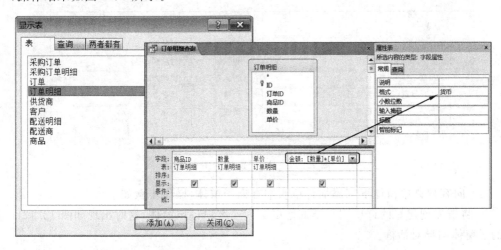

图 12.9　创建订单明细查询

（2）设置合计项：在该查询的"数据表视图"下，单击"开始"选项卡中"记录"组中的"合计"按钮 Σ 合计 ，在最后一行会出现汇总行，在"数量"字段设置"合计"选项，在"金额"字段同样也设置"合计"选项,结果如图 12.10 所示。

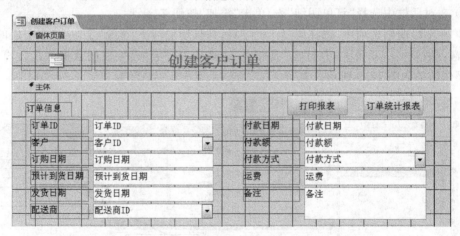

订单ID	商品ID	数量	单价	金额
2	索尼爱立信(Sony Ericsson)MT15i 3G手机(白色)	12	￥12.00	￥144.00
2	东芝(TOSHIBA)L730-T21N 13.3英寸笔记本电脑	1	￥2,599.00	￥2,599.00
1	索尼爱立信(Sony Ericsson)MT15i 3G手机(白色)	1	￥1,999.00	￥1,999.00
1	椰香饼450g*2包	1	￥35.00	￥35.00
1	三星(SAMSUNG)NP-E3415-S01CN 14英寸笔记本电脑	1	￥105.00	￥105.00
1	东芝(TOSHIBA)L730-T21N 13.3英寸笔记本电脑	1	￥3,499.00	￥3,499.00
11	精品树熟木瓜【整箱装】约6斤/箱	1	￥49.00	￥49.00
12	索尼爱立信(Sony Ericsson)MT15i 3G手机(白色)	1	￥3,499.00	￥3,499.00
12	三星(SAMSUNG)NP-E3415-S01CN 14英寸笔记本电脑	1	￥86.00	￥86.00
10	橙子芒果双拼(3.6kg/盒)	2	￥109.00	￥218.00
8	丹麦蓝罐曲奇681g	1	￥86.00	￥86.00
8	椰香饼450g*2包	2	￥35.00	￥70.00
33	椰香饼450g*2包	2	￥35.00	￥70.00
33	橙子芒果双拼(3.6kg/盒)		￥109.00	￥109.00
34	东芝(TOSHIBA)L730-T21N 13.3英寸笔记本电脑		￥55.00	￥110.00
34	丹麦蓝罐曲奇681g		￥86.00	￥86.00
7	戴尔(DELL)Inspiron 14V-488B 14英寸笔记本电脑		￥3,999.00	￥3,999.00
7	草莓[章姬或红颜]600g		￥39.60	￥79.20
6	富士通(FUJITSU)LH531 14.1英寸笔记本电脑		￥2,999.00	￥2,999.00
6	丹麦蓝罐曲奇681g		￥86.00	￥86.00

无
合计
平均值
计数
最大值
最小值
标准偏差
方差

汇总

图 12.10　设置汇总字段

(3) 保存查询:将查询保存为"订单明细查询"。以后使用客户的订单明细查询时,会在查询结果的最后一行出现数量和金额的合计值。

2. 创建客户订单主窗体

(1) 创建窗体:单击"创建"选项卡"窗体"组中的"窗体向导"按钮 窗体向导,与创建商品信息窗体的操作过程一样,创建出订单信息窗体的上半部,如图 12.11 所示。

图 12.11　主/子窗体的主窗体

(2) 向客户订单窗体下部添加订单明细查询子窗体,操作步骤如下。

① 将事先创建好的订单明细查询拖曳至创建客户订单窗体,这时出现如图 12.12(a)所示的子窗体向导对话框。

② 单击"下一步"按钮 下一步(N) >,出现如图 12.12(b)所示的指定子窗体名称对话框。

③ 为子窗体字段建立链接:在子窗体的"属性表"窗格中,单击"数据"选项卡的"链接主字段"右边的按钮 ···,弹出如图 12.12(c)所示的"子窗体字段链接器"对话框,在对话框中指定主字段和子字段均为"订单 ID",这样就建立了以"订单 ID"字段为链接的主/子窗体,

每次新建一个记录时，子窗体的"订单 ID"字段都会与主窗体的"订单 ID"字段联动。

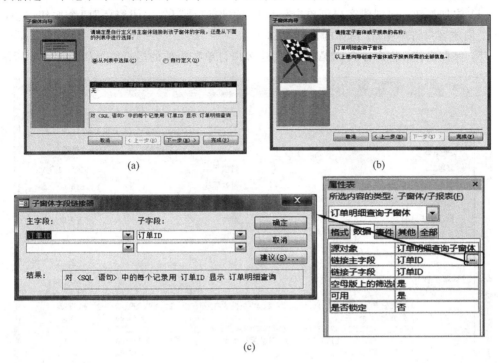

(a) (b)

(c)

图 12.12　子窗体建立过程

④ 为了保持"商品"表中的单价和"订单明细查询子窗体"中的单价相同，达到数据一致性的目的，在"订单明细查询子窗体"的"设计视图"下，可以为"商品 ID"编写 VBA 代码，使得一旦选择了某个商品，该商品的单价立即自动跳出，不用再输入。具体做法：在"属性表"窗格中，选择"商品 ID"，单击"事件"选项卡"更新后"属性栏右边的 ⋯ 按钮，在代码生成器中编写如图 12.13 所示的代码，即可实现（如果不了解 VBA 的读者，可忽略此内容，改为由用户手工输入单价）。

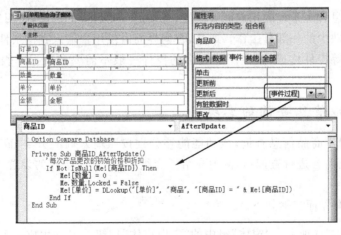

图 12.13　VBA 代码

(3) 调整窗体布局：修改子窗体的标签,调整子窗体的大小、位置。

(4) 添加按钮：向创建客户订单窗体添加"添加记录"和"关闭窗体"两个按钮,这样就完成了创建客户订单主/子窗体的设计工作。

(5) 保存窗体：将窗体名称保存为"创建客户订单",窗体的运行结果如图 12.14 所示。

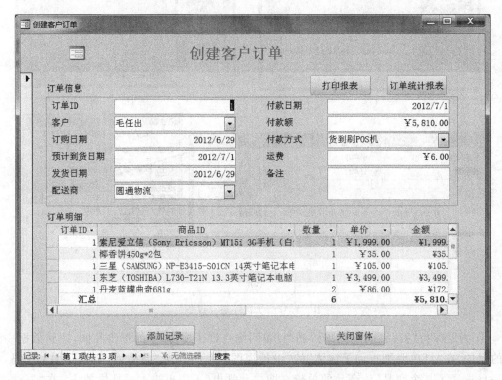

图 12.14 创建客户订单窗体的运行结果

12.3 信息查询的创建

为使购物信息管理系统的用户能够便捷、准确地找到想要的信息,向用户提供查询功能是信息系统不可缺少的一部分工作。通常,查询界面由供用户输入查询条件的文本框、执行查询命令的按钮等控件构成,这些用于查询的控件一般不需要和数据库表/查询中的字段绑定。

12.3.1 商品信息查询的实现

例 12.7 创建商品信息查询,该功能能够分别按照输入商品分类、商品名称、商品编码、商品的生产商内容进行查询,本例中介绍了宏组、不同查询条件的设置等内容。操作步骤如下。

(1) 创建查询界面步骤如下。

① 单击"创建"选项卡中"窗体"组中的"空白窗体"按钮 □,生成一个空白窗体。

② 选择"设计视图",为窗体添加文本框和按钮。

③ 将窗体保存为"商品信息查询窗体",查询窗体的设计如图 12.15 所示。

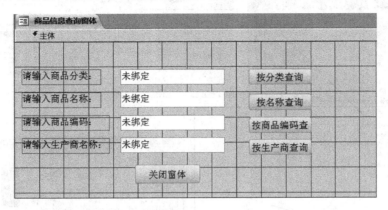

图 12.15 商品信息查询窗体的设计结果

(2) 创建执行查询动作的宏组：因为查询界面中的包括多个查询操作，为方便宏的管理和使用，将多个相关的宏合并在一起使用一个共同的宏组名，但宏组中的每个宏都是数据库中的一个独立的对象，宏和宏之间没有联系，每次运行的是宏组中的一个宏而不是宏组。

① 单击"创建"选项卡的"宏与代码"组的"宏"按钮 ，打开"宏生成器"。

② 在"操作目录"窗格中(如果该窗格未打开，单击"宏工具"的"操作目录"按钮)，双击"程序流程"窗格的 Submacro，添加子宏，输入子宏名称，编写每个宏的内容，形成宏组。

③ 将宏组保存为"宏组_商品信息查询"，关闭"宏生成器"。

(3) 创建查询结果显示窗体：该窗体使用的是例 12.5 所创建的分割式窗体，至此，商品信息查询窗体创建完毕。运行"商品信息查询窗体"，分别在各文本框中输入查询条件，按下相应的查询按钮，就可以看到相应的查询结果。

以下是运行每个宏的结果。

1. 按商品的分类查询

宏中的启动商品信息查询结果窗体的条件是：

[商品分类] = [Forms]![商品信息查询窗体]![Text1]

因此，必须是商品分类与查询界面的文本框 Text1 输入的内容完全匹配，该记录才能在查询结果窗体中显示，查询结果如图 12.16 所示。

2. 按商品名称查询

宏中的启动商品信息查询结果窗体的条件是：

[商品名称] Like " * " & [Forms]![商品信息查询窗体]![Text2] & " * "

因此，当商品名称中只要有与查询界面的文本框 Text2 中输入的内容有部分匹配，该记录就在商品信息查询结果窗体显示，查询结果如图 12.17 所示。

3. 按商品的编码查询

宏中的启动商品信息查询结果窗体的条件是：

[Forms]![商品信息查询窗体]![Text3] = Left([商品编码],1)

338

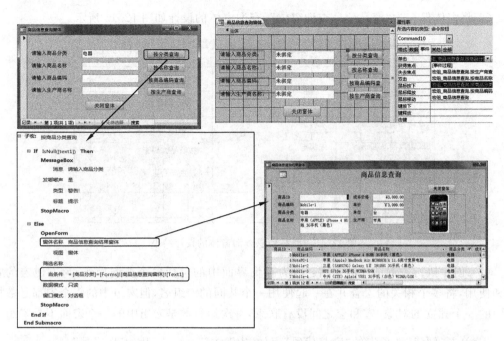

图 12.16　按商品分类查询的结果

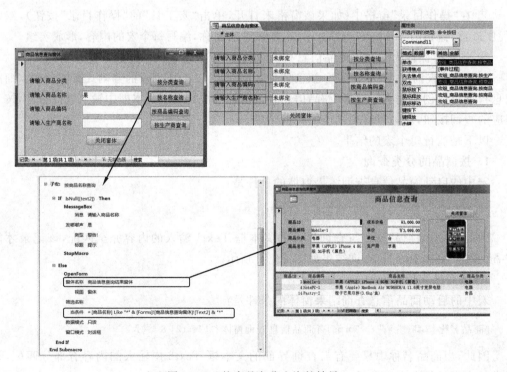

图 12.17　按商品名称查询的结果

因此,当商品编码的左边第一位,与查询界面的文本框 Text3 中输入的内容匹配,该记录就在商品信息查询结果窗体显示,查询结果如图 12.18 所示。

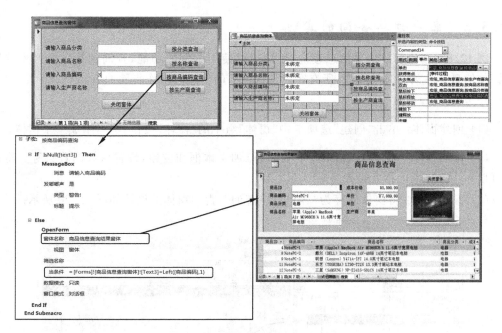

图 12.18　按商品编码查询的结果

4. 按商品的生产商查询

宏中的启动商品信息查询结果窗体的条件是：

[生产商] = [Forms]![商品信息查询窗体]![Text4]

因此，必须是生产商与查询界面的文本框 Text4 输入的内容完全匹配，该记录才能在查询结果窗体中显示，查询结果如图 12.19 所示。

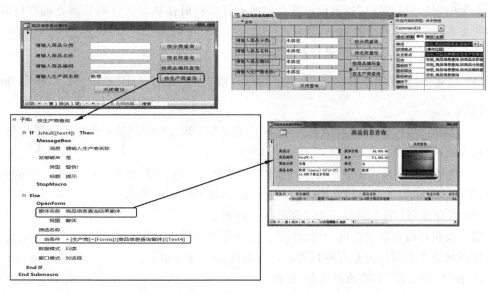

图 12.19　按生产商查询的结果

12.3.2 客户订单查询的实现

例 12.8 创建客户订单信息查询,用户可以使用本例的功能,查询到某一个客户的所有订单信息及在某一时间段内,所有客户订购商品的信息。操作步骤如下。

1. 创建查询界面

(1) 创建窗体:单击"创建"选项卡中"窗体"组中的"窗体"按钮 ,生成一个窗体。

(2) 添加控件:在"设计视图"下,为窗体添加文本框和按钮,设置窗体的背景等。将开始日期和结束日期的格式设置为短日期类型。

(3) 保存窗体:将窗体保存为"客户订单查询",查询窗体的设计如图 12.20 所示。

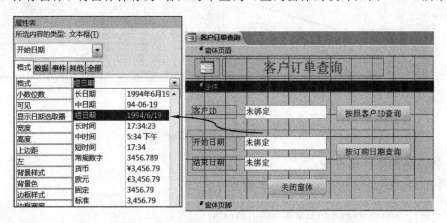

图 12.20 客户订单查询窗体的设计结果

2. 创建查询

本例中创建根据客户 ID 查询该客户的所有订单和根据给定的订购日期查询在该时间段内所有客户的订单两个查询。

建立按照客户 ID 的查询,操作步骤如下。

(1) 创建查询:单击"创建"选项卡中"查询"组中的"查询设计"按钮 ,弹出"显示表"对话框。

(2) 选择查询对象:在"显示表"对话框中选择"订单"、"客户"表(可按下 Ctrl 键后,单击鼠标左键同时选中),单击"添加"按钮 添加(A) 。

(3) 选择显示字段:在字段明细选项中,选择要显示的字段,并在"客户 ID"字段的条件中,设置:[Forms]![客户订单查询]![ID]条件,如图 12.21 所示。

(4) 保存查询:将查询保存为"客户订单查询 1"。

建立按照订购日期的查询,其操作步骤也与建立按照客户 ID 查询的操作步骤相似,只是设置查询条件不同。按照订购日期进行查询的条件内容如下。

① 在"订购日期"字段的条件中,设置:

Between [Forms]![客户订单查询]![开始日期] And [Forms]![客户订单查询]![结束日期];

② 将查询保存为"客户订单查询 2"。

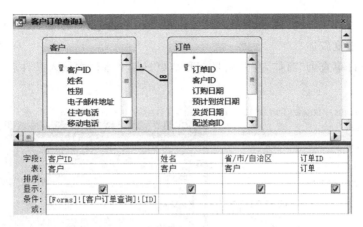

图 12.21   查询:"客户订单查询 1"的设计结果

3. 为查询界面的按钮创建嵌入宏

创建"按照客户 ID 查询"的嵌入宏,操作步骤如下。

(1)使用宏生成器:在客户订单查询界面的"设计视图"下,打开"属性表"窗格,选择"按照客户 ID 查询"按钮,单击"事件"选项卡中"单击"属性栏右边的 ⋯ 按钮,在弹出的对话框中,选择"宏生成器"。

(2)添加宏操作:在"宏工具"的"设计"界面中,设置宏操作,当用户没有在"客户 ID"输入框中输入信息,则弹出消息框,如果输入了信息,则执行在步骤 2 创建的"客户订单查询 1"。

(3)保存宏:单击"宏工具"中的"保存"按钮 🔚 和"关闭"按钮 ✖ ,返回到"客户订单查询"窗体的"设计视图"。运行"客户订单查询"窗体,输入客户 ID 后,执行的查询结果如图 12.22 所示。

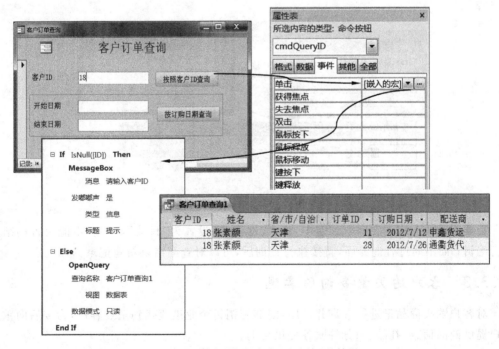

图 12.22   执行"按照客户 ID 查询"的结果

创建"按订购日期查询"的嵌入宏。其操作步骤和上述创建"按照客户 ID 查询"嵌入宏的相似，在此不重复叙述。

运行"客户订单查询"窗体，在开始日期和结束日期文本框中输入条件后，执行的结果如图 12.23 所示。

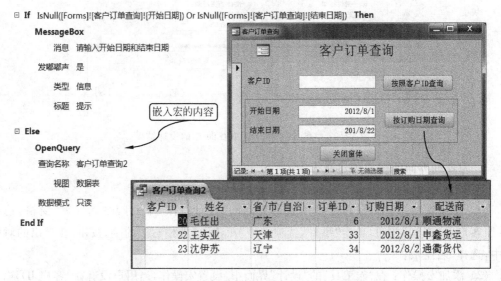

图 12.23　执行"按订购日期查询"的结果

由于事先已经创建了查询："客户订单查询 1"和"客户订单查询 2"，用户还可以在导航窗格的"查询"栏中，直接双击查询，然后在弹出的"输入参数值"对话框中，输入相应的参数来执行查询。图 12.24 显示了不通过查询界面，而直接执行查询"客户订单查询 1"的过程。

图 12.24　直接执行查询的过程

重要提示——因为在嵌入的宏中，将"数据模式"设置为"只读"，因此，不能对查询结果进行编辑；而不通过查询界面，直接执行查询后，可以对查询结果新建记录。

12.3.3　客户购买量查询的实现

对客户购买商品量进行查询并排序，能够使销售企业迅速找到重点客户，为今后向重点客户提供商品信息、礼品、积分等服务提供帮助。

例 12.9　创建客户购买量信息查询,该查询的功能是对每一个客户购买商品的金额进行累加,并按照金额从大到小的顺序排序。本例说明如何对多个表进行查询,操作步骤如下。

(1) 创建客户购买量查询:单击"创建"选项卡"查询"组的"查询设计"按钮 ,弹出"显示表"对话框。

(2) 选择多个数据库表:在"显示表"对话框中选择"订单"、"客户"、"订单明细"表(可按下 Ctrl 键后,单击鼠标左键同时选中),单击"添加"按钮 添加(A) 。

(3) 选择要显示的字段并对指定字段进行汇总:在字段明细选项中,选择要显示的字段。

① 将鼠标放在字段明细部位,然后右击,选择"汇总"快捷菜单命令,则在字段明细部出现总计栏。

② 分别选择客户表的"客户 ID"和"名称",在总计栏内选择 Group By 选项。

③ 增加"总额"字段,将该字段的值设为"Sum([单价] * [数量])",并且在"属性表"窗格中,将"总额"字段的数据格式设置为"货币";在"总计"栏中选择 Expression,排序条件设为"降序"。

(4) 保存查询:将查询保存为"客户购买量查询"。

在导航窗格的"查询"栏中,双击"客户购买量查询",就能看到客户购买商品的金额从大到小的排序结果,客户购买量查询的设计和运行结果如图 12.25 所示。

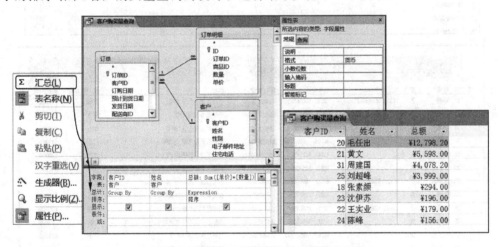

图 12.25　客户购买量查询设计及运行的结果

12.4　报表的创建

报表的作用是为信息管理系统的用户提供书面的文档,便于用户查看数据,并能提供分组、汇总的数据。本节中的例子,说明了如何使用 Access 报表组的功能,创建出各种形式的报表。

12.4.1 创建客户信息报表

例 12.10 创建客户信息报表。本例中使用"报表"组中的"报表"按钮，快速生成客户信息的一览表，操作步骤如下。

（1）创建报表：在导航窗格的"对象"栏中，选中"客户"表，单击"创建"选项卡"报表"组中的"报表"按钮，完成"客户信息"报表的创建。

（2）调整报表布局：切换到"设计视图"，调整字段位置、长度，为避免在一行内显示不下一个记录（尽量避免一个字段有多行显示），本例中删除了"客户"表中的"备注"字段。

（3）设置页面布局：在"报表设计工具"的"页面设置"选项卡中，将"页面布局"设置为横向。

（4）保存报表：将创建的报表保存为"客户信息"，报表的创建和运行结果如图 12.26 所示。

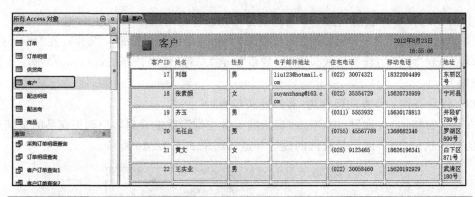

图 12.26 "客户信息"报表创建和运行的结果

12.4.2 创建订单明细报表

例 12.11 创建每一个订单的详细内容的报表。本功能可实现以订单 ID 为单位,输出每一个订单的订购客户姓名、订购日期、付款方式、运费、订单中每一件商品的数量、单价、金额,并计算每个订单的金额合计等的多表结合的报表。操作步骤如下。

(1) 准备好订单明细查询:该查询已在例 12.6 中的创建订单明细查询中完成。

(2) 创建报表:单击"创建"选项卡中"报表"组中的"报表向导"按钮 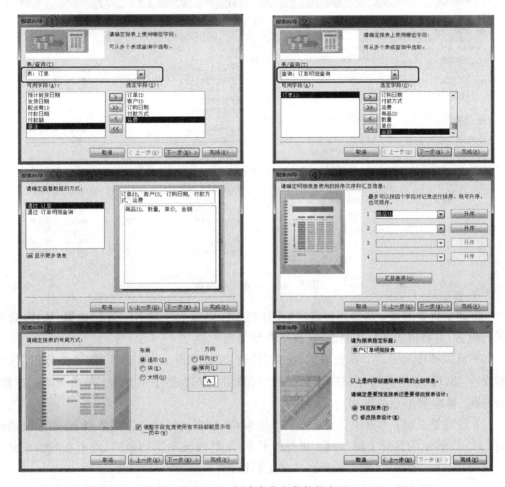 报表向导 ,弹出"报表向导"对话框,按照报表向导引导的操作过程,完成报表的创建,如图 12.27 所示。

图 12.27 创建多表字段的报表

① 选择"订单"表中的字段:在"表/查询"组合框中,选择"订单"表,选择订单表中在报表中要显示的字段,如订单 ID、客户 ID、订购日期、付款方式、运费等,单击 > 按钮。

② 选择"订单明细查询"中的字段:继续在报表向导的"表/查询"中,选择"查询:订单明细查询",这时"订单明细查询"中的可用字段列表栏中显示,选择查询中的商品 ID、数量、单价、金额字段作为在报表中的显示字段,单击"下一步"按钮 下一步(N) >。

③ 弹出确定查看数据方式对话框,单击"下一步"按钮 下一步(N) >。

应用实例

④ 弹出是否添加分组级别对话框,在确定不添加分组后,单击"下一步"按钮 下—步(N) > 。

⑤ 弹出明细信息排序和汇总对话框,选择对商品 ID 进行升序排序,单击"下一步"按钮 下—步(N) > 。

⑥ 弹出确定报表布局方式对话框,选择递阶布局和横向方向,单击"下一步"按钮 下—步(N) > 。

⑦ 弹出为报表指定标题对话框,单击"完成"按钮 完成(F) ,出现如图 12.28 所示的报表预览界面。

图 12.28 报表预览界面

(3) 调整报表布局:切换到报表的"设计视图",对报表中的各字段的位置、长度、边框等进行设置,并将报表的标题修改为"订单明细报表"。

(4) 设置排序和分组:在报表的"主体"位置,单击鼠标右键,选择"排序和分组"快捷菜单命令,出现"分组和排序"栏,本例是对"订单 ID"字段进行分组的。单击 更多 ► 按钮,展开分组、排序和汇总的更多内容。

(5) 设置汇总项:本例中以每一个订单为单位,设置该订单的订购数量、订购金额的合计,图 12.29 显示的是对字段"数量"进行的汇总,汇总的类型为"合计",将汇总的结果显示在组页脚中。对"金额"字段也进行同样的汇总设置。

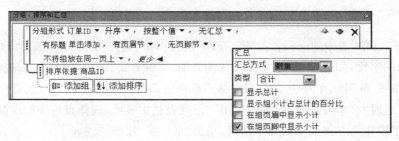

图 12.29 设置报表的汇总字段

(6) 保存报表设计：将报表保存为“订单明细报表”，其结果如图 12.30 所示。

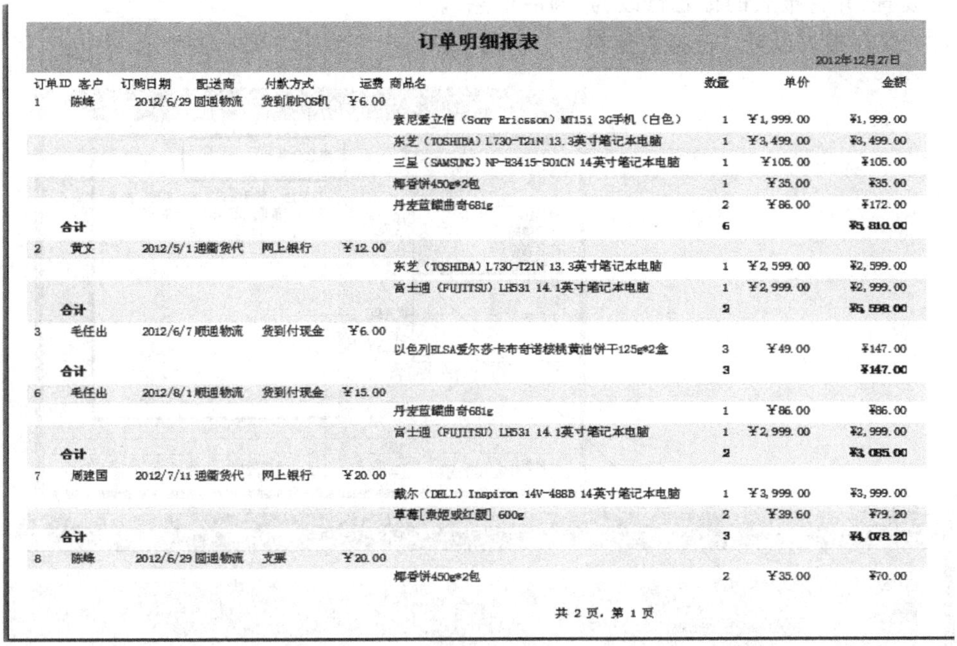

订单明细报表

2012年12月27日

订单ID	客户	订购日期	配送商	付款方式	运费	商品名	数量	单价	金额
1	陈峰	2012/6/29	圆通物流	货到刷POS机	¥6.00				
						索尼爱立信（Sony Ericsson）MT15i 3G手机（白色）	1	¥1,999.00	¥1,999.00
						东芝（TOSHIBA）L730-T21N 13.3英寸笔记本电脑	1	¥3,499.00	¥3,499.00
						三星（SAMSUNG）NP-E3415-S01CN 14英寸笔记本电脑	1	¥105.00	¥105.00
						椰香饼450g*2包	1	¥35.00	¥35.00
						丹麦蓝罐曲奇681g	2	¥86.00	¥172.00
	合计						6		**¥5,810.00**
2	黄文	2012/5/1	通衢货代	网上银行	¥12.00				
						东芝（TOSHIBA）L730-T21N 13.3英寸笔记本电脑	1	¥2,599.00	¥2,599.00
						富士通（FUJITSU）LH531 14.1英寸笔记本电脑	1	¥2,999.00	¥2,999.00
	合计						2		**¥5,598.00**
3	毛任出	2012/6/7	顺通物流	货到付现金	¥6.00				
						以色列ELSA爱尔莎卡布奇诺榛桃黄油饼干125g*2盒	3	¥49.00	¥147.00
	合计						3		**¥147.00**
6	毛任出	2012/8/1	顺通物流	货到付现金	¥15.00				
						丹麦蓝罐曲奇681g	1	¥86.00	¥86.00
						富士通（FUJITSU）LH531 14.1英寸笔记本电脑	1	¥2,999.00	¥2,999.00
	合计						2		**¥3,085.00**
7	周建国	2012/7/11	通衢货代	网上银行	¥20.00				
						戴尔（DELL）Inspiron 14V-488B 14英寸笔记本电脑	1	¥3,999.00	¥3,999.00
						草莓[章姬或红颜] 600g	2	¥39.60	¥79.20
	合计						3		**¥4,078.20**
8	陈峰	2012/6/29	圆通物流	支票	¥20.00				
						椰香饼450g*2包	2	¥35.00	¥70.00

共 2 页，第 1 页

图 12.30 “订单明细报表”的结果

实现本例的订单明细报表的做法有多种，读者也可以参照第 7 章中讲述的方法，使用“报表设计”按钮 报表设计 ，手工添加字段、分组、合计字段、页码、日期等，达到同样的效果。

12.4.3 创建商品信息报表

例 12.12 创建商品信息报表。本功能实现数据库“商品”表的单张表的信息输出，显示商品信息时按照“商品”表的“商品分类”字段进行分组。操作步骤如下。

(1) 创建商品信息报表：单击“创建”选项卡“报表”组的“报表向导”按钮 报表向导 ，弹出“报表向导”对话框，按照报表向导引导的操作过程，完成报表的创建，本例使用的操作过程与图 12.27 所示过程类似，区别在于选择的报表数据源不同以及添加了分组字段，详细过程如下。

① 在报表中要显示的“商品”表中的字段为：商品 ID、商品编码、商品名称、商品分类、成本价格、单价、单位、生产商等，单击 > 按钮，单击“下一步”按钮 下一步(N) > 。

② 弹出是否添加分组级别对话框，选择“商品分类”为分组字段，单击“下一步”按钮 下一步(N) > 。

③ 弹出明细信息排序和汇总对话框，选择对商品 ID 进行升序排序，单击“下一步”按钮 下一步(N) > 。

④ 弹出确定报表布局方式对话框，选择递阶布局和纵向方向，单击“下一步”按钮 下一步(N) > 。

⑤ 弹出为报表指定标题对话框，单击“完成”按钮 完成(F) ，出现报表预览界面。

（2）调整报表布局：切换到报表的"设计视图"，对报表中的各字段的位置、长度、边框等进行设置，并将报表的标题修改为"商品信息"。

（3）保存报表设计：将报表保存为"商品信息"，其结果如图 12.31 所示。

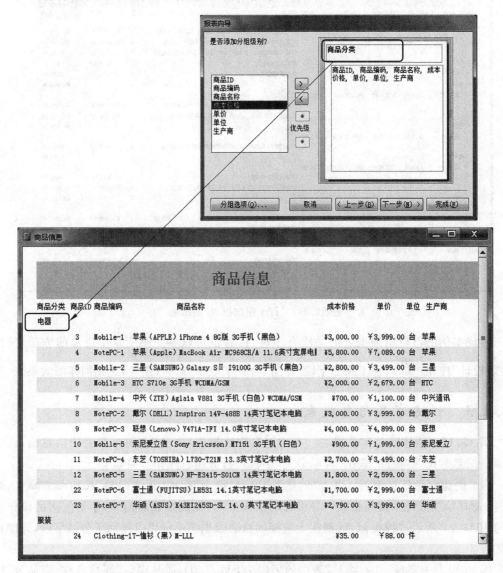

图 12.31　对"商品分类"字段进行分组后商品信息报表的结果

12.5　启动系统的设置

经过上述的操作过程，我们已经建立了一个完整的购物信息管理系统。为了使数据库系统更加安全和方便用户使用，可以通过在 Access 中设置自动启动窗体，本系统所要自动启动的登录界面，已经在 12.2.1 节中完成，下面说明设置启动窗体的方法。

Access 中设置启动窗体有两种方式：通过 Access 的选项设置自动启动窗体以及通过

编写 Access 的宏设置自动启动窗体。

12.5.1　通过设置 Access 选项设置自动启动窗体

有时为了系统的安全性，强制用户必须通过某个窗体才能使用系统。

例 12.13　说明 Access 运行用户自己设置自动启动窗体的操作过程。

（1）设置选项：在"文件"选项卡中，选择"选项"命令。

（2）选择启动窗体：在弹出的"Access 选项"对话框中的"当前数据库"选项右侧的"显示窗体"下拉列表中，选择想要在启动购物信息管理系统数据库时自动启动的窗体为"登录"窗体，单击"确定"按钮。

（3）保存设置的选项：由于自动启动窗体的设置不能立即生效，系统会弹出"必须关闭并重新打开当前数据库，指定选项才能生效"的提示信息，单击提示信息对话框中的"确定"按钮，重新启动数据库后，上述的设置方能生效。如图 12.32 所示，显示了"启动"选项的设置过程。

图 12.32　设备自动启动窗体的对话框

12.5.2　通过编写宏设置自动启动窗体

通过编写 AutoExec 宏，也可以设置自动启动的窗体。AutoExec 宏是 Access 内部保留的一个宏名，Access 在启动时，会自动执行 AutoExec 宏，因此，通常该宏被用来设置自动打开特定的窗体，建立 AutoExec 宏的步骤和建立其他宏一样。

例 12.14　建立 AutoExec 宏的操作过程。

（1）打开宏生成器：单击"创建"选项卡的"宏与代码"组的"宏"按钮 。

（2）保存宏：创建如图 12.33 所示的宏，单击"保存"按钮 或关闭"宏生成器"按钮 ，并将宏保存为 AutoExec。

创建完毕 AutoExec 宏后，重新启动数据库时，在每次打开购物信息管理系统数据库时，首

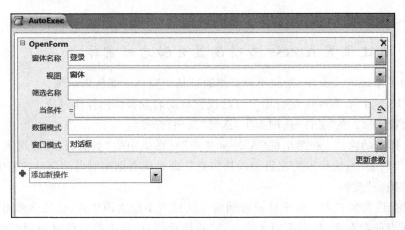

图 12.33　AutoExec 宏内容

先会显示图 12.4 所示的欢迎信息以及登录界面,在用户正确输入用户名和密码后,方能使用在本章所例举的功能以及其他功能,体验用 Access 数据库编写的信息管理系统的便捷。

上 机 实 验

复制和打开配套光盘中本章的实验素材数据库文件"购物信息管理系统",完成以下实验内容。

1. 创建如图 12.34 所示的显示客户基本信息的窗体。要求:单击窗体中的"打印报表"按钮,能够打印在例 12.10 中设计完成的客户信息报表。

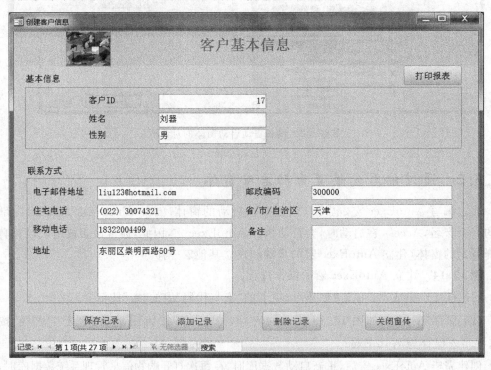

图 12.34　客户信息窗体

提示：

（1）使用"窗体向导"按钮 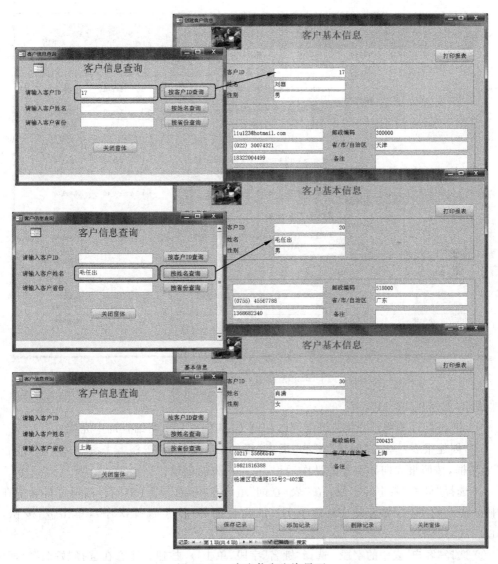 窗体向导，以"客户"为数据源，创建一个纵栏式窗体，以"创建客户信息"为名保存窗体。

（2）调整窗体中控件的位置。

（3）使用"按钮"向导在窗体下部添加"保存记录"、"添加记录"、"删除记录"和"关闭窗体"4个按钮。

（4）在窗体上部添加"打印报表"的按钮，为该按钮编写打开"客户信息"报表的宏，并将该宏嵌入到该按钮的"单击"事件属性中。

2. 编写如图12.35所示的查询界面，能够根据用户输入的查询条件，找出数据库中相应的记录。

图 12.35　客户信息查询界面

提示：

(1) 设计如图 12.35 所示的窗体界面(将窗体的“记录选择器”、“导航按钮”设置为“否”)，将窗体命名为“客户信息查询”。

(2) 设计命名为“宏组_客户信息查询”的宏组，该宏组包含了判断在查询窗体中输入的内容与数据库“客户”表相应字段是否相等的条件。

(3) 分别将宏组的子宏嵌入到查询窗体相应按钮的“单击”事件属性中。

3. 创建如图 12.36 所示的以每位客户为单位，显示客户每个购物订单的订单 ID、订购日期，每次订货的商品名称、数量、单价、金额以及该客户订购数量、金额小计的统计报表，在报表中还包含所有客户的订购数、订购金额的总计；将报表命名为：“按客户统计订单报表”。

按客户统计订单报表

客户ID	姓名	订单ID	订购日期	商品	数量	单价	金额
18	张素颀						
		11	2012/7/12				
				精品树熟木瓜【整箱装】 约6斤/箱	1	￥49.00	￥49.00
		28	2012/7/26				
				以色列ELSA爱尔莎卡布奇诺核桃黄油饼干125g*2盒	5	￥49.00	￥245.00
	小　计				6		￥294.00
20	毛任出						
		3	2012/6/7				
				以色列ELSA爱尔莎卡布奇诺核桃黄油饼干125g*2盒	3	￥49.00	￥147.00
		6	2012/8/1				
				丹麦蓝罐曲奇681g	1	￥86.00	￥86.00
				富士通（FUJITSU）LH531 14.1英寸笔记本电脑	1	￥2,999.00	￥2,999.00
		10	2012/7/5				
				橙子芒果双拼(3.6kg/盒)	2	￥109.00	￥218.00
		12	2012/7/17				
				索尼爱立信（Sony Ericsson）MT15i 3G手机（白色）	1	￥3,499.00	￥3,499.00
				Lotte乐天树叶饼干90g*2盒	1	￥39.20	￥39.20
	小　计				9		￥6,988.20
21	黄文						
		2	2012/5/1				
				东芝（TOSHIBA）L730-T21N 13.3英寸笔记本电脑	1	￥2,599.00	￥2,599.00
				富士通（FUJITSU）LH531 14.1英寸笔记本电脑	1	￥2,999.00	￥2,999.00
	小　计				2		￥5,598.00

2013年1月3日　　　　共 3 页，第 1 页

图 12.36　按客户统计订单报表

提示(参考例 12.11)：

(1) 准备好订单明细查询：该查询已在例 12.6 创建订单明细查询中完成。

(2) 创建报表：单击“创建”菜单“报表”组的“报表向导”按钮 报表向导，弹出“报表向导”对话框，按照报表向导引导的操作过程，完成报表的创建。

① 选择“订单”表中的字段：在“表/查询”组合框中，选择“订单”表，选择订单表中在报表中要显示的字段，如客户 ID、订单 ID、订购日期等(注意选择次序)，单击 > 按钮，如图 12.37(a)所示。

② 选择“客户”表中的字段：选择“姓名”字段，单击 > 按钮。注意在选择“姓名”字段时，要将“选定字段”的光标放置在“客户 ID”字段上，才能保证字段显示的次序，如图 12.37(b)所示。

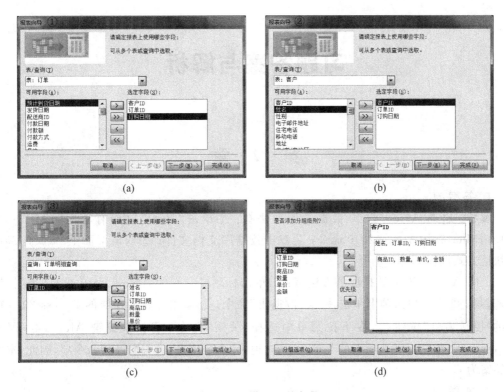

图 12.37　设置显示字段

③ 选择"订单明细查询"中的字段：继续在报表向导的"表/查询"栏中，选择"查询：订单明细查询"，这时"订单明细查询"中的可用字段显示在列表中，单击 <kbd>></kbd> 按钮，选择查询中的商品 ID、数量、单价、金额字段，作为在报表中的显示字段，如图 12.37(c)所示，单击"下一步"按钮 <kbd>下一步(N) ></kbd>。

④ 弹出确定查看数据方式对话框，单击"下一步"按钮 <kbd>下一步(N) ></kbd>。

⑤ 弹出是否添加分组级别对话框，将"客户 ID"添加到分组，如图 12.37(d)所示，单击"下一步"按钮 <kbd>下一步(N) ></kbd>。

⑥ 弹出明细信息排序和汇总对话框，选择对商品 ID 进行升序排序，单击"下一步"按钮 <kbd>下一步(N) ></kbd>。

⑦ 弹出确定报表布局方式对话框，选择递阶布局和横向方向，单击"下一步"按钮 <kbd>下一步(N) ></kbd>。

⑧ 弹出为报表指定标题对话框，将标题修改为"按客户统计订单报表"，单击"完成"按钮 <kbd>完成(F)</kbd>。

（3）调整报表布局：切换到报表的"设计视图"，对报表中的各字段的位置、长度、边框等进行设置。

（4）设置汇总项：以"客户 ID"为单位，设置该客户的订购数量、订购金额的小计，并设置数量和金额的总计。

（5）美化报表：将报表标题的标签字体设为"宋体"，字号为"18"，颜色设为"♯ED1C24"。使用"报表设计工具"的"控件"组中的"直线"控件 ╲，为每个客户 ID 页脚添加直线。

（6）保存报表设计：将报表保存为"按客户统计订单报表"。

习题答案与解析

第 2 章

1. **答案**：C

解析：启动 Access 2010 数据库的方法有：①单击"开始"|"所有程序"|Microsoft Office|Microsoft Access 2010 命令；②双击数据库文档文件；③双击桌面上 Access 2010 的快捷方式图标。

关闭 Access 2010 数据库的方法有：①单击标题栏右端的 Access 2010 窗口"关闭"按钮 ▨ ；②在菜单选项卡中选择"文件/退出"命令；③单击标题栏左端的 Access 2010 窗口的"控制菜单"按钮 ▨，在下拉菜单中选择"关闭"命令；④按快捷键 Alt＋F4。因为 Access 2010 的"文件"选项卡的菜单栏中有"退出"命令项，而没有"关闭"命令项，因此，本题的答案为 C。

2. **答案**：D

解析：Access 2010 的导航窗格又称对象栏，用于显示当前数据库中的各种数据库对象，导航窗格有两种状态：折叠状态和展开状态，因此，答案 A 的说法正确。Access 的对象工作区是用来设计、编辑、修改、显示及运行数据表、查询、窗体、报表和宏等对象的区域，因此，答案 B 的说法正确。状态栏位于 Access 窗口的底部，被用来显示查找状态信息、属性提示、进度指示及操作提示等内容，因此，答案 C 的说法也正确。Access 2010 的功能区是一个带状区域，包含按特征和功能组织的命令组的选项卡集合，Access 2010 版本功能区的选项卡取代了早期版本的下拉式菜单，因此，D 的说法不正确，本题的答案为 D。

3. **答案**：B

解析：Access 2010 数据库的六大对象为：表、查询、窗体、报表、宏和模块。在关系型数据库中，要把不同数据表的数据组合在一起，必须建立数据库表之间的表关系，但是表关系不是 Access 2010 数据库的对象，因此本题的答案为 B。

第 3 章

答案：C

解析：创建数据库表对象时，可使用表向导或表设计器来进行；使用设计视图可对表结构进行创建、修改，而数据表视图是用来对表的字段、记录进行操作的界面；从外部导入数据或创建表关系操作都是对表对象进行处理的操作，因此，答案 A 、B 、D 都是描述对表对象操作的方法。创建 Access 数据库时，可以使用 Access 2010 预置的模板来创建新的数据库，Access 2010 提供了 12 个数据库模板，使用这些数据库模板，用户只需进行一些简单操作,就可以创建一个包含了数据表、查询等对象的数据库系统,这种方法是创建数据库的最快、最简单的方式;创建 Access 数据库也可以采用先创建空数据库,然后再添加数据表、查询、报表等其他对象,这种创建数据库的方法较为灵活。因此,使用模板数据库或先创建空数据库,再添加对象的方法,可以创建 Access 数据库。本题的正确答案是 C。

第 4 章

1. **答案**：A

解析：在 Access 中创建数据表的方法有：使用数据表模板创建数据表、使用字段模板创建数据表、使用"表"按钮创建数据表、使用"表设计"按钮创建数据表。除此之外,还可以通过导入或链接外部数据的方法来创建数据表,Access 2010 可导入的文件类型有：Excel 工作表、其他 Access 数据库的对象、ODBC 数据库、文本文件、XML 文件、SharePoint 列表、HTML 文档、Microsoft Office Outlook 文件夹、dBASE 文件等。而建立表之间关系的操作只是为表对象之间创建关联关系,并不能创建新的表对象,因此,本题的答案为 A。

2. **答案**：A

解析：数据表有四种视图：设计视图、数据表视图、数据透视图视图和数据透视表视图,布局视图是用于展示对象外观的一种视图,设计窗体、报表对象时,可使用布局视图。因此,本题的答案为 A。

3. **答案**：D

解析：创建 Access 数据表过程首先要设计数据表的字段名称,字段名称由 1～64 个字符组成,除句点(.)、感叹号(!)、方括号([ ])和左单引号(')等这些字符外,数字、字母、汉字、符号和空格(不能作为字段名首字符)等都是合法的字符;然后确定字段的数据类型,数据类型有文本、备注、数字、日期/时间、货币、自动编号、是/否、OLE 对象、超链接、附件等;在为字段定义数据类型后,还要根据各数据类型的不同,进一步设计诸如字段大小、格式、输入掩码、标题等字段属性,因此,表的字段由字段名称、数据类型、字段属性等组成,本题正确答案为 D。

4. **答案**：B

解析：表的字段名由 1～64 个字符组成,数字、字母、汉字、符号和空格等都是合法的字符,但是空格不能作为字段名的首字符,字段名也不能使用句点(.)、感叹号(!)、方括号([ ])和左单引号(')。如果字段类型为文本,则该字段值的最大长度可以是 255 个字符,请注意不要将字段名称的长度和文本类型字段的长度混淆。本题的正确答案为 B。

5. **答案**：D

解析：数字类型字段存放可用于数学计算的数值数据;文本类型字段用来存放字母、汉字、符号等文本数据,以及不用于计算的数字字符内容;备注类型字段用于存放长文本数据;是/否类型字段用于存放逻辑值(Yes/No、True/False、On/Off)。因此,本题的答案为 D。

6. **答案**：A

解析：在 Access 中,文本类型数据用双引号("")括起来,日期类型的数据用井号(#)括起来,选项 C：<#1995-1-1# 为标识 1995 年以前出生的学生。因此,本题的正确答案

为 A。

7. 答案：A

解析：在 Access 数据库中，默认值可以是任何符合字段要求的数据值，如果为某字段设置了默认值，那么为数据表添加新记录时，系统会自动将事先设置的"默认值"加到该字段中。使用默认值设置，可减少输入时的重复操作，是一个提高输入数据效率的有用属性。因此，本题的正确答案为 A。

8. 答案：B

解析：在字段属性的"格式"中，如果使用了"@"符号，表示该字段为左对齐。当"@"符号后面有其他文字，例如"@XX"，则在该字段输入任何内容后，该字的内容变为：输入的内容+XX，如果没有任何输入，则该字段的内容为"XX"；如果字段属性的"格式"定义中，只有"@"符号，表明在该字段不限内容，可输入任何字符，并且如果该字段不是主键，则可以是空值。因此，本题的正确答案是 B。

9. 答案：A

解析：字段属性的有效性规则是指在设置了有效性规则的字段中输入表达式时，该表达式的值必须满足有效性规则的约束，如果内容不符合规则时，系统就会给出相应的提示，输入无效。有效性文本是指当输入表达式的值违反了"有效性规则"属性中的约束时，要显示的消息内容，因此，用户可以根据实际需要，设置有效性规则和有效性文本的内容。如果只设置有效性规则而没有设置有效性文本，当输入的内容违反了有效性规则时，会出现系统预设的提示。如果只设置有效性文本而不设置有效性规则，那么有效性文本毫无意义，因为有效性文本的提示信息永远不会出现；当然，有效性规则及有效性文本不是必须设置的。因此，本题的答案为 A。

10. 答案：C

解析：输入掩码是指定一种格式，由字面显示字符(如括号、句号和连字符等)和掩码字符(用于指定可以输入数据的位置以及数据种类、字符数量等)组成。掩码字符的规则为：

1）0：必须输入数字(0~9)，不允许使用加号(+)和减号(-)

2）9：可选择输入数字或空格，不允许使用加号和减号

3）♯：可选择输入数字或空格，允许使用加号和减号

4）L：必须输入字母

5）?：可选择输入字母

6）A：必须输入字母或数字

7）a：可选择输入字母或数字

8）&：必须输入任一字符或空格

9）C：可选择输入任一字符或空格

因此，本题的正确答案为 C。

11. 答案：B

解析：同 10 题。

12. 答案：B

解析：输入掩码的作用是确定字段中所有输入数据的模式，为字段设置输入掩码能达到控制向字段输入数据，并使输入的数据有统一的显示形式的目的。Access 数据库的数据

类型有文本、备注、数字、日期/时间、货币、自动编号、是/否、OLE 对象、超链接、附件等,但是可以设置输入掩码的数据类型只有:文本、数字、货币、日期/时间等数据类型。因此,本题的正确答案为 B。

13. **答案**:D

解析:字段的数据类型决定可以存储哪种数据,例如,数据类型为"文本"时,可以存储由文本或数值字符组成的数据,而"数字"字段只能存储数值数据。设置字段属性中的"输入掩码"、"格式"等可控制字段外观和行为;设置"有效性规则"属性,能帮助防止在字段中输入不正确的数据;在"默认值"属性中设置内容,在新增加记录时,该默认值的内容自动被输入到字段中,这样可加快输入记录的速度;设置"索引"属性,能帮助加速对字段进行搜索和排序。因此设置字段属性,可以起到控制字段中的数据的外观、防止在字段中输入不正确的数据、通过为字段指定默认值以加快输入速度的作用,本题的正确答案为 D。

14. **答案**:D

解析:输入掩码能起到控制向字段输入数据,并使得输入的数据有统一的显示形式的作用,可以为"文本"、"数字"、"货币"、"日期/时间"等数据类型设置输入掩码;有效性规则的功能是设置输入数据的条件,用来防止非法数据输入到数据表中,有效性规则对输入的数据起着限定的作用;为各种不同的字段类型设置格式属性,能够使得数据的显示样式不同,例如:"日期/时间"数据类型,可以有"长日期"和"短日期"等格式,"数字"数据类型有"标准"、"百分比"、"科学记数"等格式;而数据表的索引与书的索引类似,创建数据表索引可以加快对记录进行查找和排序的速度。因此,本题的正确答案为 D。

15. **答案**:C

解析:在数据表视图中移动字段后,在设计视图中的字段不移动位置,因此,A 的说法不正确。在数据表视图中不能对字段属性进行修改,要对字段属性修改,例如,修改输入掩码、格式等,只能在设计视图中进行,因此,B 的说法不正确。在数据表视图中可以修改数据表的结构,具体做法为:在数据表视图下,右击某列字段名,选择"插入字段"快捷菜单命令,输入字段信息,可添加新字段列;选择"重命名字段"快捷菜单命令,可修改字段名,选择"删除字段"快捷菜单命令,可删除该字段,因此,D 的说法也不正确。修改已经存放了数据的字段的类型或大小时,可能会造成数据丢失,因此,在修改了字段类型或大小等属性,保存数据表时,Access 会给出可能会造成数据丢失的提示信息。本题的正确答案为 C。

16. **答案**:D

解析:在数据表视图下,可以通过任意拖拽网格线的方式,任意改变数据表的行高和列宽。在数据表视图下,右击某列字段名,在弹出的快捷菜单命令中,有"隐藏字段"、"取消隐藏字段"等命令项,这些命令项能够实现隐藏和撤销隐藏字段的功能。另外,在数据表视图下,使用"开始"选项卡中的"文本格式"功能,能够改变数据表的字体、字号等,而只有在数据表的设计视图下,才有设置字段属性的内容,因此要修改字段属性,只能在设计视图下完成,本题的正确答案为 D。

17. **答案**:C

解析:Access 数据库可以通过导入并链接方式,导入或链接存储在其他位置的数据来创建表,可以导入或链接文件类型有:Excel 工作表、其他 Access 数据库的对象、ODBC 数据库、文本文件、XML 文件、SharePoint 列表、HTML 文档、Microsoft Office Outlook 文件夹、dBASE 文件等。通过导入方式导入数据后，导入表中的数据和源数据完全割裂开，以后对源数据进行的更改不会影响导入的数据，并且对导入的数据进行的更改也不会影响源数据。链接到数据源并导入其数据后，将在当前数据库中创建一个链接表，这个链接表和数据源是同步的，每当数据源中的数据更改时，该更改也会显示在链接表中，并且在 Access 中，不能对链接表的结构以及数据进行更改，如果要添加或删除字段、更改字段的属性或数据类型，或者对记录的内容进行更新，都必须在源数据中执行这些操作。因此，本题的正确答案为 C。

18. **答案**：C

解析：建立索引的目的是加快对表中记录的查找或排序，对经常搜索的字段、进行排序的字段和在查询中链接到其他数据表中的字段，应考虑为其创建索引。能建立索引的字段有文本、数字、日期/时间、货币、自动编号、是/否、超链接等，因此，本题的正确答案为 C。

19. **答案**：B

解析：在 Access 数据库中，可以对单个字段或多个字段创建记录的索引，多字段索引能将数据表中的第一个索引字段值相同的记录分开；一旦字段（可以是多个字段）被设置为主键，则该字段是主索引，也是唯一索引，该索引将排除值为空的记录。通过在 Access 的表"索引"对话框中，对可以创建索引的任意字段设置升序或者降序，这样，索引就能实现不相邻字段的排序以及对多个索引字段分别设置不同升序或降序功能，另外，表"索引"对话框中，为不同的字段（可以是多个字段）设置不同的索引名称，也就实现了创建多个索引的功能。因此，本题的正确答案是 B。

20. **答案**：B

解析：排序的作用是根据当前数据表中的一个或多个字段的值，对整个数据表中的所有记录重新按序排列并显示出来，以便于查看和浏览。在 Access 中要进行多字段排序时，如果需要排序的字段不相邻，则首先要调整字段列的位置，使排序的字段相邻，且把第一排序字段列置于所有排序字段的最左侧，对多字段进行排序时，排序方式必须相同，即对多字段的排序只能同时为升序或者同时为降序。因此，本题的正确答案为 B。

21. **答案**：C

解析：在数据库表的设计视图中可以创建和修改数据表的结构，包括设置"字段名称"、"数据类型"和"字段属性"；在设计视图中，使用"设计"选项卡中的"显示/隐藏"组中的"索引"对话框，可创建、修改和删除索引；在设计视图中，使用"设计"选项卡中的"工具"组中的"主键"按钮，可设置和删除主键。总之，在设计视图中进行的操作，是对表对象的结构、特性进行定义、修改等，并不涉及对表中数据的操作。而对数据表中数据的操作，例如添加、修改、删除记录，对数据的查找和替换，以及对数据进行排序和筛选等，应在数据表视图中进行。因此，本题的正确答案为 C。

22. **答案**：A

解析：在 Access 数据库中，当数据被删除后，由于系统不会自动回收这些被删除对象所占用的磁盘空间，所以数据库不会变小。如果要让系统回收已经删除的对象所占用的空间，可使用 Access 2010 的"文件"选项卡中右侧窗格中的"压缩和修复数据"按钮，手动对数据库进行压缩。而在 Access 数据库中，记录一旦被删除，则不可恢复，因此对记录进行删除时，应谨慎操作。本题的正确答案为 A。

23. 答案：D

解析：主键是数据表中的一个字段或字段集,它为 Access 2010 中的每一条记录提供了一个唯一的标识符,主键的值不可重复,也不可为空,主键的作用是能够保证实体的完整性。在 Access 中,当一个或多个字段是主键时,则该字段将被设置为索引,因此创建主键能加快数据库的操作速度,有助于改进数据库性能,在表中添加新记录时,Access 会自动检查新记录的主键值,不允许该值与其他记录的主键值重复,如果定义了主键,则 Access 自动按主键值的顺序显示表中的记录,而没有定义主键时,则按输入记录的顺序显示表中的记录。因此,本题的正确答案是 D。

24. 答案：D

解析：Access 使用参照完整性规则来确保相关表中记录之间关系的有效性,并且不会意外地删除或更改相关数据。设置参照完整性时,必须要求：来自于主表的匹配字段是主键或具有唯一索引,相关的字段具有相同的数据类型,因此,要正确创建数据表之间的表关系,必须至少要将两个关联字段中的一个设置为主键,即必须满足参照完整性规则。在创建关系时,即使设置了主键,但是如果不在"编辑关系"对话框中,勾选实施参照完整选项,则在关系连线上不会出现 1∶1 或者 1∶∞ 的标记,这就意味着关系没有正确地被创建。另外,创建关系时,在"编辑关系"对话框中,单击选中"级联更新相关字段"复选框,则每当更改主表中记录的主键时,Access 就会自动将所有相关记录中的主键值更新为新值;选中"级联删除相关记录"复选框,则每当删除主表中的记录时,Access 就会自动删除相关表中的相关记录。因此,要正确地创建关系,必须要保证相关的字段具有相同的数据类型、为主表字段设置主键或唯一索引以及在"编辑关系"对话框中,勾选实施参照完整等选项,只有在关系连线上出现 1∶1 或者 1∶∞ 的标记时,才能说明表间关系建立正确。因此,本题的答案为 D。

25. 答案：B

解析：在关系型数据库中,同一关系中的实体是通过主键相区分的,关系与关系之间的联系是通过公共属性实现的,在一对一关系中,A 数据表中的每一个记录仅能与 B 数据表中的一个记录匹配,并且 B 数据表中的每一记录也仅能与 A 数据表中的一个记录匹配。在一对多关系中,A 数据表中的一条记录能与 B 数据表中的多条记录匹配,但 B 数据表中的一条记录仅能与 A 数据表中的一条记录匹配。在多对多关系中,A 数据表中的一条记录能与 B 数据表中的多条记录匹配,并且 B 数据表中的一条记录也能与 A 数据表中的多条记录匹配。因为在学生的基本信息表中,只需要用一条记录来描述一名学生,而一名学生会学习多门课程,课程成绩表中的一条记录,只对应一名学生,因此学生基本信息与课程成绩之间的关系为一对多关系,本题的答案为 B。

26. 答案：B

解析：为消除数据的冗余,在设计数据表时,会将数据拆分为多个主题的数据表,尽量使每种字段只出现一次。为了把不同数据表的数据组合在一起,必须建立数据表之间的表关系,通过在建立了关系的数据表中设置公共字段,能实现各个数据表中数据的引用,查询到更多的信息。在 Access 中如果一张表已经与其他数据表建立了表关系,关联字段的内容、大小的修改互不影响。如果要删除创建了表关系的数据表对象,在删除时,Access 数据库虽然提示"只有删除了与其他表的关系之后才能删除表'XXX'"的信息,但是即使没有删除表关系,仍然能够删除该数据表。而要删除主键,则必须要先删除表关系,才能完成删除主键的操作,否则 Access 数据库会弹出警告消息框并且不做删除操作。因此,本题正确答案为 B。

第 5 章

1. 答案:B

解析:查询的主要功能有:查看、搜索和分析数据;实现记录的筛选、排序、汇总和计算;用来生成新数据表;用来作为报表和窗体的数据源;对一个和多个数据表中获取的数据实现联接。

2. 答案:A

解析:在 Access 中,根据对数据源操作方式和操作结果的不同,可以把查询分为五种:选择查询、参数查询、交叉表查询、操作查询和 SQL 查询,而最常见和最基本的查询是选择查询。

3. 答案:B

解析:创建查询主要有两种方法:使用查询向导和在查询“设计视图”中创建查询,而以在查询“设计视图”中创建查询最为常用和灵活。

4. 答案:D

解析:在“创建”选项卡的“查询”组中,单击“查询向导”按钮 📇,可以弹出“新建查询”对话框,用户可根据对话框的提示,完成查询的创建。

5. 答案:C

解析:在“创建”选项卡的“查询”组中,单击“查询向导”按钮 📇,在弹出“新建查询”对话框中有四个选项,可以分别创建简单选择查询、交叉表查询、重复项查询和不匹配项查询。

6. 答案:D

解析:使用查询向导创建查询后,系统会自动保存该查询,所以关闭查询不会弹出提示保存对话框;需要重命名一个查询时,应先关闭查询,然后在对象栏下右击该查询,选择“重命名”快捷菜单命令,如果查询未关闭而直接进行重命名,系统会弹出“不能在打开时对其重命名”的错误提示对话框。

7. 答案:D

解析:当用户需要查找某些字段值相同的记录时,可以创建查找重复项查询来得到相应的信息。创建步骤为:单击“查询向导”按钮 📇,打开“新建查询”对话框;选择“查找重复项查询向导”选项,单击“确定”按钮;选择数据源,单击“下一步”按钮;选择“包含重复信息”的字段,单击“下一步”按钮;选择其他需要显示的字段,单击“下一步”按钮;输入或修改查询标题,单击“完成”按钮。

8. 答案:B

解析:查找不匹配项查询通常用于在两个相关数据表中,查找一个表中存在而在另一个表中不存在的记录。创建查找不匹配项查询的步骤为:单击“查询向导”按钮 📇,在弹出的"新建查询"对话框中,选择"查找不匹配查询向导"选项,单击"确定"按钮;选择第一个数据表,单击"下一步"按钮;选择第二个相关的数据表,单击"下一步"按钮;选择两张表的匹配字段(关联字段),单击"下一步"按钮;选择其他要显示的字段,单击"下一步"按钮;输入或修改查询标题,单击"完成"按钮。

9. 答案:D

解析:打开查询"设计视图"的方法有两种:单击"创建"选项卡的"查询设计"按钮，或右击对象栏下的某个查询,选择"设计视图"快捷菜单命令。

10. 答案:D

解析:要将数据表添加到查询"设计视图"中作为查询的数据源,必须打开"显示表"对话框进行添加,有三种方法可以打开"显示表"对话框:单击"创建"选项卡的"查询设计"按钮，新建一个选择查询时,系统自动弹出"显示表"对话框;在查询"设计视图"的上半部分空白处右击,选择"显示表"快捷菜单命令;单击"查询工具"选项卡的"显示表"按钮。

11. 答案:C

解析:表达一个时间段(日期1到日期2),可以使用"Between 日期1 And 日期2",或者">= 日期1 And <=日期2",但日期必须写完整并以"年-月-日"或"年/月/日"的格式输入(日期两边的"♯"可以不输入,系统会自动加上)。

12. 答案:B

解析:参数查询是一种特殊的查询,它在运行时弹出对话框,提示用户输入参数,并以此形成查询条件,得到不同的查询结果,所以它是一种动态查询。

13. 答案:A

解析:在参数字段的"条件"行中输入方括号及提示信息"[提示信息]"是创建参数查询的关键。

14. 答案:D

解析:交叉表查询的"三要素"为:"行标题"、"列标题"和"值"及值的总计方式。创建交叉表查询的最关键步骤:在查询"设计视图"的"交叉表"行选择作为"行标题"和"列标题"的字段、作为"值"的字段以及该字段的总计方式。

15. 答案:A

解析:交叉表查询中可以设置多个行标题字段、一个列标题字段和一个值字段,且值字段的总计方式不能是 Group By,否则,创建的交叉表查询常常会无法正确运行。常用的总计方式有"合计"、"平均值"和"计数"等。

16. 答案:D

解析:查询"设计视图"窗格主要由两部分构成:上半部分为"对象"窗格,下半部分为查询"设计网格";"对象"窗格中,通常可以显示一个或多个作为查询数据源的数据表及表中的所有字段;查询"设计网格"由若干行组成,还可以通过单击"查询工具"选项卡的"汇总"按钮 和"交叉表"按钮，添加"交叉表"行和"总计"行,用来创建汇总字段查询和

361

交叉表查询。

17. **答案**：A

解析：在查询"设计视图"中，"排序"行用于设置查询结果按某个字段进行排序，有"升序"、"降序"和"不排序"三种选择。

18. **答案**：D

解析：在查询"设计视图"中，要删除一个已经选择的字段列，可以先选定该字段列：鼠标指向字段列的顶部，指针呈黑色向下箭头⬇时单击，再按 Del 键或右击该字段列，选择"剪切"快捷菜单命令。

19. **答案**：D

解析：表达两个非同时满足的条件(条件 1 和条件 2)，可以用 or 连接："条件 1"or"条件 2"，或者把两个条件输入在不同行上，即分别输入在查询"设计视图"的"条件"行和"或"行上。

20. **答案**：C

解析：查询中需要显示的字段应该添加在"字段"行；查询结果的排序应该在"排序"行设置，并根据题目选择"升序"；"条件"行中，两个条件需要同时满足应该放在同一行；通配符"＊"可以代表多个任意字符，而"?"则代表一个任意字符。

21. **答案**：B

解析：如果两个条件只需满足其中之一，有两种设置方式：把两个条件分别放在"条件"行和"或"行上；用 or 连接两个条件。日期的输入方式为：♯YYYY-MM-DD♯或者♯YYYY/MM/DD♯。

22. **答案**：A

解析：要创建一个计算字段，应在查询"设计视图"的"字段"行输入"字段标题：计算公式"，其中："字段标题"是查询结果中该列的标题，中间的"："应为西文字符，计算公式中可以用"＋"、"－"、"＊"和"/"表示加法、减法、乘法和除法，现有字段要用方括号[ ]括起来。

23. **答案**：C

解析：要创建一个计算字段，应在查询"设计视图"的"字段"行输入"字段标题：计算公式"，其中："字段标题"是查询结果中该列的标题，中间的"："应为西文字符，计算公式中可以用"＋"、"－"、"＊"和"/"表示加法、减法、乘法和除法，现有字段要用方括号[ ]括起来。

24. **答案**：C

解析：如果要在一个选择查询中添加汇总字段，对记录值进行各种统计计算，例如：合计、平均值、计数、最小值和最大值等总计方式，只要在查询"设计视图"中添加"总计"行，并选择该行的总计方式，便能实现这种汇总；单击"查询工具"选项卡中"汇总"按钮 ∑ 可以添加"总计"行。

25. **答案**：D

解析：创建汇总查询的关键是设置总计方式，常用的总计方式有合计、平均值、计数、最小值和最大值等；汇总字段的标题默认形式是：字段名之总计方式，例如："工号之计数"、"岗位津贴之合计"，但可以使用"字段"行修改汇总字段的标题，例如：修改"工号"字段的"字段"行为"人数：工号"、修改"岗位津贴"字段的"字段"行为"岗位津贴总和：岗位津贴"。

26．答案：C

解析：一般汇总查询中至少有一个字段的总计方式为 Group By，即分组，也就是按这个字段进行分组，该列字段值相同的记录为一组，然后，对同一组记录的其他字段值进行求平均值、合计和计数等统计计算；如果有多个字段被设置成 Group By，则需要这些字段上的记录值都相同，系统才视作一组；汇总字段的标题可以采用默认形式：字段名之总计方式，例如："学号之计数"、"当前绩点(GPA)之最大值"，也可以使用"字段"行修改汇总字段的标题，例如：修改"学号"字段的"字段"行为"人数：学号"、修改"当前绩点(GPA)"字段的"字段"行为"最高绩点：当前绩点(GPA)"。

27．答案：D

解析：可以使用"属性表"窗格设置数据格式，例如：保留小数位、设置日期型字段的汉字格式"XXXX 年 X 月 X 日"；打开"属性表"窗格的方法有两种：单击"查询工具"选项卡的"属性表"按钮 📇 **属性表**，或右击需要设置的字段标题，选择"属性"快捷菜单命令；设置保留小数位，除了选择"小数位"，还应设置"格式"为"标准"或"固定"。

28．答案：A

解析：创建多表查询的关键是创建一对多表关系，创建正确的一对多表关系，必须首先创建表的主键，然后，在"数据库工具"选项卡中，单击"关系"按钮 📇 **关系**，将两个或多个数据表添加到"关系"窗格中，将一个数据表中的主键字段拖曳到另一个表的相关字段上，选中"实施参照完整性"等三个选项，单击"创建"按钮，创建表关系；正确的一对多表关系，不管是在"关系"窗格，还是在查询"设计视图"中，都应在两表的连线上有"1"和"∞"的标志，没有"1"和"∞"标志的表关系不是正确的表关系，不能得到正确的查询结果。

29．答案：C

解析：创建正确的一对多表关系，必须首先创建表的主键，然后，在"编辑关系"对话框中，应同时选中"实施参照完整性"、"级联更新相关字段"和"级联删除相关字段"三个选项，如果不是同时选中，将得不到有"1"和"∞"标志的正确的表关系。

30．答案：C

解析："以性别为参数"：应在"性别"字段的"条件"行中，输入[提示信息：]；查询条件"计算机学院和经济学院"：应在"院系"字段的"条件"行中输入"计算机学院" Or "经济学院"；"统计学生人数"：应设置"学号"字段的总计方式为"计数"；答案 D 的错误在于，对经济学院的学生无性别限制，即经济学院的男、女生都会出现在查询结果中。

第 6 章

1．答案：D

解析：窗体是一种重要的数据库对象，利用窗体，用户可以直观、方便地对数据库中的数据进行输入、显示、编辑和查询。但如果需要打印数据库中的数据必须创建报表。

2．答案：C

解析：使用窗体，用户可以完成对数据表或查询的一些基本操作，例如：查看数据库中的数据、添加和删除数据、编辑和修改数据，也可以在窗体中实现对数据的运算和统计等工作,但不能创建查询。

3. **答案**:C

解析:窗体作为 Access 中的一个基本对象,其主要功能特点为:①它提供了一个友好的操作界面,使用户能直观、方便地查看和编辑数据库中的数据,包括进行数据的添加、修改和删除等操作;②它能将数据库中的各种对象整合成一个数据库应用系统,通过用户在窗体界面例如导航面板上的操作,控制应用程序的运行流程;③在数据库系统中使用窗体操作能增加数据库的安全性。

4. **答案**:D

解析:Access 的窗体类型主要有纵栏式窗体、表格式窗体、数据表窗体、弹出式窗体、分割式窗体、主/子窗体、数据透视表窗体和数据透视图窗体。

5. **答案**:B

解析:窗体有多种视图形式:①窗体视图:窗体运行时的显示形式,也是窗体的默认视图,用于显示和浏览与窗体捆绑的数据源中的数据和记录;②布局视图:虽然界面几乎与窗体视图完全相同,但窗体视图只能用于显示数据,而布局视图则可以用来调整窗体的布局,例如:调整窗体上各字段的位置和字段宽度等;③设计视图:显示窗体的结构,主要用于窗体的设计、修改和美化,例如:在窗体上添加图像、按钮等操作,而在布局视图下这些操作是不能完成的;单击"开始"选项卡中"视图"组的"视图"按钮 ,或右击对象栏下的窗体选择"设计视图"快捷菜单命令,可以打开窗体"设计视图"。

6. **答案**:A

解析:单击"窗体"按钮 可以为打开的当前数据表或查询创建一个纵栏式窗体,这是最快捷和方便地创建窗体的方法;单击"其他窗体"按钮 下的"多个项目"按钮 、"数据表"按钮 和"分割窗体"按钮 可以分别创建表格式、数据表式和分割式窗体;单击"窗体向导"按钮 可以使用系统提供的向导创建一个窗体。

7. **答案**:C

解析:单击"其他窗体"按钮 下的"多个项目"按钮 、"数据表"按钮 和"分割窗体"按钮 可以分别创建表格式、数据表式和分割式窗体;"创建"选项卡的"窗体"组中无"分割窗体"按钮。

8. **答案**:C

解析:分割式窗体是常用的一种窗体类型,由上、下两个分区组成,两个分区以不同的形式显示了同一个数据表的信息;在下分区中,数据表的全部记录以数据表形式显示出来,而在上分区中,则以纵栏式显示下分区当前记录的详细信息,这样既能方便地查看所有记录的整体情况,又将当前记录的细节清晰地表达出来。

9. **答案**:A

解析:最能灵活方便地创建各种类型窗体的命令按钮是"窗体设计"按钮 和"窗体向导"按钮 ;"窗体向导"按钮 能使用系统提供的向导创建窗体,这种创建方法的特点是：①操作简便，只需跟着向导操作便能完成窗体；②能创建各种类型的窗体，例如：纵栏式、表格式、数据表式或两端对齐式窗体；③能创建多数据表窗体；而"窗体设计"按钮 ![窗体设计] 则能根据用户要求设计和制作特定的窗体。

10.答案：D

解析：单击"窗体设计"按钮 ![窗体设计] 可以新建一个"设计视图"下的空白窗体；将字段添加到窗体的方法有两种：双击字段和拖曳；双击添加到窗体上的字段排列比较整齐，而拖曳到窗体上的字段，其位置则比较不容易把握。

11.答案：B

解析：使用"窗体设计"按钮 ![窗体设计] 创建自定义窗体，操作步骤为：①单击"窗体设计"按钮 ![窗体设计]；②打开"字段列表"窗格（单击"添加现有字段"按钮 ![添加现有字段]），双击其中的字段添加到窗体上；③调整窗体布局，例如控件的大小和位置等；④切换至"窗体视图"，并保存窗体。

12.答案：C

解析：在窗体"设计视图"下，单击"窗体设计工具"的"设计"选项卡的"添加现有字段"按钮 ![添加现有字段]，可以打开"字段列表"窗格；将窗体视图切换到"设计视图"时，如果"添加现有字段"按钮 ![添加现有字段] 有效（高亮显示），"字段列表"窗格会自动打开，如果该按钮无效，则该窗格不能自动打开。

13.答案：D

解析：单击可选中单个控件；Ctrl＋单击可同时选中多个控件；Shift＋单击可同时选中多个连续的控件；使用鼠标拖曳一个矩形框，可选中矩形框内的所有控件。

14.答案：B

解析：要删除选中的控件，可以右击控件，选择"删除"快捷菜单命令，或按 Del 键；要移动选中的控件，可以使用键盘方向键，或鼠标指向选中控件的框线，指针呈四向箭头 ✛ 时拖曳；要调整控件大小，可以鼠标指向选中控件的框线上的控制点，指针呈 ↔、↕ 或 ↘ 时拖曳。

15.答案：D

解析：使用向导创建窗体是最常用的创建窗体方法之一，其操作步骤为：①单击"窗体向导"按钮 ![窗体向导]；②选择数据源和窗体上的字段；③选择窗体类型即窗体布局；④输入或修改窗体标题，系统自动保存窗体；关闭窗体后，右击对象栏下的窗体，选择"重命名"快捷菜单命令，可以重命名窗体。

16.答案：A

解析：使用窗体向导创建窗体时，可以在"窗体向导"对话框中选择数据源表、窗体上的字段和窗体类型等；单击"窗体向导"对话框中的 ![>] 按钮可以选择一个字段、单击 ![>>] 按钮可以选择数据源表的全部字段、单击 ![<] 按钮可以取消一个已经选择的字段、单击 ![<<] 按钮可以取消所有已经选择的字段；创建的窗体类型可以是纵栏式、表格式和数据表窗体等。

17. 答案：A

解析：窗体上的控件,除了最常用的标签和文本框控件,还有选项组、选项按钮、复选框、组合框、列表框、按钮、图像和直线等多种控件,也是较为常用的,此外还有选项卡、图表、矩形、绑定对象框和未绑定对象框等。

18. 答案：B

解析：选项组的作用是对窗体上的选项按钮或复选框进行分组,同一组的选项按钮只能单选;选项按钮只能表示数值型字段,且字段值应为"1"、"2"、"3"等(如果字段值为"1"对应第1个选项按钮有效、为"2"对应第2个选项按钮有效……);复选框主要用来表示"是/否"型字段,在窗体"设计视图"中,把一个"是/否"型字段拖曳到窗体上,就会产生一个复选框。

19. 答案：D

解析：更改文本框为组合框或列表框的完整操作步骤为：①右击文本框,选择"更改为"下的"组合框"或"列表框"快捷菜单命令;②在"属性表"窗格中(右击组合框或列表框,选择"属性"快捷菜单命令可打开该窗格),将"数据"选项卡的"行来源类型"属性设置为"值列表";③在"行来源"属性栏单击,再单击出现的 ⊞ 按钮,在弹出的"编辑列表项目"对话框中,检查或输入各选项值,单击"确定"按钮;④切换到"窗体视图",预览值(组合框应单击下拉箭头预览)。

20. 答案：A

解析：标签通常用来显示窗体上固定的文本信息,例如：窗体标题、字段名称等;文本框常常与数据表中的字段绑定,在窗体上显示该字段的数据内容即字段值;当在窗体上添加一个字段时,系统会自动生成一个标签和一个文本框控件,标签显示字段名称,而文本框用来显示字段值;文本框可用来显示和编辑数据,特别是它可以接受用户的输入和对数据的修改,这是它区别于标签的地方。

21. 答案：A

解析：窗体上可以添加计算型文本框,显示用公式计算的结果,例如：添加"总评分"文本框,将"当前绩点(GPA)"转换成百分制,可以使用"窗体设计工具"的"文本框"按钮 **ab**,在窗体上添加一个文本框(取消"文本框向导"对话框),在其"控件来源"属性栏中输入公式："=[当前绩点(GPA)] * 100/5",计算公式应以等号"="开头,用"+"、"-"、"*"和"/"等表示算术运算符,数据表中的现有字段应该用方括号"["和"]"括起来。

22. 答案：B

解析：在窗体"设计视图"下,使用"窗体设计工具"添加一个命令按钮到窗体上时,如果"使用控件向导"按钮 🖎 有效,会弹出"命令按钮向导"对话框,引导按钮的完成,如果该按钮无效 🖎,则不会弹出"命令按钮向导"对话框,需要使用宏命令来实现按钮的功能;在"命令按钮向导"对话框中,可以指定按钮类别和所能完成的操作,常用的有："记录导航"类别下的"查找下一个"记录和"转至下一项记录"等、"记录操作"类别下的"保存记录"和"删除记录"等。

23. 答案：D

解析：使用图像控件可以在窗体上显示图像,以美化窗体;单击"窗体设计工具"的"图像"按钮 ，或单击"插入图像"按钮 ，都可以在窗体上添加图像控件；设置图像控件的"缩放模式"属性为"拉伸"，可以使图像始终与图像框一样大小，而属性为"剪辑"，则图像与图像框不一定能一样大小；"图片平铺"属性与"缩放模式"属性的作用是不同的，当"图片平铺"属性为"是"时，系统会复制图片来填充整个图像框。

24. **答案**：D

解析：要在窗体上添加窗体页眉和页脚，可以在窗体"设计视图"下，右击窗体空白处，选择"窗体页眉/页脚"快捷菜单命令，添加窗体页眉和窗体页脚；如果选择"页面页眉/页脚"快捷菜单命令，则添加页面页眉和页面页脚，它们在窗体"设计视图"下与窗体页眉和窗体页脚很相似，但在"窗体视图"下页面页眉和页面页脚的内容却是不显示的。

25. **答案**：D

解析：单击"窗体设计工具"中"页眉/页脚"组的"徽标"按钮 ，可以在窗体页眉上添加图像文件作为窗体的徽标；单击"标题"按钮 ，能在窗体页眉上添加一个文本框，输入文字可以作为窗体的标题；单击"日期和时间"按钮 ，弹出"日期和时间"对话框，选择日期和时间的格式后，能在窗体页眉上添加日期和时间。

26. **答案**：A

解析：要设置窗体的图片背景，可以在窗体"设计视图"下：①在"属性表"窗格的下拉列表中，选择"窗体"；②在"格式"选项卡的"图片"属性栏中插入图片文件；③如果图片太小或太大，可以设置"图片平铺"属性或"图片缩放模式"属性进行调整，以达到美观的效果。

27. **答案**：D

解析：使用"属性表"窗格可以设置文本框的字体、背景、边框、数字格式、日期格式等属性，详见"属性表"窗格的"格式"选项卡。

28. **答案**：D

解析：以下方法可以打开"属性表"窗格（或关闭已打开的"属性表"）：①单击"窗体设计工具"的"属性表"按钮 ；②在窗体"设计视图"或"布局视图"下，右击窗体，选择"属性"快捷菜单命令；③在窗体"设计视图"或"布局视图"下，双击窗体（打开"属性表"但不能关闭）。

29. **答案**：A

解析：在窗体视图的窗体底部，系统都提供了记录显示器 ，方便用户查看记录，包括四个按钮："下一条记录"、"上一条记录"、"尾记录"和"第一条记录"；使用"开始"选项卡"记录"组中的按钮，可以在数据表末尾添加一条新记录、保存或删除当前记录；使用"开始"选项卡"排序和筛选"组中的按钮，可以使记录以鼠标插入点所在字段作为关键字，升序或降序排列记录，也可以取消排序。

30. **答案**：D

解析：在"布局视图"下，使用"窗体设计工具"的"排列"选项卡的"行和列"组中的按钮（或右击单元格，选择"插入"快捷菜单命令），能在当前单元格的上、下、左、右插入行或列；使用"合并和拆分"组中的按钮（或右击选择的单元格，选择"合并/拆分"快捷菜单命令），能合并和拆分单元格，使得窗体的布局符合指定的要求，例如：控件的位置、行列之间的间距等;单击并拖曳控件,可以移动控件的位置;在"属性表"窗格中设置控件的"宽度"和"高度"属性,可以指定和调整控件的大小,例如:图像框的大小。

第 8 章

1. 答案:D

解析:使用宏可以实现对数据库中对象的操作,可以使数据库中各个对象联系起来。例如:使用宏可以在数据表中添加、编辑和删除数据,可以对数据表进行各种查询,还可以打开窗体等。因此,本题的正确答案是D。

2. 答案:C

解析:独立宏以独立形式保存,与数据表、查询和窗体等对象一样,拥有自己独立的宏名。单击"创建"选项卡的"宏"按钮,可以打开"宏生成器"创建独立宏。独立宏被保存后,显示在"宏"对象栏下。右击独立宏的宏名,使用快捷菜单可以打开宏的设计视图,重新选择或输入宏操作及其参数,编辑和修改宏。因此,本题的正确答案是C。

3. 答案:C

解析:嵌入式宏作为附加到对象的一个"事件"属性,依附于窗体等对象保存,没有独立的宏名。嵌入式宏的保存不仅要保存宏本身,还要保存"嵌入"的窗体等对象。通过"宏生成器",可以实现对嵌入式宏的编辑和修改。在"属性表"窗格中,找到嵌入式宏附加的"事件"属性,清空该属性栏中的内容,可以实现对嵌入式宏的删除。因此,本题的正确答案是C。

4. 答案:D

解析: OpenTable宏操作的功能是打开数据表,OpenQuery宏操作的功能是打开查询,MessageBox宏操作的功能是显示一个警告或提示信息的消息框,OpenForm宏操作的功能是打开窗体。因此,本题的正确答案是D。

5. 答案:D

解析:在"宏生成器",选中一个宏操作,在该操作右边会出现"上移"按钮和"下移"按钮,单击按钮可移动选中的宏操作,调整宏操作顺序;选中要删除的宏操作,单击其右边的"删除"按钮,可以删除该条宏操作;用户还可以灵活地使用"展开"或"折叠"方式来显示宏操作,单击宏操作左边的"一"按钮和"+"按钮,或单击"宏工具"的"折叠/展开"组中的按钮,可以调整显示方式。因此,本题的正确答案是D。

6. 答案:C

解析:宏的类型不同,其运行方法也有所不同。在"宏"对象栏中,双击一个独立宏,可以使其运行。而嵌入式宏通常以响应事件的形式运行,由于嵌入式宏是以一个事件属性嵌入在窗体等对象中的,所以,只有当窗体等对象上有对应事件发生时,才会触发、启动嵌入式宏的运行。使用"宏生成器"中"宏工具"的"单步"按钮,可以用"单步"执行方式运行独立宏,观察宏运行过程。当数据库文件被打开时,AutoExec宏将自动被执行,实际上可以使用AutoExec宏,制作启动窗体。因此,本题的正确答案是C。

7. 答案:C

解析:条件宏中含有if程序流程,宏运行时,需要满足指定的条件,才执行相应的操作。创建条件宏时,在"宏生成器"中,选择"添加新操作"为if,输入"条件表达式"和条件成立时

的宏操作,在需要时,添加 else 和添加 else if 流程。条件宏的常见格式如下,其中 else 部分是可选项:

```
if"条件表达式"  then
    条件成立时的宏操作
[else
    条件不成立时的宏操作]
end if
```

因此,本题的正确答案是 C。

8. **答案**:B

解析:如果一个宏的名下包含多个子宏,该宏称为宏组。在"宏生成器"中,双击"操作目录"窗格的 Submacro 程序流程,可以添加子宏,输入子宏名称,编辑子宏,形成宏组。宏组可以用给定的名称加以命名和保存。因此,本题的正确答案是 B。

9. **答案**:D

解析:用户界面宏是附加到用户操作界面对象上的宏,例如:附加到窗体的按钮上,可以实现按钮的操作功能;附加到文本框或组合框上,可以实现用户修改数据时要求确认或进行数据验证的功能。因此,本题的正确答案是 D。

10. **答案**:A

解析:数据宏是直接附加到数据表的宏,Access 2010 为数据表提供了表事件,当用户对数据表进行插入、更改或删除操作时,就会触发对应的事件,如果为这些事件添加数据宏操作,就可以在事件发生时完成这些宏操作。因此,本题的正确答案是 A。

教 学 资 源 支 持

敬爱的教师：

感谢您一直以来对清华版计算机教材的支持和爱护。为了配合本课程的教学需要，本教材配有配套的电子教案(素材)，有需求的教师请到清华大学出版社主页(http://www.tup.com.cn)上查询和下载，也可以拨打电话或发送电子邮件咨询。

如果您在使用本教材的过程中遇到了什么问题，或者有相关教材出版计划，也请您发邮件告诉我们，以便我们更好地为您服务。

我们的联系方式：

地　　址：北京海淀区双清路学研大厦 A 座 707

邮　　编：100084

电　　话：010-62770175-4604

课件下载：http://www.tup.com.cn

电子邮件：weijj@tup.tsinghua.edu.cn

教师交流 QQ 群：136490705

教师服务微信：itbook8

教师服务 QQ：883604

(申请加入时，请写明您的学校名称和姓名)

用微信扫一扫右边的二维码，即可关注计算机教材公众号。

扫一扫
课件下载、样书申请
教材推荐、技术交流